非高斯随机振动
疲劳分析与试验技术
（第2版）

Non-Gaussian Random Vibration
Fatigue Analysis and Test Technology
(2nd Edition)

蒋 瑜 雷武阳 范政伟 著

U0171858

国防工业出版社

·北京·

内 容 简 介

　　本书全面、系统地论述了非高斯随机振动的理论、技术、方法和应用，主要内容包括非高斯随机载荷统计分析、非高斯随机振动环境模拟与控制技术、非高斯随机振动响应分析与峭度传递规律、非高斯随机振动疲劳损伤分析与寿命计算、非高斯随机振动疲劳可靠性分析、非高斯随机振动加速试验方法及应用等，这些理论、技术和方法可广泛应用于重大装备和工程结构在复杂随机载荷作用下的振动环境适应性考核、动力学可靠性分析和振动疲劳寿命预测等领域。

　　本书可为从事结构振动疲劳与可靠性技术研究的科研人员提供借鉴，也可为相关专业的博士、硕士研究生提供参考。

图书在版编目（CIP）数据

　　非高斯随机振动疲劳分析与试验技术 / 蒋瑜，雷武阳，范政伟著. —2 版. —北京：国防工业出版社，2024.1

　　ISBN 978-7-118-13088-1

　　Ⅰ．①非… Ⅱ. ①蒋… ②雷… ③范… Ⅲ. ①随机振动-振动疲劳-分析②随机振动-振动疲劳-实验 Ⅳ. ①O324②O346.2

　　中国国家版本馆 CIP 数据核字（2023）第 248332 号

※

国防工业出版社 出版发行

（北京市海淀区紫竹院南路 23 号　邮政编码 100048）

北京龙世杰印刷有限公司印刷

新华书店经售

*

开本 710×1000　1/16　插页 2　印张 16¾　字数 300 千字

2024 年 1 月第 2 版第 1 次印刷　印数 1—1500 册　定价 98.00 元

（本书如有印装错误，我社负责调换）

国防书店：(010) 88540777　　　书店传真：(010) 88540776

发行业务：(010) 88540717　　　发行传真：(010) 88540762

序

国防科技大学从 1953 年创办的著名"哈军工"一路走来，到今年正好建校 70 周年，也是习主席亲临学校视察 10 周年。

七十载栉风沐雨，学校初心如炬、使命如磐，始终以强军兴国为己任，奋战在国防和军队现代化建设最前沿，引领我国军事高等教育和国防科技创新发展。坚持为党育人、为国育才、为军铸将，形成了"以工为主、理工军管文结合、加强基础、落实到工"的综合性学科专业体系，培养了一大批高素质新型军事人才。坚持勇攀高峰、攻坚克难、自主创新，突破了一系列关键核心技术，取得了以天河、北斗、高超、激光等为代表的一大批自主创新成果。

新时代的十年间，学校更是踔厉奋发、勇毅前行，不负党中央、中央军委和习主席的亲切关怀和殷切期盼，当好新型军事人才培养的领头骨干、高水平科技自立自强的战略力量、国防和军队现代化建设的改革先锋。

值此之年，学校以"为军向战、奋进一流"为主题，策划举办一系列具有时代特征、军校特色的学术活动。为提升学术品位、扩大学术影响，我们面向全校科技人员征集遴选了一批优秀学术著作，拟以"国防科技大学迎接建校 70 周年系列学术著作"名义出版。该系列著作成果来源于国防自主创新一线，是紧跟世界军事科技发展潮流取得的原创性、引领性成果，充分体现了学校应用引导的基础研究与基础支撑的技术创新相结合的科研学术特色，希望能为传播先进文化、推动科技创新、促进合作交流提供支撑和贡献力量。

在此，我代表全校师生衷心感谢社会各界人士对学校建设发展的大力支持！期待在世界一流高等教育院校奋斗路上，有您一如既往的关心和帮助！期待在国防和军队现代化建设征程中，与您携手同行、共赴未来！

国防科技大学校长

2023 年 6 月 26 日

第 2 版前言

复杂随机动力学载荷广泛存在于大型运载火箭、空天飞行器、大型飞机、高速列车、航空发动机与燃气轮机等重大装备的运行服役环境中，引起的结构动力损伤与疲劳破坏对其安全可靠运行构成了巨大威胁。然而，在实际工程中由于缺乏对装备实际服役振动环境的测试分析和解决问题的工具，在分析和预测结构振动疲劳寿命时往往把结构实际服役的非高斯振动环境简化或近似为高斯随机振动，使得装备在服役过程中提前发生疲劳失效，埋下了巨大的安全隐患。如何准确描述和模拟装备实际服役振动环境的非高斯特征，并对复杂非高斯随机激励作用下结构振动疲劳寿命进行分析与预测，已成为当前亟待解决的工程和技术问题。

本书第 1 版于 2019 年出版，是国内外非高斯振动疲劳分析与试验技术领域的首本专著，系统论述了非高斯随机振动疲劳分析的理论、方法和试验应用，深受从事结构振动疲劳与可靠性研究的科研人员欢迎。近年来，越来越多的科研人员也因此开始关注和重视高斯与非高斯随机载荷之间的差异，非高斯随机振动试验技术也成为近年来结构动力学可靠性研究领域的研究热点之一，与非高斯振动试验相关的会议报告、研究论文、课题和基金项目等如雨后春笋般出现。为适应非高斯随机振动试验技术发展的最新趋势，展示非高斯随机振动试验技术的最新成果，应广大读者要求，在国防工业出版社的大力支持下，决定对原书进行再版。

此次再版是在第 1 版的基础上进行的，新增了近 4 年来作者课题组在非高斯随机振动疲劳分析与试验技术领域的最新研究成果，与第 1 版相比更新内容篇幅比例接近 40%。具体新增内容如下：针对峭度与偏斜度不能完整准确表征非高斯随机载荷幅值概率密度分布的问题，新增了非高斯随机载荷统计分析；针对装备实际服役的非高斯振动环境中呈现的非平稳特性，新增了非平稳非高斯随机振动模拟方法与非平稳非高斯随机振动疲劳影响因素分析；针对结构振动疲劳寿命主要受结构动力学响应峭度特性影响的问题，新增了非高斯随机振

V

动响应峭度传递规律研究；针对目前随机振动加速试验技术往往忽略结构实际动力学响应特性的问题，新增了基于峭度传递规律的非高斯随机振动加速试验技术及应用案例。

本书是集体智慧的结晶，由蒋瑜教授负责整体策划和统稿。感谢课题组陈循教授、陶俊勇教授、李岳教授对本书提出的宝贵建议，以及程红伟、毛朝、雷武阳、王得志、范政伟、于宗乐等博士所做出的成效卓越的研究工作。感谢国家自然科学基金项目（项目号：51875570、50905181）等课题的资助和支持。

非高斯随机振动疲劳分析与试验技术是一个多学科交叉的领域，与工程应用结合紧密，涉及结构动力学、随机过程、疲劳可靠性等，各学科的科学内涵日新月异，在实践中不断推动着非高斯随机振动疲劳分析与试验技术的创新和发展。基于作者水平有限，书中难免有不妥之处，欢迎读者提出宝贵意见，以进一步提升该书的质量。

蒋瑜
2023 年 4 月于国防科技大学

第1版前言

　　振动引起的疲劳问题作为工程领域广泛存在的一个共性问题，严重危及重大装备及结构的安全可靠运行。振动试验是对航空、航天、机械、国防等领域中大型复杂装备和结构进行环境适应性、安全性、可靠性及寿命考核的重要手段。如何保证实验室进行的振动试验符合装备实际服役或运输振动环境，避免欠试验和过试验，为装备结构疲劳损伤分析与安全评定、疲劳可靠性分析与寿命评估提供可信的参考信息，已成为当前亟待解决的工程问题。

　　非高斯随机振动试验是近年来发展的新型振动试验技术，是对传统高斯随机振动试验技术的发展与重大突破，能更真实全面地模拟装备经受的实际振动环境和更快速高效地激发结构疲劳缺陷以提高试验效率。

　　本书针对非高斯随机振动试验技术领域的理论与方法问题开展讨论，集中了近年来国防科技大学可靠性实验室在该领域的重要研究成果，内容包括非高斯随机振动试验的理论、方法、设备和工程应用的典型案例。

　　全书共8章：第1章介绍基本概念以及非高斯随机振动试验的研究背景与需求，阐述国内外研究现状，介绍本书针对的主要问题及内容安排；第2章开展国内外典型装备非高斯随机振动环境分析，并剖析非高斯振动相关的标准；第3章针对非高斯随机振动环境模拟问题，系统介绍两种频谱可控的非高斯振动信号生成与控制方法；第4章针对非高斯振动响应分析的需求，分别介绍单点和基础非高斯振动激励下应力响应计算方法；第5章针对非高斯随机振动疲劳寿命分析需求，介绍窄带和宽带非高斯随机疲劳损伤计算方法；第6章针对非高斯随机振动疲劳可靠性分析需求，分别介绍基于常幅疲劳试验和随机载荷试验的 P-S-N 曲线估计方法；第7章针对非高斯随机振动加速试验方法问题，介绍了超高斯随机振动加速模型及相应的试验策略与支撑工具，并给出在工程中取得成功应用的案例；第8章总结全书，并对非高斯随机振动相关的研究与应用发展进行展望。

　　本书力图理论联系实际，既注重对非高斯随机振动试验这一新型技术领域的基本理论进行诠释，也注重对其试验方法及工程应用进行剖解，以开阔视野，启发思路。希望能为读者揭示这一新型试验技术的相关研究与工程应用前景，推动非高斯随机振动试验技术的进一步研究与工程应用的深入开展。

本书由蒋瑜副教授负责整体构思和统稿，陶俊勇教授、陈循教授负责审定。第1章、第2章、第3章、第7章、第8章由蒋瑜副教授撰写，第4章～第6章由程红伟博士撰写。本书的出版是集体智慧的结晶，感谢王得志博士、毛朝博士、于宗乐博士，以及范政伟硕士、刘雨满硕士、吴叶晨硕士等在读博士（硕士）研究生期间所做出的成效卓越的研究工作。特别感谢国防科技图书出版基金对本书出版的资助，以及国家自然科学基金（51875570、50905181）、国家重点研发计划（2017YFC0806302）和相关装备预研、技术基础项目的研究资助。感谢温熙森教授、康锐教授对本专著的建议。

限于作者水平，书中难免有不妥或错误之处，恳请读者指正。

作者

2018 年 12 月

于国防科技大学智能科学学院

目　　录

第1章　绪　　论

1.1　基本概念与内涵

工程中的各种随机振动本质上是一种随机过程或随机信号，一般按照幅值概率密度分布特征将其分为高斯随机振动和非高斯随机振动两种类型。

1.1.1　高斯随机过程

高斯随机过程是指在任意时刻 t，随机过程 $X(t)$ 的幅值为随机变量且服从高斯分布（即正态分布），其概率密度函数（probability density function，PDF）为

$$f(x,t) = \frac{1}{\sqrt{2\pi}\sigma(t)} \exp\left\{ -\frac{[x - \mu(t)]^2}{2\sigma^2(t)} \right\} \tag{1.1}$$

因为均值 $\mu(t)$ 和标准差 $\sigma(t)$ 是时间 t 的函数，所以概率密度函数也是时间 t 的函数。对于各态历经随机过程，均值 $\mu(t)$ 和方差 $\sigma(t)$ 不随时间变化，幅值 PDF 可以表示为

$$f(x) = \frac{1}{\sqrt{2\pi}\sigma} \exp\left[-\frac{(x - \mu)^2}{2\sigma^2} \right] \tag{1.2}$$

如式（1.2）所示，各态历经高斯随机过程的幅值 PDF 由 μ 和 σ 确定。因为非零均值随机过程可以由零均值随机过程平移得到，所以通常将随机过程表示为零均值形式。标准化各态历经高斯随机过程的均值 $\mu = 0$，标准差 $\sigma = 1$。一般用功率谱密度（power spectral density，PSD）$S(\omega)$[或 $S(f)$]来描述零均值随机过程的频域特征。根据帕斯瓦尔定理

$$\lim_{T \to \infty} \frac{1}{2T} \int_{-T}^{T} E[X^2(t)]\, \mathrm{d}t = E[X^2(t)] = \sigma^2 = \frac{1}{2\pi} \int_{-\infty}^{\infty} S_X(\omega)\, \mathrm{d}\omega \tag{1.3}$$

可以得出结论：PSD 能够确定零均值各态历经高斯随机过程的 PDF。

随机过程 2 阶以上的统计量称为高阶统计量。式（1.4）给出了高斯随机过程高阶矩 m_k 的计算公式：

$$m_k = \begin{cases} [1 \times 3 \times 5 \times L \times (k-1)]\sigma^k, & k = 2,4,6,\cdots \\ 0, & k = 1,3,5,\cdots \end{cases} \qquad (1.4)$$

显然，高斯随机过程的高阶统计量均可由 2 阶矩 σ^2 计算得到，所以不包含有效统计信息。也就是说，仅 PSD 一个参数就可完全描述高斯随机振动信号。这也是目前国内外各种随机振动试验标准中均采用功率谱密度函数来描述试验剖面的原因。图 1.1（a）、（b）、（c）所示分别是 PSD、PDF 和高斯随机振动信号。从其时域信号特征可以看出，高斯信号有 99.74% 的幅值分布在 $\pm 3\sigma$ 内，这是高斯信号幅值分布的基本特征。从图 1.1（c）和（d）可以看出具有相同功率谱密度的高斯信号与超高斯信号在时域波形上有明显区别，超高斯信号具有更多的尖峰幅值分布。

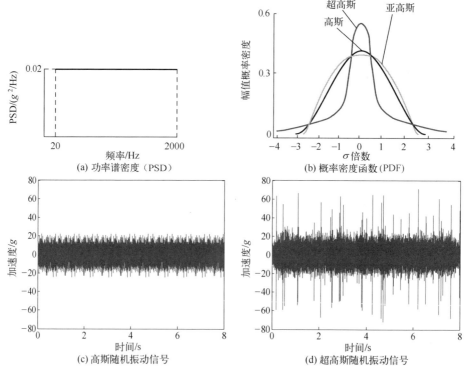

图 1.1　具有相同功率谱密度的高斯与超高斯随机振动信号

（注：图中 g 表示重力加速度，全书余同）

1.1.2　非高斯随机过程

广义上讲，幅值不服从高斯分布的随机过程均称为非高斯随机过程，其中既包括具有确定 PDF 的随机过程，如对数正态分布、指数分布等，又包括没有确定 PDF 表达式的随机过程。装备服役环境中的非高斯随机振动属于后者，既不服从高斯分布，也难以找到确定的分布函数来对其幅值概率分布进行描述。

非高斯随机过程的 2 阶以上统计量往往包含有效统计信息。仅功率谱密度函数不能对非高斯随机振动进行完整描述，还需要借助 2 阶以上的高阶统计量进行补充描述。如图 1.1（c）和（d）所示具有相同功率谱密度和均方根的高斯和超随机振动信号，却可以具有完全不同的时域特征，如图 1.1（b）所示两种信号的幅值概率密度函数就存在明显差异。2 阶以上的矩和累积量是最常用的高阶统计量。工程上通常使用归一化 3 阶矩和 4 阶矩，即偏斜度（也称偏度）γ_3 和峭度（也称峰度）γ_4 来定量表征随机过程 $X(t)$ 的非高斯特性：

$$\begin{cases} \gamma_3 = \dfrac{m_3}{\sigma_X^3} = \dfrac{E[X^3(t)]}{\sigma_X^3} \\ \gamma_4 = \dfrac{m_4}{\sigma_X^4} = \dfrac{E[X^4(t)]}{\sigma_X^4} \end{cases} \tag{1.5}$$

非高斯随机过程的高阶矩和高阶累积量存在 M-C 关系[1]（moment to cumulant formula），该函数关系解释了高斯与非高斯随机过程在高阶统计量方面的差异。其中，有关前 4 阶统计量的 M-C 公式为

$$\begin{cases} c_1 = m_1 \\ c_2 = m_2 - m_1^2 \\ c_3 = m_3 - 3m_1 m_2 + 2m_1^3 \\ c_4 = m_4 - 3m_2^2 - 4m_1 m_3 + 12m_1^2 m_2 - 6m_1^4 \end{cases} \tag{1.6}$$

其中，c_i $(i = 1,2,3,4)$ 表示累积量。综合式（1.4）和式（1.6），可以看出对于高斯随机过程，当 $i > 2$ 时，累积量 $c_i = 0$；对于非高斯随机过程，当 $i > 2$ 时，至少存在某一阶累积量满足 $c_i \neq 0$。进一步可以得出，高斯随机过程的偏斜度值等于 0，峭度值等于 3；而非高斯随机过程的峭度值不等于 3，偏斜度值可以等于 0 也可以不等于 0。偏斜度用来描述随机过程幅值概率密度曲线偏离对称分布的程度，偏斜度值不为 0 表示服从非对称分布。峭度是描述随机过程幅值概率密度曲线拖尾分布特征的参数，它不仅可用来区分高斯随机过程和非高斯随机过

程，而且可进一步将非高斯随机过程区分为亚高斯随机过程和超高斯随机过程，其中亚高斯随机过程的 $\gamma_4 < 3$，超高斯随机过程的 $\gamma_4 > 3$。工程中常见的非高斯随机振动信号是具有尖峰分布的超高斯信号。高斯、超高斯和亚高斯三种信号的幅值概率密度函数特征如图1.1（b）所示。

1.1.3 振动疲劳

振动疲劳与传统载荷引起的静疲劳具有显著区别，涉及结构动力学、随机振动学以及疲劳断裂学等多个学科。虽然振动疲劳问题早在工程实际中广泛存在，但是有关振动疲劳的理论研究迄今仍然处于探索阶段，学术界和工程界对振动疲劳的理解还没有形成共识，甚至关于结构振动疲劳的定义和概念本身目前尚存在一定争议。1958年Crandall将随机振动理论应用于结构疲劳研究中[2]，1963年Crandall和Mark首次把振动疲劳描述为振动载荷激励下产生的一种不可逆的具有损伤累积性质的振动强度破坏[3]，但这一定义没有涉及振动疲劳现象的动力学本质。20世纪70年代末，国内姚起杭也提出了振动疲劳的概念[4]。进入21世纪后，姚起杭和姚军再次发表论文建议将结构疲劳分为静态疲劳和振动疲劳两类问题进行研究，认为振动疲劳是结构受到重复载荷作用激起结构共振所导致的疲劳破坏[5]。

1.2 研 究 现 状

1.2.1 非高斯随机振动模拟

非高斯随机振动模拟本质上属于随机过程或随机信号模拟的范畴。一般来说，人们进行随机过程模拟时，根据随机过程的性质大体上可以将其分成四类：平稳高斯随机过程、非平稳高斯随机过程、平稳非高斯随机过程和非平稳非高斯随机过程。早期随机过程的数值模拟研究主要集中在前两类，而后两类尤其是非平稳非高斯随机过程的模拟研究甚少。

1. 平稳高斯随机过程模拟

平稳高斯随机过程的模拟方法可以分为两大类：谐波叠加法和线性滤波法。前者基于三角级数求和，也称频谱表示法，如恒波叠加（constant amplitude wave superposition，CAWS）法、谐波合成（weighted amplitude wave superposition，WAWS）

法等；后者基于线性滤波技术也称为时间系列法，如状态空间法、自回归（auto regressive，AR）法、滑动平均（moving average，MA）法、自回归滑动平均（auto regressive moving average，ARMA）法等。

谐波叠加法采用以离散谱逼近目标随机过程的随机模型，算法简单直观，数学基础严密，适用于模拟任意指定谱特征的平稳高斯随机过程。谐波叠加法的基本概念出现在 1954 年，最初局限于模拟一维平稳过程。Shinozuka 和 Jan 提出用 CAWS 法、WAWS 法模拟平稳随机场的一般理论，模拟多维或多变量均匀高斯随机过程[6]。Iannuzzi 采用 WAWS 法模拟脉动风速与边界层湍流等[7]。Grigoriu 采用谐波叠加法模拟平稳高斯随机过程，并讨论了所模拟随机过程的各态历经性[8]。谐波叠加法在模拟多维随机过程时计算量极大，需用 FFT 算法提高效率。

线性滤波法将均值为零的白噪声随机序列通过滤波器，使其输出为具有指定谱特征的随机过程。Mignolet 和 Spanos 采用 AR 线性系统模拟具有指定功率谱特征的二维随机场，并提出优化方法[9]。Owen 等采用 AR 时间系列建模方法模拟平稳随机风载荷，用于斜拉桥的风振响应分析[10]。Saramas 和 Shinozuka 采用 ARMA 模型模拟多变量平稳随机过程[11]。Naganuma 等用 ARMA 方法模拟了单变量二维均匀高斯随机场，并推广至高维情形[12]。线性滤波法计算量小、速度快，广泛用于随机振动和时序分析，但算法烦琐、精度差。因此，后来有学者提出结合这两类方法模拟平稳高斯随机过程[13]。

2．非平稳高斯随机过程模拟

非平稳高斯随机过程的模拟主要有以下几种方法：滤波法，即高斯或泊松过程调幅后滤波，或滤波后调幅；时域法，如自回归模型；谱表示法；等等。其中简单高效并容易推广到多维、多变量情况的谱表示法是被广泛采用的方法之一。Shinozuka 和 Sato 将白噪声通过某一系统，在特定阶段引入非平稳特征来模拟非平稳高斯随机过程[14]。Shinozuka 和 Jan 将谐波叠加法应用到模拟多维、多变量和非平稳随机过程[15]。Deodatis 和 Shinozuka 用 AR 方法模拟了单变量非平稳高斯随机过程[16]。Li 和 Kareem 采用 FFT 方法模拟多重相关非平稳随机过程，可直接用于时程分析[17]。Grigoriu 将三角级数和方法推广到模拟非平稳高斯随机过程[18]。这些方法均假定非平稳随机过程可由平稳随机过程通过一个实包络函数非平稳化而得到，而该实包络函数通常为时间的确定性函数。这样，非平稳随机过程的模拟均是先模拟平稳随机过程然后再利用包络函数非平稳化。采用包络函数非平稳化，方法简单，可以充分利用现有的平稳随机过程的模拟方法，但是由于包络函数实际上是起均匀调制作用的，难以模拟频率随时间变化的这一类非平稳随机过程。例如，目前大坝工程抗震分析多采用幅值非平稳的人造地震动输入时程，而实际地震过程强随机性兼具幅值和频率非平稳特性，忽略后者会直接影响到大坝非线性动力分析结果。

3. 平稳非高斯随机过程模拟

模拟平稳非高斯随机过程的方法大致可分为两类：ARMA 法和 FFT 法。ARMA 法基于线性差分方程，计算简便。但 ARMA 法不能显示在不规则区间上具有极大幅值脉冲信号的特征，因此不完全适用于模拟非高斯随机时间系列。Yamazaki 和 Shinozuka 通过 FFT 法或 ARMA 模型生成高斯时间系列，采用非线性静态变换（non-linear static transform）的方法映射到非高斯样本函数，生成多维非高斯随机均匀场[19]。Gurley、Kareem 等也提出一些模拟非高斯随机过程的方法，如静态转换（static transform）法、记忆性转换（transform with memory）法等[20]，随后进一步改进为谱校正（spectral correction）模拟方法[21]，可生成单变量、多变量非高斯随机过程，用来描述作用于建筑物顶的风速/压时程。Kumar 和 Stathopolous 基于 FFT 方法模拟了单变量非高斯风压时程，用于大跨低矮屋盖的风振分析[22]，同时也指出：可结合 FFT 法和 ARMA 模型模拟平稳非高斯随机过程。Choi Hang、Kanda 和 Grigoriu 等回顾了平稳非高斯随机模拟的各种方法[23-24]。Jiunn-Jong Wu 利用 FFT 法和相位重构进行非高斯接触表面的模拟[25]。Grigoriu 和 Mircea 提出了一种新的模拟平稳非高斯的参数变换模型[26]。以上模拟方法有的需要反复迭代使得功率谱密度接近目标值，但迭代算法的收敛性没有相关理论支持；有的需要对多样本的斜度和峭度求平均才能与目标值较好吻合。近年来，非高斯随机过程的模拟也引起了部分国内学者的关注，如蒋瑜等先后提出利用基于相位调制和时域随机化以及基于幅值调制和相位重构的非高斯随机信号生成方法[27-30]。

4. 非平稳非高斯随机过程模拟

非平稳非高斯随机信号在统计意义上兼具非平稳和非高斯特性，在理论上缺乏有力的分析工具，因此当前有关非平稳非高斯随机信号模拟方法的研究还很少。Liang 提出了一种基于谱表示（spectral representation）的非平稳非高斯随机信号[31]；Rouillard 提出了一种将具有不同均方根和时间长度的高斯随机过程组合，模拟生成服从指定的功率谱密度和均方根分布函数的非平稳非高斯信号的方法[32-33]。然而，该方法只适合模拟幅值非平稳的非平稳非高斯随机信号。Wen 和 Gu 提出了基于希尔伯特-黄变换模拟地面震动信号的仿真方法，该方法能够生成频率和幅值均具有时变特性的非平稳非高斯随机过程[34]。蒋瑜等基于高阶矩和希尔伯特谱提出了一种新的非平稳非高斯随机振动模拟方法[35]。

1.2.2 非高斯随机振动响应分析

结构在非高斯振动激励下的应力响应分析是研究非高斯随机疲劳损伤的重要环节。在不能直接测量的情况下，必须通过理论分析或仿真计算得到应力响应序列。关于高斯随机激励下的振动响应分析，已经有大量的理论方法和仿真结果，而结构在非高斯激励下的应力响应则研究较少。

Grigoriu 从理论角度出发研究了线性系统在非高斯 α 稳定过程（α-stable process）激励下的响应问题[36]。但由于 α 稳定过程的特殊性，其研究结论并不适用于实际结构非高斯激励响应分析。之后，Grigoriu 进一步研究了线性和非线性系统在泊松（Poisson）白噪声激励下的响应问题[37]。后来，Grigoriu 又深入研究了线性系统在平稳限带非高斯激励下的响应问题[38-39]，逐渐把单纯的理论研究推向实际应用。总体上，Grigoriu 对非高斯激励响应问题进行了大量的研究，但其理论研究结果离解决实际工程问题尚有一定的距离。

Steinwolf 通过数值模拟和试验方法研究了单自由度（single degree of freedom，SDOF）线性系统在非高斯随机激励下的响应问题，分析了响应非高斯特性对激励信号非高斯特性的敏感程度[40]。Krenk 和 Gluver 基于递归算法，求解线性系统在给定 PSD 的非高斯随机激励下的响应问题，研究结果显示响应的峭度与激励信号带宽、结构阻尼系数密切相关[41]。Iyengar 和 Jaiswal 通过将非高斯过程表示为高斯过程多项式的形式，研究了非高斯激励下线性结构的响应问题[42]。Rizzi 等研究了非线性结构在高峭度非高斯激励下的响应特征[43]。Binh 等研究了风力涡轮机塔结构在非高斯激励下的响应问题[44]。Zeng 和 Zhu 基于通用 Fokker-Planck-Kolmogorov 等式从理论的角度研究了 n 维非线性动态系统在非高斯宽带随机激励下的动态响应问题[45]。此外，Mario[46]和 He[47]等均对线性和非线性系统的非高斯激励响应问题进行了一定的研究。蒋瑜等详细分析了单轴非高斯随机载荷信号的功率谱密度、功率谱带宽、均方根和峭度对结构振动响应的影响，建立了描述单轴非高斯随机载荷作用下激励信号-结构应力响应信号之间峭度传递规律的数学模型[48-49]。

综上所述，目前关于非高斯激励响应分析的研究大多针对单自由度系统或特殊对象，而针对连续结构的方法尚待进一步发展与完善。

1.2.3 非高斯随机振动疲劳损伤分析

1. 随机应力载荷循环计数方法研究现状

得到结构的随机应力载荷响应后，需要通过计数方法（loading cycle counting method）将连续应力过程离散为不同幅值的载荷循环序列。对于随机载荷引起的高周疲劳（high-cycle-fatigue，HCF），利用合理的载荷循环计数方法和线性疲劳累积损伤法则可以得到准确的估计结果，所以载荷循环计数显得尤为重要。

一般认为极值间的应力变化过程对疲劳损伤没有影响，所以定义一个载荷循环，只需确定其极大值和极小值。载荷循环可以表示为极值对 (P_k, V_k)，其中 P_k 为峰值，V_k 为谷值（图1.2）。随机载荷循环计数就是将随机载荷时间样本 $x(t)$ 离散为载荷循环序列 $\{(P_k, V_k)|\, k = 1, 2, 3, \cdots\}$ 的过程。载荷循环的幅值 S_a 和均值 S_m 定义为

$$S_a = \frac{P_k - V_k}{2}, \quad S_m = \frac{P_k + V_k}{2} \tag{1.7}$$

美国材料与试验协会（ASTM）和 Fuchs 等详细列举了多种随机载荷循环计数方法。不同方法的区别在于将随机载荷过程中的峰和谷组合成载荷循环的法则不同。这里主要介绍目前比较常用的方法。根据随机载荷循环计数方法的特点，Atzori 和 Tovo 将载荷循环计数方法分为了两类：单参数法和双参数法[50]。单参数方法仅通过幅值来定义载荷循环，如峰-谷计数法（peak-valley counting，PVC）和水平穿越计数法（level-crossing counting，LCC）。因为单参数法没有考虑载荷循环的均值，所以计算精度较低。

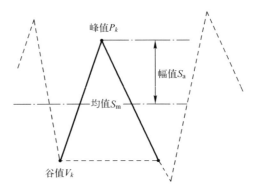

图 1.2 载荷循环示意图

相比之下，双参数法考虑了载荷循环的均值。常用的双参数方法有变程计数法（range counting，RC）[51]、变程对计数法（range-pairs counting，RPC）[52]、Wetzel 方法[53]和雨流计数法（rainflow counting，RFC）[54-59]等。Benasciutti 通过示例给出了以上各种方法的计数过程和计数结果[52]。

Dowling[60]通过理论和试验研究对各种计数方法进行了对比，结果显示雨流计数法具有最高的精度。雨流计数法的理论依据在于其计数循环与材料应力-应变环一一对应[55]。雨流计数法最早由 Matsuishi 和 Endo 等提出，之后许多学者对其进行了改进和简化。目前，雨流计数法在随机载荷疲劳领域得到了广泛应用。

2．窄带随机载荷疲劳损伤计算研究现状

窄带随机载荷是指频率成分集中在较窄范围内的随机载荷。相对于宽带随机载荷而言，窄带随机载荷不仅频率成分单一，而且时间序列结构也相对简单，如图 1.3（a）所示。有关窄带随机载荷疲劳损伤的研究开展较早，按随机载荷的统计特性分为高斯窄带疲劳损伤计算方法和非高斯窄带疲劳损伤计算方法。

1）高斯窄带疲劳损伤计算方法

高斯窄带疲劳损伤计算方法的理论基础由 Rice 提出[61]，随后 Bendat[62]引用 Rice 的理论来解决随机载荷疲劳损伤计算问题，提出了瑞利（Rayleigh）分布法。以 Rice 和 Bendat 的研究结果为基础，Wirsching[63]、Sobczyk[64]、Bishop[65]、Crandall[3]和 Powell[66]对高斯窄带疲劳损伤计算方法开展了进一步的研究。

2）非高斯窄带疲劳损伤计算方法

非高斯窄带疲劳损伤计算问题比高斯情况复杂。人们为了解决非高斯窄带疲劳损伤问题提出了多种方法。其中 Winterstein[67-68]和 Kihl[69-71]通过非线性变换模型将高斯雨流幅值 PDF 转化为非高斯雨流幅值 PDF 来计算非高斯窄带疲劳损伤；该类方法计算量较大。徐建波[72]、Yu[73]、Wang[74]和 Colomi[75]等提出了非高斯修正因子法，通过对高斯疲劳损伤计算结果进行修正得到非高斯计算结果；这类方法计算简洁，但误差较大。除上述两类方法外，Blevins[76]和Braccesi[77]还分别从不同的理论角度出发建立了非高斯窄带随机载荷疲劳损伤计算方法。

总而言之，关于高斯窄带随机载荷的疲劳损伤计算有相对成熟的方法。对于非高斯窄带随机载荷，非线性变换法计算过程复杂、缺乏理论依据；修正因子法计算误差较大。

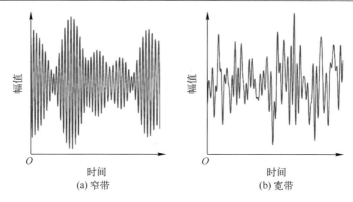

图 1.3　窄带和宽带随机载荷对比

3．宽带随机载荷疲劳损伤计算研究现状

宽带随机载荷是指频率成分分布在较宽范围的随机载荷，如具有平直谱、双峰谱或多峰谱的随机载荷。宽带随机载荷的时域结构比窄带情况复杂得多，如图 1.3（b）所示。由于问题的复杂性和工程实际中的广泛存在性，宽带随机载荷疲劳损伤计算成为该领域研究的重点和难点。按随机载荷的统计特性将宽带随机载荷疲劳损伤计算方法分为高斯和非高斯两种情况。

1）高斯宽带疲劳损伤计算方法

高斯宽带疲劳损伤计算主要有时域法和频域法。Wirsching[78-79]和 Wu[80-81]基于时域样本序列的统计特征，使用威布尔（Weibull）分布拟合雨流幅值分布函数，并计算高斯宽带随机载荷疲劳损伤。Roth[82]提出了基于非参数统计模型的高斯宽带雨流幅值分布函数拟合方法。Johannesson[83-84]基于时域序列和马尔可夫（Morkov）过程假设研究了高斯宽带随机载荷雨流矩阵的推断方法。

时域法虽然在一定程度上能解决问题，但为了得到更稳定、准确的估计结果，人们开始研究通过频域数据来推导雨流幅值分布的解析表达式。Dirlik[85]通过理论分析和大量的仿真计算得到了高斯宽带雨流幅值分布函数，即 Dirlik 公式。Bishop[86]和 Benasciutti[87]分别验证了 Dirlik 公式的计算精度。在 Dirlik 工作的基础上，Bishop 提出了具有一定理论基础的宽带雨流幅值分布计算模型[86]。Tovo 在对比分析雨流计数法、峰值计数法和 RC 计数法的基础上，提出了基于仿真结果的 Tovo 模型[88]。Wirsching 和 Light 提出了基于带宽修正因子的窄带近似法[79]。在 Wirsching-Light 方法的基础上发展了多种基于带宽修正因子的方法[89-91]。Zhao 和 Baker[92]假设高斯宽带雨流分布函数是威布尔分布和瑞利分布的组合形式，并提出了基于 PSD 数据来估计雨流分布参数的方法。王明珠[93]则假设高斯宽带雨流幅值服从组合威布尔分布，并建立了相应的疲劳损伤计算方法。Sakai[94]、Repetto[95]分别提出了双峰谱高斯过程的雨流幅值分布计算方法。Olagnon[96]研究了多峰谱高斯随机载荷的雨流疲劳损伤计算方法。Benasciutti 和 Tovo[87]对常用的高斯宽带疲劳寿命计算方法进行了对比分析，结果显示 Dirlik 法、Tovo 法和 $\alpha^{0.75}$ 法具有较高的计算精度。

2）非高斯宽带疲劳损伤计算方法

时域法对于高斯和非高斯随机载荷差别不大，所以专门针对非高斯随机载荷的时域法并不多见。非高斯宽带随机载荷频域疲劳损伤计算方法主要有修正因子法和非线性变换法。

Wang[74]研究了海上结构在海浪激励下应力响应的非高斯特性，并提出了基于修正理论的非高斯宽带疲劳寿命计算方法。Bouyassy[97]基于理论分析和数值仿真结果提出了一种非高斯修正参数法，Colombi 和 Dolinski[75, 98]对该方法进行了分析和应用。Lutes[99-100]提出了另一种修正因子的计算方法，目前该方法在工程实际中应用较多[101]。Wang 和 Sun[102-103]基于大量数据仿真结果研究了偏度和峭度对宽带非高斯随机载荷疲劳损伤的影响，建立了相应的修正方法。Gao 和 Moan[104]基于修正因子法研究了船舶系缆在非高斯随机载荷作用下的疲劳寿命特性。

对高斯随机过程进行非线性变换可以得到非高斯过程。因此，可以将高斯宽带雨流幅值 PDF 通过非线性变换得到非高斯雨流幅值 PDF。目前，最常用的非线性变换模型有 Kihl 模型[69-71]、W-H 模型[105]和非参数模型[106]。Benasciutti 和 Tovo[107-108]分别利用 Kihl 模型和 W-H 模型建立了非高斯宽带随机载荷疲劳寿命计算方法。Rychlik 和 Aberg[109-111]等运用非参数变换模型进行了非高斯宽带随机载荷疲劳损伤计算的相关研究。

总体上讲，高斯宽带随机载荷有相对成熟的疲劳寿命计算方法；有关非高斯宽带随机载荷的理论和方法尚需进一步研究。

1.2.4　非高斯随机振动疲劳可靠性分析

对于工程实际问题，仅关注疲劳寿命的均值往往是不够的；很多情况下需要进一步研究疲劳寿命的不确定性和可靠性问题[112-113]。最初研究的是常幅值载荷下的疲劳可靠性问题[114-118]；在此基础上，人们研究了多级载荷作用下的疲劳可靠性问题[119-124]。近年来，随着疲劳损伤理论研究的深入，随机载荷疲劳可靠性问题开始得到人们广泛关注[125-135]，大体上可以分为通用方法研究和具体对象研究。

在通用方法研究方面，Svensson[136]指出了影响随机载荷疲劳损伤不确定性的五种因素：载荷的随机性、材料疲劳特性的随机性、结构的随机性、参数估计误差和模型本身误差。Tovo[88]和Liu[126]分别将Svensson提出的上述五种不确定因素分为内因和外因，并建立了不同的随机载荷疲劳可靠性计算方法。另外，倪侃[125, 137]从时域数据出发，提出了基于二维Miner准则的随机载荷疲劳可靠性分析方法。以上三种方法的思路一致，即结合疲劳损伤不确定性的内因和外因建立可靠度计算模型。

在具体对象研究方面，Sores和Garbatov[131]研究了船舶结构在随机载荷下的疲劳可靠性问题。龚顺风等[132]分析了海上平台结构的随机载荷疲劳可靠性问题。梁红琴[135]研究了货车车轴在随机载荷作用下的疲劳可靠性问题。针对具体对象的研究结论对通用方法或其他对象的疲劳可靠性研究具有一定的参考价值和指导意义。

综上所述，随机载荷疲劳可靠性研究正处于发展阶段，通用理论方法研究较少，相关结论未得到充分验证；针对具体对象的方法适用范围有一定的局限性。

1.2.5　非高斯随机振动疲劳试验技术研究

振动疲劳试验技术是检验振动疲劳理论与方法正确性最直接、有效的手段，在试验过程中也可能发现新问题和证实新理论。要在实验室进行振动疲劳试验，首先要具备相应的试验平台，其核心是复杂振动环境的模拟与控制技术。这里要特别指出的是，振动控制在工程中有两种完全不同的含义：一种是指减振，即对系统进行适当的控制使其产生的振动更小；另一种恰恰相反，是要让对象如振动台进行振动，对其进行控制，使其按照一定的规律进行振动，主要应用在振动试验领域。这里"振动控制"为第二种含义，即要让振动试验设备（如振动台）能够加载指定特性的振动激励信号。

由于传统观点习惯将实际的振动环境近似成高斯分布，因此激励信号的高斯性是国内外随机振动试验控制系统检定规程中的检定项目之一，例如我国数字式电动振动试验系统检定规程JJG 948－1999中就规定振动控制系统产生的随机信号应服从高斯分布。从技术实现的难度上说，高斯随机振动的模拟与控制相对比较容易。目前，国内外电动（电液）振动台所配套的振动控制系统一般都是实现对高斯随机振动激励信号的控制，而对非高斯随机振动激励的振动控制技术研究近年来才开始涉及。因此本书将针对非高斯随机振动信号的模拟与控制技术展开探讨，为后续开展实际的非高斯振动疲劳试验研究提供平台。

目前，常规的正弦和随机振动疲劳试验在国内外开展得比较多。随着结构可靠性水平的提高，结构的振动疲劳寿命越来越长，为了能够在实验室验证其寿命是否达到要求，加速试验成为必然的选择，因此重点对振动疲劳加速试验技术的国内外研究现状进行分析。G. Allegri[138]研究了适用于平稳宽带高斯随机振动加速试验的逆幂律模型；Martin[139]研究了在振动疲劳加速试验中如何跟踪结构共振频率和阻尼的变化以实现全过程常幅值加载，但所用的载荷是正弦激励；G. J. Yun[140]开发设计了一套用于快速获取航空用铝合金材料疲劳特性曲线的高周共振疲劳加速试验闭环控制系统，所用的载荷也是正弦激励。Ashwiniy[141]研究了附着不同阻尼材料的铝合金梁在平稳高斯随机振动加速试验中疲劳寿命差异，探讨了结构阻尼对振动试验加速因子的影响。王冬梅和谢劲松[142]对振动加速试验的逆幂律模型进行了推导，探讨了其适用范围，指出其适用于窄带高斯载荷，不适用于宽带高斯载荷和非高斯载荷。李奇志和陈国平[143]提出通过试验的方式获得振动试验的加速因子，认为振动加速试验的逆幂律模型对平稳窄带和宽带高斯随机过程均是适用的。朱学旺[144]等应用基于窄带模型的修正方法得到了宽带随机振动试验加速因子计算的通用表达式，认为基于窄带模型的加速因子表达式对于比例载荷的宽带随机振动也是适用的，而对于非比例载荷，则需要应用其提出的通用表达式才可以获得。蒋瑜[145]等基于非高斯随机激励作用下激励-响应之间峭度传递规律，提出了一种新的可控制结构响应峭度的单轴非高斯随机振动加速试验信号生成方法，可有效缩短随机振动加速试验时间，提高试验效率。

综上所述，目前常规振动疲劳加速试验主要存在两个问题：①不关注激励到响应的传递过程，假设激励量级与响应量级呈比例关系；②忽略激励信号的统计特性，统一假设为高斯分布。但是，很多情况下装备的实际服役振动环境并不服从高斯分布。因此，需要进一步针对非高斯随机振动激励，开展相应的振动疲劳加速试验理论和试验数据统计分析方法的研究[146-147]。

1.2.6 小结

综合分析国内外研究现状，以下问题值得进一步探讨与分析：

1. 非高斯随机振动环境模拟

本书针对广泛存在于装备服役环境中的平稳非高斯和非平稳非高斯等复杂随机振动激励，探讨如何在实验室准确模拟和复现上述非高斯振动环境。

2. 非高斯随机振动响应分析

随机激励作用下结构应力响应分析是进行疲劳损伤计算的前提。目前，关于非高斯激励响应分析的研究主要集中在理论层面，需要进一步建立非高斯随机载荷特性、结构固有动力学特性和结构动力学响应特性三者之间的内在联系。

3. 非高斯随机振动疲劳损伤计算与可靠性分析

现有的随机振动疲劳损伤计算主要针对是高斯随机载荷，目前没有普遍认可的非高斯随机振动疲劳损伤计算方法或模型，需要进一步研究精度高、普适性强的计算方法；此外，如何有效综合结构疲劳特性的随机性和非高斯随机载荷的统计特性，建立非高斯随机疲劳可靠性分析方法，仍然是亟待解决的问题。

4. 非高斯随机振动加速试验技术

传统随机振动加速试验主要采用高斯随机振动激励，忽略了激励信号的非高斯特性。少数研究开展了超高斯随机振动加速试验技术的探索，但没有重视激励信号–响应信号之间的峭度传递规律，导致激励信号的峭度不能有效传递到响应上，从而使得加速试验的效果有限，需要进一步探究高效的非高斯随机振动加速试验技术，满足快速、准确评估产品振动疲劳寿命的工程需求。

本书后续章节针对上述问题，逐一开展了详细的讨论与分析。

参 考 文 献

[1] MENDEL J M. Tutorial on higher-order statistics (spectra) in signal processing and system theory:theoretical results and some applications[J]. Proceedings of the IEEE,1991,49(3): 278-305.

[2] CRANDALL S H. RANDOM VIBRATION[M]. New York：Technology Press of MIT,1958.

[3] CRANDALL S H, MARK W D. Random Vibration in Mechanical Systems[M]. New York：Academic Press,1963.

[4] 姚起杭. 谈谈加速振动试验问题[J]. 航空标准与质量, 1975, 6: 7-18.

[5] 姚起杭，姚军. 工程结构的振动疲劳问题[J]. 应用力学学报, 2006, 23(1): 12-17.

[6] SHINOZUKA M, JAN C M. Digital simulation of random processes and its applications[J]. Journal of Sound & Vibration,1972,25(1): 111-28.

[7] IANNUZZI A, SPINELLI P. Artificial wind generation and structural response[J]. Journal of Structural Engineering,1987,113(12): 2382-2398.

[8] GRIGORIU M. On the spectral representation method in simulation[J]. Probabilistic Engineering Mechanics,1993,8(2): 75-90.

[9] MIGNOLET M P, SPANOS P D. Simulation of homogeneous two-dimensional random fields. Part Ⅱ MA and ARMA models[J]. Journal of Applied Mechanics,1992,59(2): 260-277.

[10] OWEN J S, ECCLES B J, CHOO B S, et al. The application of auto-regressive time series modelling for the time-frequency analysis of civil engineering structures[J]. Engineering Structures,2001,23(5): 521-536.

[11] SAMARAS E, SHINOZUKA M, TSURUI A. ARMA Representation of Random Processes[J]. Journal of Engineering Mechanics,1985,111(3): 449-461.

[12] NAGANUMA T, DEODATIS G, SHINOZUKA M. ARMA model for two-dimensional processes[J]. Journal of Engineering Mechanics,1987,113(2): 234-251.

[13] PAOLA M D. Digital simulation of wind field velocity[J]. Journal of Wind Engineering & Industrial Aerodynamics,1998,76(2): 91-109.

[14] SHINOZUKA M, SATO Y. Simulation of nonstationary random process[J]. Journal of the Engineering Mechanics Division,1967,93(1): 11-40.

[15] SHINOZUKA M, JAN C M. Digital simulation of random process and its application[J]. Journal of Sound and Vibration,1972,25(1): 111-128.

[16] DEODATIS G, SHINOZUKA M. Auto regressive model for nonstationary stochastic processes[J]. Journal of Engineering Mechanics,1988,114(11): 1995-2012.

[17] LI Y, KAREEM A. Simulation of multivariate nonstationary random process by FFT[J]. Journal of Engineering Mechanics,1991,117(5): 1037-1058.

[18] GRIGORIU M. Simulation of nonstationary Gaussian processes by random trigonometric polynomials[J]. Journal of Engineering Mechanics,1993,119(2): 328-343.

[19] YAMAZAKI F, SHINOZUKA M. Digital generation of non-Gaussian stochastic fields[J]. Journal of Engineering Mechanics,1988,114(7): 1183-1197.

[20] GURLEY K R, KAREEM A, TOGNARELLI M A. Simulation of a class of non-normal random processes[J]. International Journal of Non-Linear Mechanics,1996,31(5): 601-617.

[21] GURLEY K R, KAREEM A. Modelling and simulation of non-Gaussian processes[D]. South Bend: University of notre dame,1997.

[22] KUMAR K S, STATHOPOULOS T. Synthesis of non-Gaussian wind pressure time series on

low building roofs[J]. Engineering Structures,1999,21(12): 1086-1100.

[23] GRIGORIU M, DITLEVSEN O, ARWADE S R. A monte carlo simulation model for stationary non-Gaussian processes[J]. Probabilistic Engineering Mechanics,2003,18(1): 87-95.

[24] HANG C, KANDA J. Translation method: A historical review and its application to simulation of non-Gaussian stationary processes[J]. Wind & Structures An International Journal,2003, 6(5): 357-386.

[25] WU J J. Simulation of non-Gaussian surfaces with FFT[J]. Tribology International,2004, 37(4): 339-346.

[26] GRIGORIU M. Parametric translation models for stationary non-Gaussian processes and fields[J]. Journal of Sound & Vibration,2007,303(3-5): 428-439.

[27] 蒋瑜，陈循，陶俊勇. 超高斯伪随机振动激励信号的生成技术[J]. 振动工程学报, 2005, 18(2): 179-183.

[28] 蒋瑜，陈循，陶俊勇. 基于时域随机化的超高斯真随机驱动信号生成技术研究[J]. 振动工程学报, 2005, 18(4): 491-494.

[29] 蒋瑜，陈循，陶俊勇. 指定功率谱密度、偏斜度和峭度值下的非高斯随机过程数字模拟[J]. 系统仿真学报, 2006,18(5): 1127-1130.

[30] YU J. Simulation of non-Gaussian stochastic processes by amplitude modulation and phase reconstruction[J]. Wind and Structures,2014,18(6): 693-715.

[31] LIANG J W, CHAUDHURI, et al. Simulation of nonstationary stochastic processes by spectral representation[J]. Journal of Engineering Mechanics,2007,133(6): 616-627.

[32] GARCIA-ROMEU-MARTINEZ M A, ROUILLARD V. On the statistical distribution of road vehicle vibrations[J]. Packaging Technology & Science,2011,24(8): 451-467.

[33] ROUILLARD V. Decomposing pavement surface profiles into a Gaussian sequence[J]. International Journal of Vehicle Systems Modelling & Testing,2009,4(5): 288-305.

[34] WEN Y K, GU P. HHT-based simulation of uniform hazard ground motions[J]. Advances in Adaptive Data Analysis,2009,1(1): 71-87.

[35] MAO C, JIANG Y, CHEN X, et al. Synthesis of severely non-stationary vehicle vibration signals based on Higher-order moments and Hilbert spectrum［J］. Mechanical Systems and Signal Processing, 2022, 164: 108238.

[36] GRIGORIU M. Linear systems subject to non-Gaussian α-stable processes[J]. Probabilistic Engineering Mechanics,1995,10: 23-34.

[37] GRIGORIU M. Linear and nonlinear systems with non-Gaussian white noise input[J].

Probabilistic Engineering Mechanics,1995,10(3): 171-179.

[38] GRIGORIU M, KAFALI C. Response of linear systems to stationary bandlimited non-Gaussian processes[J]. Probabilistic Engineering Mechanics,2007,22(4): 353-361.

[39] GRIGORIU M. Linear models for non-Gaussian processes and applications to linear random vibration[J]. Probabilistic Engineering Mechanics,2011,26(3): 461-470.

[40] STEINWOLF A, IBRAHIM R A. Numerical and experimental studies of linear systems subjected to non-Gaussian random excitations[J]. Probabilistic Engineering Mechanics, 1999,14(4): 289-299.

[41] KRENK S, GLUVER H. An Algorithm for Moments of Response from Non-Normal Excitation of Linear Systems[M]. London: Elsevier,1988: 181-195.

[42] IYENGAR R N, JAISWAL O R. A new model for non-Gaussian random excitations[J]. Probabilistic Engineering Mechanics,1993,8(3): 281-287.

[43] RIZZI S A, PRZEKP A, TURNER TRAVIS. On the Response of a Nonlinear Structure to High Kurtosis Non-Gaussian Random Loadings[R]. NASA,2013.

[44] BINH L V, ISHIHARA T, PHUC P V, et al. A peak factor for non-Gaussian response analysis of wind turbine tower[J]. Journal of Wind Engineering & Industrial Aerodynamics,2008, 96(10/11): 2217-2227.

[45] ZENG Y, ZHU W Q. Stochastic averaging of dimensional non-linear dynamical systems subject to non-Gaussian wide-band random excitations[J]. International Journal of Non-Linear Mechanics,2010,45(5): 572-586.

[46] MARIO D P, SOFI A. Linear and non-linear systems under sub-Gaussian (α-stable) Input[J]. Meccanica dei Materiali e delle Strutture,2009,1(1): 55-75.

[47] HE J, ZHOU Y J, KOU X J. First passage probability of structures under non-Gaussian stochastic behavior[J]. Journal of Shanghai Jiaotong University (Science),2008,13(4): 400-403.

[48] JIANG Y, TAO J, CHEN X. Non-Gaussian Random Vibration Fatigue Analysis and Accelerated Test [M]. Springer, 2022.

[49] LEI W, JIANG Y, ZENG X. Research on the transmission law of kurtosis of SDOF system under nonstationary and non-Gaussian random excitations [J]. Mechanical Systems and Signal Processing, 2022, 165: 108292.

[50] ATZORI B, TOVO R. Counting methods for fatigue cycles:state of the art, problems and possible develops[J]. ATA Ingegneria Automobilistica,1994,47(4),175-183.

[51] DIRLIK T. Application of computers in fatigue analysis[D]. Coventry:The University of

Warwick,1985.

[52] BENASCIUTTI D. Fatigue Analysis of random loadings[D]. Ferrara:University of Ferrara,2004.

[53] WETZEL R M. A method of fatigue damage analysis[D]. Waterloo:University of Waterloo,1971.

[54] RYCHLIK I. A new definition of the rainflow cycle counting method[J]. International Journal of Fatigue,1987,9: 119-121.

[55] ANTHES R J. Modified rainflow counting keeping the load sequence[J]. International Journal of Fatigue,1997,19(7): 529-535.

[56] DOWNING S D, SOCIE D F. Simple rainflow counting algorithms[J]. International Journal of Fatigue,1982,4: 31-40.

[57] GLINKA G, KAM J C P. Rainflow counting algorithm for very long stress histories[J]. International Journal of Fatigue,1987,9: 223-228.

[58] HONG N. A modified rainflow counting method[J]. International Journal of Fatigue,1991, 13: 465-469.

[59] 高镇同，熊俊江. 疲劳可靠性[M]. 北京：北京航空航天大学出版社, 2000.

[60] DOWLING N E. Fatigue life prediction for complex load versus time histories[J]. Journal of Engineering Materials and Technology,1983,105(3): 206-214.

[61] RICE S O. Mathematical Analysis of Random Noise[J]. Bell Labs Technical Journal, 1949,23(3): 282-332.

[62] BENDAT J S. Probability functions for random response:Prediction of peaks,fatigue damage and catastrophic failures[R]. Houston:NASA,1964.

[63] WIRSCHING P H, PAEZ T L, ORTIZ K. Random vibrations,theory and practice[M]. New York:Wiley-Interscience,1995.

[64] SOBCZYK K, SPENCER J B F. Random fatigue from data to theory[M]. San Diego:Academic Press,1992.

[65] BISHOP N W M, SHERRAT F. Fatigue life prediction for power spectral density data,Part 1:Traditional approaches[J]. Environmental Engineering,1989,2: 11-29.

[66] POWELL A. On the fatigue failure of structure due to vibrations excited by random pressure fields[J]. Journal of Acoustic Society American,1958,30: 1130-1135.

[67] WINTERSTEIN S R. Non-normal responses and fatigue damage[J]. Journal of Engineering Mechanics-ASCE,1985,111(10): 1291-1295.

[68] WINTERSTEIN S R. Moment-based hermite models of random vibration[D]. Lyngby: Department of Structural Engineering,Technical University of Denmark,1987.

[69] SARKANI S, KIHL D P, BEACH J E. Fatigue of welded joints under narrow-band non-Gaussian loadings[J]. Probabilistic Engineering Mechanics,1994,9: 179-190.

[70] KIHL D P, SARKANI S, BEACH J E. Stochastic fatigue damage accumulation under broadband loadings[J]. International Journal of Fatigue,1995,17(5): 321-329.

[71] SARKANI S, MICHAELOV G, KIHL D P,et al. Fatigue of welded joints under wideband loadings[J]. Probabilistic Engineering Mechanics,1996,11: 221-227.

[72] 徐建波，邓洪洲，王肇民. 考虑非高斯和宽带修正的桅杆风振疲劳分析[J]. 同济大学学报（自然科学版）,2004,32(7): 889-890.

[73] YU L, DAS P K, BARLTROP N D P. A new look at the effect of bandwidth and non-normality of fatigue damage[J]. Fatigue Fract Engng Master Struct,2004,27: 51-58.

[74] WANG J. Non-Gaussian stochastic dynamic response and fatigue of offshore structures[M]. Texas:Texas A&M University,1992.

[75] COLOMBI P, DOLINSKI K. Fatigue lifetime of welded joints under random loading: Rain flow cycle vs cycle sequence method[J]. Probabilistic Engineering Mechanics, 2001, 16: 61-71.

[76] BLEVINS R D. Non-Gaussian narrow-band random fatigue[J]. Journal of Applied Mechanics,2002,69: 317-324.

[77] BRACCESI C, CIANETTI F, LORI G, et al. The frequency domain approach in virtual fatigue estimation of non-linear systems:The problem of non-Gaussian states of stress[J]. International Journal of Fatigue,2009,31: 766-775.

[78] WIRSCHING P H, SHEATA A M. Fatigue under wide band random stresses using the rain flow method[J]. Journal of Engineering Materials and Technology-ASME,1977, 99: 205-211.

[79] WIRSCHING P H, LIGHT C L. Fatigue under wide band random stresses[J]. Journal of Struct Division-ASCE,1980,106(7): 1593-1607.

[80] WU W F, HUANG T H. Prediction of fatigue damage and fatigue life under random loading[J]. International Journal of Pressure Vessels and Piping,1993,53: 273-298.

[81] WU W F, LIOU H Y, TSE H C. Estimation of fatigue damage and fatigue life of components under random loading[J]. International Journal of Pressure Vessels and Piping,1997,72: 243-249.

[82] ROTH J S. Statistical modeling of rainflow histograms[D]. Illinois:University of Illinois at Urbana-Champaign,1998.

[83] JOHANNESSON P. On Rainflow cycles and the distribution of the number of interval crossings by a markov chain[J]. Probabilistic Engineering Mechanics,2002,17(1): 123-130.

[84] JOHANNESSON P. Rainflow cycles for switching processes with markov structure[J]. Prob Engen Inf Sci,1998,12(1): 143-175.

[85] DIRLIK T. Application of computers in fatigue analysis[D]. Coventry:The University of Warwick,1985.

[86] BISHOP N W M. The Use of frequency domain parameters to predict structural fatigue[D]. Coventry:University of Warwick,1988.

[87] BENASCIUTTI D, TOVO R. Comparison of spectral methods for fatigue analysis of broad-band Gaussian random processes[J]. Probabilistic Engineering Mechanics,2006,21(2): 287-299.

[88] TOVO R. On the Fatigue reliability evaluation of structural components under service loading[J]. International Journal of Fatigue,2001,23(2): 587-598.

[89] LUTES L D, CORAZAO M, HU S J, et al. Stochastic fatigue damage accumulation[J]. Journal of Structure Engineering-ASCE,1984,110(11): 2585-2586.

[90] 伍义生. 随机载荷下疲劳损伤计算[J]. 机械科学与技术,1996,11: 879-882.

[91] RYCHLIK I. On the narrow-band approximation for expected fatigue damage[J]. Probabilistic Engineering Mechanics,1993,8(1): 1-4.

[92] ZHAO W, BAKER M J. On the probability density function of rainflow stress range for stationary Gaussian processes[J]. International Journal of Fatigue,1992,14(2): 121-135.

[93] 王明珠. 结构振动疲劳寿命分析方法研究[D]. 南京：南京航空航天大学, 2009.

[94] SAKAI S, OKAMURA H. On the distribution of rainflow range for Gaussian random process with bimodal PSD[J]. JSME International Journal,1995,38(1): 440-445.

[95] REPETTO M P. Cycle counting methods for Bi-modal stationary Gaussian processes[J]. Probabilistic Engineering Mechanics,2005,20(1): 229-238.

[96] OLAGNON M, GUEDE Z. Rainflow fatigue analysis for loads with multimodal power spectral densities[J]. Marine Structures,2008,21(2/3): 160-176.

[97] BOUYASSY V, NABOISHI S M, RACKWITZ R. Comparison of analytical counting methods for Gaussian process[J]. Struct Staf,1993,12: 35-57.

[98] CASCIATI F, COLOMBI P. Fatigue crack propagation under environmental actions[R].

London,1998.

[99] LUTES L D, CORAZAO M, HU S J, et al. Stochastic fatigue damage accumulation[J]. Journal of Structure Engineering-ASCE,1984,110(11): 2588-2601.

[100] LUTES L D, HU S L. Non-normal stochastic response of linear systems[J]. Journal of Engineering Mechanics,1986,112(2): 127-141.

[101] 徐建波，邓洪洲，王肇民. 考虑非高斯和宽带修正的桅杆风振疲劳分析[J]. 同济大学学报（自然科学版）,2004,32(7): 890-892.

[102] WANG X, SUN J Q. Effect of skewness on fatigue life with mean stress correction[J]. Journal of Sound and Vibration,2005,282(1): 1231-1237.

[103] WANG X, SUN J Q. Multi-stage regression fatigue analysis of non-Gaussian stress processes[J]. Journal of Sound and Vibration,2005,280(3): 455-465.

[104] GAO Z, MOAN T. Fatigue damage induced by non-Gaussian bimodal wave loading in mooring lines[J]. Applied Ocean Research,2007,29(2): 45-54.

[105] WINTERSTEIN S R. Nonlinear vibration models for extremes and fatigue[J]. Journal of Engineering Mechanics,1988,114(10): 1772-1790.

[106] RYCHLIK I, JOHANNESSON P, LEADBETTER M R. Modelling and statistical analysis of ocean-wave data using transformed Gaussian processes[J]. Marine Structures,1997, 10(3): 13-47.

[107] BENASCIUTTI D, TOVO R. Fatigue life assessment in non-Gaussian random loadings[J]. International Journal of Fatigue,2006,28(2): 733-746.

[108] BENASCIUTTI D, TOVO R. Cycle distribution and fatigue damage assessment in broad-band non-Gaussian random processes[J]. Probabilistic Engineering Mechanics,2005,20(1): 115-127.

[109] RYCHLIK I, LINDGREN G, LIN Y K. Markov based correlations of damage cycles in Gaussian and non-Gaussian loads[J]. Probabilistic Engineering Mechanics,1995,10:103-115.

[110] RYCHLIK I, GUPTA S. Rain-flow fatigue damage for transformed Gaussian loads[J]. International Journal of Fatigue,2007,29: 406-420.

[111] ABERG S, PODGORSKI K, RYCHLIK I. Fatigue damage assessment for a spectral model of non-Gaussian random loads[J]. Probabilistic Engineering Mechanics,2009,24: 608-617.

[112] SZERSZEN M M, NOWAK A S,LAMAN J A. Fatigue reliability of steel bridge[J]. Journal of Constructional Steel Research,1999,52(1): 83-92.

[113] THIES P R, JOHANNING L, SMITH G H. Assessing mechanical loading regimes and

fatigue life of marine power cables in marine energy applications[J]. Proc I Mech E Part O:Journal of Risk and Reliability,2012,226(1): 18-32.

[114] KECECIOGHP D, CHESTER L B, GARDNER E D. Sequential cumulative fatigue reliability[J]. Proceedings of Reliability and Maintenance Symposium,1974,20(2): 3533-3539.

[115] KECECIOGHP D. Reliability Analysis of mechanical components and systems[J]. Nuclear Engineering and Design,1972,19(1): 259-290.

[116] NI K, GAO Z. Constant amplitude fatigue strength and P-Sa-Sm-Nc surface family[J]. Chinese Journal of Aeronautics,1996,9(1): 28-39.

[117] 高镇同. 疲劳应用统计学[M]. 北京：国防工业出版社,1986.

[118] XIONG J, SHENOI R A. Fatigue and Fracture Reliability Engineering[M]. London: Springer,2011.

[119] 庄忠良，高德平，鲁启新. 含置信度叶片疲劳寿命可靠性试验技术[J]. 航空动力学报, 1989, 4(3): 209-213.

[120] 倪侃，张圣坤. 变幅加载下疲劳可靠性分析[J]. 航空动力学报, 1997,12(3): 230-235.

[121] SMITH C L, CHANG J H, ROGERS M H. Fatigue reliability analysis of dynamic components with variable loadings without monte-carlo simulation[C]//Proceedings of the American Helicopter Society 63rd Annual Forum,Virginia,2007.

[122] AUDBUR E, THOMPSON, ADAMS D O. A Computation Method for the Determination of Structural Reliability of Helicopter Components[C]//Proceedings of AHS Annual Forum, Montreal,1990.

[123] 郭盛杰，姚卫星. 结构元件疲劳可靠性估算的剩余寿命模型[J]. 南京航空航天大学学报, 2003,35(1): 25-29.

[124] 姚卫星, 顾怡. 结构可靠性设计[M]. 北京：航空工业出版社, 1997.

[125] 倪侃. 随机变幅加载下疲劳强度可靠性分析[J]. 上海交通大学学报, 1996, 30(2): 23-29.

[126] LIU Y, MAHADEVAN S. Stochastic fatigue damage modeling under variable amplitude loading[J]. International Journal of Fatigue,2007,29: 1149-1161.

[127] GAO T, LI A, CHEN Y. Fatigue reliability analysis of steel bridge details based on field-monitored[C]//Proceedings of the 6th International Workshop on Advanced Smart Materials and Smart Structures Technology,Daejeon,2011.

[128] SOBCZYK K, PERROS K, PAPADIMITRIOU C. Fatigue reliability of multidimensional vibratory degrading systems under random loading[J]. Journal of Engineering Mechanics-ASCE,2010,136(2): 179-188.

[129] LANGE C H. Probabilistic fatigue methodology and wind turbine reliability[D]. Stanford:Stanford University,1996.

[130] 赵永翔,彭佳纯,杨冰,等. 考虑疲劳本构随机性的结构应力疲劳可靠性分析方法[J]. 机械工程学报, 2006, 42(12): 36-41.

[131] SOARES C G, GARBATOV Y. Fatigue reliability of the ship hull girder accounting for inspection and repair[J]. Reliability Engineering and System Safety, 1996,51: 341-351.

[132] 龚顺风,何勇,金伟良. 海洋平台结构随机动力响应谱疲劳寿命可靠性分析[J]. 浙江大学学报, 2007, 41(1): 12-17.

[133] WANG Q F, LI J J, ZHANG S L. Structural fatigue reliability based on extension of random loads into interval variables[J]. International Journal of Computer Science,2013,10(1): 448-453.

[134] 余建星,傅明炀,杨怿,等. 海底管道涡激振动疲劳可靠性分析[J]. 天津大学学报,2008,41(11): 1321-1325.

[135] 梁红琴. 随机载荷作用下的货车车轴疲劳可靠性研究[D]. 重庆：西南交通大学,2004.

[136] SVENSSON T. Prediction Uncertainties at Variable Amplitude Fatigue[J]. International Journal of Fatigue,1997,19(93): 295-302.

[137] 倪侃. 结构疲劳可靠性二维概率 Miner 准则及其应用[D]. 北京：北京航空航天大学, 1994.

[138] ALLEGRI G, ZHANG X. On the inverse power laws for accelerated random fatigue testing[J]. International Journal of Fatigue,2008,30: 967-977.

[139] MARTIN C, JANKO S, MIHA B. Uninterrupted and accelerated vibrational fatigue testing with simultaneous monitoring of the natural frequency and damping[J]. Journal of Sound and Vibration,2012,331: 5370-5382.

[140] YUN G J, ABDULLAH A B M, BINIENDA W. Development of a Closed-Loop High-Cycle Resonant Fatigue Testing System[J]. Experimental Mechanics,2012,52(3): 275-288.

[141] ASHWINI P, ABHIJIT G, GURU R K. Fatigue failure in random vibration and accelerated testing[J]. Journal of Vibration and Control,2012,18(8): 1199-1206.

[142] 王冬梅,谢劲松. 随机振动试验加速因子的计算方法[J]. 环境技术, 2010,28(2): 47-51.

[143] 李奇志,陈国平,王明旭,等. 振动加速因子试验方法研究[J]. 振动、测试与诊断, 2013, 33(1): 35-39.

[144] 朱学旺,张思箭,宁佐贵,等. 宽带随机振动试验条件的加速因子[J]. 环境技术, 2014,6: 17-20.

[145] LEI W, JIANG Y, ZENG X. A novel excitation signal generation technology for accelerated random vibration fatigue testing based on the law of kurtosis transmission[J]. International Journal of Fatigue, 2022: 106835.

[146] JIANG Y, YUN G J, ZHAO L, et al. Experimental design and validation of an accelerated random vibration fatigue testing methodology[J]. Shock and Vibration,2015,3: 13.

[147] JIANG Y, TAO J Y, ZHANG Y N, et al. Fatigue life prediction model for accelerated testing of electronic components under non-Gaussian random vibration excitations[J]. Microelectronics Reliability,2016,9(64): 120-124.

第 2 章　非高斯随机载荷统计分析

非高斯随机载荷统计分析是进行非高斯载荷作用下产品疲劳寿命计算及可靠性分析的基础。仅用偏度和峭度来表示非高斯统计特性是不充分的。本章首先基于高斯混合模型（Gaussian mixture model，GMM）建立对称及偏斜非高斯随机载荷幅值 PDF 的数学模型；然后将高阶统计量代入该模型，求待定参数，得到非高斯 PDF 的解析表达式；最后通过仿真和实测信号验证了方法的有效性。建立 PDF 解析表达式有利于准确定义非高斯随机载荷，为疲劳损伤计算、可靠性分析和加速试验方案研究等奠定基础。

2.1　常用非高斯统计参数

从理论上讲，能够全面描述随机过程非高斯特性的统计量为：高阶矩 $m_n(\tau_1, \tau_2, \cdots, \tau_{n-1})$ 或高阶累积量 $c_n(\tau_1, \tau_2, \cdots, \tau_{n-1})$ [1]（$n > 2$）。$m_n(\tau_1, \tau_2, \cdots, \tau_{n-1})$ 和 $c_n(\tau_1, \tau_2, \cdots, \tau_{n-1})$ 是时间间隔 $\{\tau_i\}$ 的多元函数，其计算过程比较复杂，各计算环节容易引入计算误差。高阶统计量的复杂性，使其在非高斯随机载荷的定量分析中应用较少。简单起见，通常使用静态高阶统计量来描述非高斯特性。所谓静态高阶统计量即把 $m_n(\tau_1, \tau_2, \cdots, \tau_{n-1})$ 或 $c_n(\tau_1, \tau_2, \cdots, \tau_{n-1})$ 的时间间隔 τ_i 均设为 0 得到的结果。随机过程的静态高阶统计量本质上等价于随机变量的高阶统计量。归一化 3 阶静态矩和 4 阶静态矩分别称为偏度 γ_3 和峭度 γ_4 [2]。

高斯随机过程的偏度 $\gamma_3 = 0$，峭度 $\gamma_4 = 3$；对称非高斯随机过程的偏度 $\gamma_3 = 0$，峭度 $\gamma_4 \neq 3$（工程实际中非高斯随机载荷的峭度一般大于 3 [3]）。非高斯随机过程 $X(t)$ 的偏度和峭度可以通过样本时间序列 $x(t)$ 进行估计：

$$\hat{\gamma}_3 = \frac{\frac{1}{T}\left[\int_0^T x^3(t)\mathrm{d}t\right]}{\hat{\sigma}_X^3} = \frac{\hat{m}_3(0,0)}{\hat{\sigma}_X^3}, \quad \hat{\gamma}_4 = \frac{\frac{1}{T}\left[\int_0^T x^4(t)\mathrm{d}t\right]}{\hat{\sigma}_X^4} = \frac{\hat{m}_4(0,0,0)}{\hat{\sigma}_X^4} \tag{2.1}$$

2.2 对称非高斯概率密度函数

2.2.1 高斯混合模型

Middleton[4]在研究通信系统中多源叠加噪声信号的幅值概率分布时提出 GMM，其统一表达式为

$$f_{NG}(x) = \sum_{i=0}^{N} \alpha_i f_i(x) \tag{2.2}$$

式中：$f_{NG}(x)$ 为非高斯 PDF；$f_i(x)$ 为第 i 个高斯分量的 PDF；N 为维数；α_i 为第 i 个高斯分量的权值，$0 \leqslant \alpha_i \leqslant 1$，$\sum \alpha_i = 1$。一般情况下，二维或三维 GMM 可得到精度足够的非高斯 PDF，这里采用二维 GMM：

$$f_{NG}(x) = \alpha f_1(x \mid \sigma_1) + (1-\alpha) f_2(x \mid \sigma_2) \tag{2.3}$$

2.2.2 参数估计

因为高斯分量的 PDF 由标准差 σ 完全确定，所以零均值非高斯过程 $X(t)$ 的二维 GMM 可以表示为

$$f_{NG}(x) = \alpha \frac{1}{\sqrt{2\pi}\sigma_1} \exp\left(-\frac{x^2}{2\sigma_1^2}\right) + (1-\alpha) \frac{1}{\sqrt{2\pi}\sigma_2} \exp\left(-\frac{x^2}{2\sigma_2^2}\right) \tag{2.4}$$

式中：σ_1 和 σ_2 分别为高斯分量 1 和高斯分量 2 的标准差；α 和 $1-\alpha$ 分别为高斯分量 1 和高斯分量 2 的权值。式（2.4）中有 3 个未知量：σ_1、σ_2 和 α。对于零均值过程 $X(t)$，可以根据样本时间序列 $x(t)$ 来估计 2 阶中心矩、4 阶中心矩和 6 阶中心矩：

$$\begin{cases} \hat{m}_2 = \dfrac{1}{T} \displaystyle\int_0^T x^2(t)\mathrm{d}t \\[2mm] \hat{m}_4 = \dfrac{1}{T} \displaystyle\int_0^T x^4(t)\mathrm{d}t \\[2mm] \hat{m}_6 = \dfrac{1}{T} \displaystyle\int_0^T x^6(t)\mathrm{d}t \end{cases} \tag{2.5}$$

当样本序列的时间长度 T 足够时，估计值 $\hat{m}_n$ 能够很好地逼近真值 m_n。根据二维 GMM[式（2.4）]，下面的等式成立：

$$\begin{cases} m_2 = \alpha m_2^{(1)} + (1-\alpha)m_2^{(2)} \\ m_4 = \alpha m_4^{(1)} + (1-\alpha)m_4^{(2)} \\ m_6 = \alpha m_6^{(1)} + (1-\alpha)m_6^{(2)} \end{cases} \qquad (2.6)$$

式中：$m_2^{(1)}$、$m_4^{(1)}$ 和 $m_6^{(1)}$ 分别为高斯分量 1 的 2 阶矩、4 阶矩和 6 阶矩；$m_2^{(2)}$、$m_4^{(2)}$ 和 $m_6^{(2)}$ 分别为高斯分量 2 的 2 阶矩、4 阶矩和 6 阶矩，其中 2 阶矩等于均方值。对于零均值高斯随机过程，各阶矩之间存在式（1.4）所定义的关系：

$$\begin{cases} m_2^{(1)} = \sigma_1^2;\ m_2^{(2)} = \sigma_2^2 \\ m_4^{(1)} = 3\sigma_1^4;\ m_4^{(2)} = 3\sigma_2^4 \\ m_6^{(1)} = 15\sigma_1^6;\ m_6^{(2)} = 15\sigma_2^6 \end{cases} \qquad (2.7)$$

将式（2.7）代入式（2.6），得方程组：

$$\begin{cases} m_2 = \alpha\sigma_1^2 + (1-\alpha)\sigma_2^2 \\ m_4 = 3\alpha\sigma_1^4 + 3(1-\alpha)\sigma_2^4 \\ m_6 = 15\alpha\sigma_1^6 + 15(1-\alpha)\sigma_2^6 \end{cases} \qquad (2.8)$$

用式（2.5）中给出的非高斯随机过程高阶矩估计结果代替真值，则有

$$\begin{cases} \hat{m}_2 = \alpha\sigma_1^2 + (1-\alpha)\sigma_2^2 \\ \hat{m}_4 = 3\alpha\sigma_1^4 + 3(1-\alpha)\sigma_2^4 \\ \hat{m}_6 = 15\alpha\sigma_1^6 + 15(1-\alpha)\sigma_2^6 \end{cases} \qquad (2.9)$$

式（2.9）定义的三元非线性方程组可以通过科学计算软件（如 Matlab 符号运算）进行求解。将求解的参数 α、σ_1 和 σ_2 代入式（2.4），得到基于 GMM 的对称非高斯幅值 PDF。可以看到与仅使用峭度不同，由式（2.4）和式（2.9）建立的对称非高斯幅值 PDF 考虑了非高斯随机过程的 6 阶矩，提高了对非高斯统计特性的描述准确度。

2.3　偏斜非高斯概率密度函数

2.3.1　高斯混合模型

GMM 的统一表达式如式（2.2）所示，但偏斜非高斯 PDF 的数学模型与对

称非高斯情况不同。以二维 GMM 为例，对称非高斯随机载荷的高斯分量 $f_1(x)$ 和 $f_2(x)$ 为零均值高斯 PDF；而偏斜非高斯随机过程的两个高斯分量 $f_1(x)$ 和 $f_2(x)$ 需要具有不同的均值 μ 和标准差 σ：

$$f_{\mathrm{NG}}(x) = \alpha f_1(x\,|\,\mu_1,\sigma_1) + (1-\alpha)f_2(x\,|\,\mu_2,\sigma_2) \tag{2.10}$$

这样才能保证偏斜非高斯随机过程的奇数高阶矩不为零。

2.3.2 参数估计

首先，这里基于零均值假设进行分析，因为均值对概率分布的影响可以通过平移解决。根据式（2.10），偏斜非高斯随机过程的幅值 PDF 可以展开为

$$f_{\mathrm{NG}}(x) = \alpha \frac{1}{\sqrt{2\pi}\sigma_1}\exp\left[-\frac{(x-\mu_1)^2}{2\sigma_1^2}\right] + (1-\alpha)\frac{1}{\sqrt{2\pi}\sigma_2}\exp\left[-\frac{(x-\mu_2)^2}{2\sigma_2^2}\right] \tag{2.11}$$

式中：α、μ_1 和 σ_1 分别为高斯分量 1 的权值、均值和标准差；$1-\alpha$、μ_2 和 σ_2 分别为高斯分量 2 的权值、均值和标准差。引入不同均值 μ_1 和 μ_2，使 GMM 可以拟合偏斜非高斯 PDF 曲线。式（2.11）中有 5 个未知参数 μ_1、μ_2、σ_1、σ_2 和 α。对于零均值情况，非高斯过程的中心矩等于原点矩，以下统称矩，其中 1 阶矩为零：

$$m_1^{(\mathrm{NG})} = \int_{-\infty}^{\infty} x f_{\mathrm{NG}}(x)\,\mathrm{d}x = \alpha\int_{-\infty}^{\infty} x f_1(x)\,\mathrm{d}x + (1-\alpha)\int_{-\infty}^{\infty} x f_2(x)\,\mathrm{d}x \tag{2.12}$$
$$= \alpha\mu_1 + (1-\alpha)\mu_2 = 0$$

非高斯过程的 2 阶矩等于均方值：

$$m_2^{(\mathrm{NG})} = \int_{-\infty}^{\infty} x^2 f_{\mathrm{NG}}(x)\,\mathrm{d}x = \alpha\int_{-\infty}^{\infty} x^2 f_1(x)\,\mathrm{d}x + (1-\alpha)\int_{-\infty}^{\infty} x^2 f_2(x)\,\mathrm{d}x \tag{2.13}$$
$$= \alpha\Psi_2^{(1)}(x) + (1-\alpha)\Psi_2^{(2)}(x)$$

式中：$\Psi_2^{(1)}(x)$ 和 $\Psi_2^{(2)}(x)$ 分别为高斯分量 1 和高斯分量 2 的均方值，即均值和方差的函数：

$$\begin{cases} \Psi_2^{(1)}(x) = \mu_1^2 + \sigma_1^2 \\ \Psi_2^{(2)}(x) = \mu_2^2 + \sigma_2^2 \end{cases} \tag{2.14}$$

将式（2.14）代入式（2.13），非高斯随机过程的 2 阶矩可以展开为

$$m_2^{(\mathrm{NG})} = \alpha(\mu_1^2 + \sigma_1^2) + (1-\alpha)(\mu_2^2 + \sigma_2^2) \tag{2.15}$$

同理，非高斯过程的 3 阶矩为

$$m_3^{(\mathrm{NG})} = \int_{-\infty}^{\infty} x^3 f_{\mathrm{NG}}(x)\, \mathrm{d}x = \alpha \int_{-\infty}^{\infty} x^3 f_1(x)\, \mathrm{d}x + (1-\alpha) \int_{-\infty}^{\infty} x^3 f_2(x)\, \mathrm{d}x \tag{2.16}$$
$$= \alpha \Psi_3^{(1)}(x) + (1-\alpha)\Psi_3^{(2)}(x)$$

其中，$\Psi_3^{(1)}$ 和 $\Psi_3^{(2)}$ 分别为高斯分量 1 和分量 2 的 3 阶原点矩：

$$\begin{cases} \Psi_3^{(1)}(X) = 3\mu_1 \Psi_2^{(1)}(X) - 2\mu_1^3 = \mu_1^3 + 3\mu_1 \sigma_1^2 \\ \Psi_3^{(2)}(X) = 3\mu_2 \Psi_2^{(2)}(X) - 2\mu_2^3 = \mu_2^3 + 3\mu_2 \sigma_2^2 \end{cases} \tag{2.17}$$

将式（2.17）代入式（2.16），非高斯随机过程的 3 阶矩为

$$m_3^{(\mathrm{NG})} = \alpha(\mu_1^3 + 3\mu_1 \sigma_1^2) + (1-\alpha)(\mu_2^3 + 3\mu_2 \sigma_2^2) \tag{2.18}$$

类似地，非高斯随机过程的 4 阶矩和 5 阶矩如式（2.19）和式（2.20）所示：

$$m_4^{(\mathrm{NG})} = \alpha \Psi_4^{(1)} + (1-\alpha)\Psi_4^{(2)} \tag{2.19}$$

$$m_5^{(\mathrm{NG})} = \alpha \Psi_5^{(1)} + (1-\alpha)\Psi_5^{(2)} \tag{2.20}$$

对于式（2.19），有

$$\begin{cases} \Psi_4^{(1)}(X) = 4\mu_1 \Psi_3^{(1)}(X) - 6\mu_1^2 \Psi_2^{(1)}(X) + 3\mu_1^4 + 3\sigma_1^4 = \mu_1^4 + 6\mu_1^2 \sigma_1^2 + 3\sigma_1^4 \\ \Psi_4^{(2)}(X) = 4\mu_2 \Psi_3^{(2)}(X) - 6\mu_2^2 \Psi_2^{(2)}(X) + 3\mu_2^4 + 3\sigma_2^4 = \mu_2^4 + 6\mu_2^2 \sigma_2^2 + 3\sigma_2^4 \end{cases} \tag{2.21}$$

将式（2.21）代入式（2.19），则非高斯随机过程的 4 阶矩为

$$m_4^{(\mathrm{NG})} = \alpha(\mu_1^4 + 6\mu_1^2 \sigma_1^2 + 3\sigma_1^4) + (1-\alpha)(\mu_2^4 + 6\mu_2^2 \sigma_2^2 + 3\sigma_2^4) \tag{2.22}$$

对于式（2.20），有

$$\begin{cases} \Psi_5^{(1)} = 5\mu_1 \Psi_4^{(1)} - 10\mu_1^2 \Psi_3^{(1)} + 10\mu_1^3 \Psi_2^{(1)} - 4\mu_1^5 = \mu_1^5 + 10\mu_1^3 \sigma_1^2 + 15\mu_1 \sigma_1^4 \\ \Psi_5^{(2)} = 5\mu_2 \Psi_4^{(2)} - 10\mu_2^2 \Psi_3^{(2)} + 10\mu_2^3 \Psi_2^{(2)} - 4\mu_2^5 = \mu_2^5 + 10\mu_2^3 \sigma_2^2 + 15\mu_2 \sigma_2^4 \end{cases} \tag{2.23}$$

将式（2.23）代入式（2.20），则非高斯随机过程的 5 阶矩为

$$m_5^{(\mathrm{NG})} = \alpha(\mu_1^5 + 10\mu_1^3 \sigma_1^2 + 15\mu_1 \sigma_1^4) + (1-\alpha)(\mu_2^5 + 10\mu_2^3 \sigma_2^2 + 15\mu_2 \sigma_2^4) \tag{2.24}$$

对于实际问题，非高斯随机载荷的各阶矩是未知的，一般根据样本记录得到估计结果。假设零均值非高斯过程的样本时间序列为 $x(t)$，则第 i 阶矩的估计值为

$$\hat{m}_i^{(\mathrm{NG})} = E[x^i(t)], \qquad i = 1, 2, \cdots \tag{2.25}$$

用估计值代替理论值，联立式（2.12）、式（2.15）、式（2.18）、式（2.22）和式（2.24），得到关于未知参数 α、μ_1、μ_2、σ_1、σ_2 的五元方程组：

$$\begin{cases} 0 = \alpha\mu_1 + (1-\alpha)\mu_2 \\ \hat{m}_2^{(NG)} = \alpha(\mu_1^2+\sigma_1^2)+(1-\alpha)(\mu_2^2+\sigma_2^2) \\ \hat{m}_3^{(NG)} = \alpha(\mu_1^3+3\mu_1\sigma_1^2)+(1-\alpha)(\mu_2^3+3\mu_2\sigma_2^2) \\ \hat{m}_4^{(NG)} = \alpha(\mu_1^4+6\mu_1^2\sigma_1^2+3\sigma_1^4)+(1-\alpha)(\mu_2^4+6\mu_2^2\sigma_2^2+3\sigma_2^4) \\ \hat{m}_5^{(NG)} = \alpha(\mu_1^5+10\mu_1^3\sigma_1^2+15\mu_1\sigma_1^4)+(1-\alpha)(\mu_2^5+10\mu_2^3\sigma_2^2+15\mu_2\sigma_2^4) \end{cases} \quad (2.26)$$

解上述五元非线性方程组即可求得各参数的估计值 $\hat{\mu}_1$、$\hat{\mu}_2$、$\hat{\sigma}_1$、$\hat{\sigma}_2$ 和 $\hat{\alpha}$，代入式（2.11），得到非高斯随机载荷 PDF 表达式。可以通过数值解法或符号运算软件求解上述非线性方程组。可以看到，与仅使用偏度和峰度不同，式（2.11）和式（2.26）建立的偏度非高斯 PDF 考虑了非高斯随机过程的 5 阶矩，提高了对非高斯统计特性的描述准确度。

2.4 示　例

2.4.1 对称非高斯随机过程示例

为了验证本章所提出方法的有效性，这里给出以下两个示例：

（1）峰度较小的仿真非高斯随机信号；

（2）峰度较大的实测车辆非高斯随机振动信号。

用 GMM 估计 4 个非高斯随机信号（两个仿真信号，两个实测信号）的 PDF，并与其他方法进行对比分析，从定量的角度验证其有效性和计算精度。

1. 仿真信号

仿真得到对称分布非高斯随机信号，如图 2.1 所示均值 $\mu=0$，方差 $\sigma^2 = 1.1976\times10^3$，偏度 $\gamma_3=0$，峰度 $\gamma_4=8.1394$。图 2.1（a）为样本时间序列；图 2.1（b）为 PSD，该信号为典型的宽带非高斯随机过程。

将图 2.1（a）所示的样本序列代入式（2.5）得

$$\begin{cases} \hat{m}_2 = 1.1976\times10^3 \\ \hat{m}_4 = 1.1673\times10^7 \\ \hat{m}_6 = 2.5042\times10^{11} \end{cases} \quad (2.27)$$

将以上结果代入式（2.9），求解方程组得

$$\begin{cases} \hat{\alpha} = 0.8120 \\ \hat{\sigma}_1^2 = 443.4025 \\ \hat{\sigma}_2^2 = 4.4552 \times 10^3 \end{cases} \quad (2.28)$$

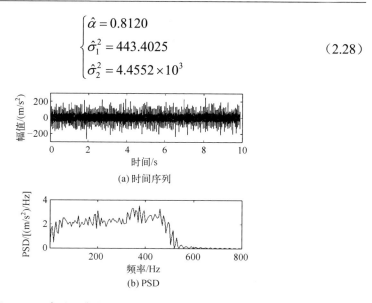

图 2.1　仿真对称非高斯随机信号（峭度 $\gamma_4 = 8.1394$）

将式（2.28）中的结果代入式（2.4），非高斯幅值 PDF 为

$$f_{\mathrm{NG}}(x) = \frac{0.8120}{21.0571\sqrt{2\pi}} \exp\left(-\frac{x^2}{886.8050}\right) + \frac{0.1880}{66.7472\sqrt{2\pi}} \exp\left(-\frac{x^2}{8.9104 \times 10^3}\right)$$

$$(2.29)$$

图 2.2 中给出了基于以下四种方法的非高斯 PDF 曲线：①样本序列经验分布；②GMM；③高斯分布；④4 阶 Edgeworth 展开法。因为时域样本序列有足够的长度，可以认为经验分布的结果比较可靠，将它作为其他结果的参考标准。图 2.2（a）给出线性坐标下的 PDF 曲线，可以比较清晰地显示出分布曲线中间峰值部分的差异；图 2.2（b）为半对数坐标下的幅值 PDF 曲线，可以清晰地比较分布曲线尾部的差异。从图 2.2 中可以看出，基于高斯假设的 PDF 曲线与经验分布曲线差异很大，所以工程中基于高斯假设来处理非高斯信号会引入很大的误差；基于 4 阶 Edgeworth 展开法的非高斯幅值 PDF 曲线出现了负值和多峰态，Edgeworth 展开法只适用于峭度值很小的非高斯随机信号；基于 GMM 的方法无论是在分布曲线的尖峰附近还是尾部都能准确逼近经验分布曲线。

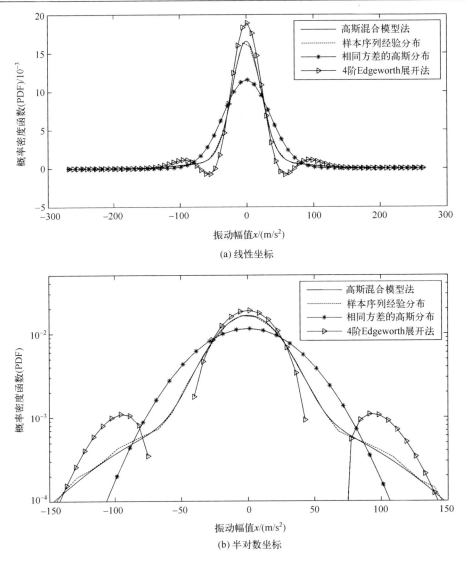

(a) 线性坐标

(b) 半对数坐标

图 2.2　仿真对称非高斯随机信号幅值 PDF 曲线

2. 实测信号

　　某型军用运输车辆以 25km/h 的速度在沥青路行驶时其载货平台实测非高斯随机振动信号如图 2.3 所示。该振动信号的均值 $\mu = 0$，方差 $\sigma^2 = 38.6462$，偏度 $\gamma_3 = 0$，峭度 $\gamma_4 = 22.9716$。图 2.3（a）为样本时间序列；图 2.3（b）为 PSD，该振动信号为窄带非高斯随机过程。

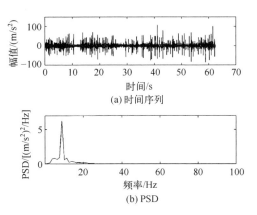

图 2.3 实测对称非高斯随机信号（峭度 $\gamma_4 = 22.9716$）

将图 2.3（a）中的样本序列代入式（2.5）得

$$\begin{cases} \hat{m}_2 = 38.6462 \\ \hat{m}_4 = 3.4308 \times 10^4 \\ \hat{m}_6 = 1.1175 \times 10^8 \end{cases} \qquad (2.30)$$

将以上结果代入式（2.9），解方程组的参数估计结果：

$$\begin{cases} \hat{\alpha} = 0.9765 \\ \hat{\sigma}_1^2 = 23.1847 \\ \hat{\sigma}_2^2 = 681.6913 \end{cases} \qquad (2.31)$$

将式（2.31）的结果代入式（2.4），得到非高斯幅值 PDF 为

$$f_{\mathrm{NG}}(x) = \frac{0.9765}{4.8151\sqrt{2\pi}} \exp\left(-\frac{x^2}{46.3695}\right) + \frac{0.0235}{26.1092\sqrt{2\pi}} \exp\left(-\frac{x^2}{1.3634 \times 10^3}\right) \quad (2.32)$$

图 2.4 中给出了以下四种方法得到的 PDF 曲线：①样本序列经验分布；②GMM；③高斯分布；④4 阶 Edgeworth 展开法。以样本经验分布作为其他结果的参考标准。与 2.4.1 仿真信号的结果对比发现，随着峭度的增加，基于高斯假设和 Edgeworth 展开法的误差进一步增大，而 GMM 则仍能较好地拟合信号的幅值概率分布。

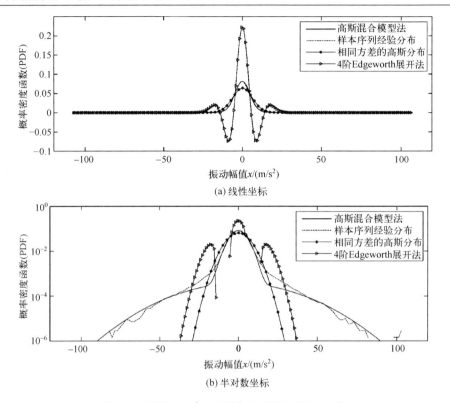

(a) 线性坐标

(b) 半对数坐标

图 2.4　实测对称非高斯随机信号幅值 PDF 曲线

3. 结果分析

为了进一步分析所提出方法的准确性，这里以相对均方误差来衡量各幅值 PDF 曲线对经验分布曲线的偏离程度，其中相对均方误差定义为

$$r = \frac{E[(f - f_{EM})^2]}{E[f_{EM}^2]} \quad (2.33)$$

式中：f 为基于某种方法的非高斯 PDF；f_{EM} 为经验分布结果。

为了充分验证方法的有效性，在上述两个示例的基础上，增加了一个仿真信号和一个某型飞机实测振动信号。分别计算了 GMM 的 PDF、高斯假设下的 PDF 和基于 Edgeworth 展开法的 PDF 与样本经验分布之间的相对均方误差，结果见表 2.1。通过对比可以发现，GMM 的计算结果具有最小的相对误差，而 Edgeworth 展开法仅适用于峭度值较小的情况，随着峭度的增加，其计算误差迅速增大。

表 2.1 对称非高斯信号幅值 PDF 相对误差 r 　　　　单位：%

方法	仿真		实测	
	$\gamma_4 = 5.0191$	$\gamma_4 = 8.1394$	飞机振动 $\gamma_4 = 4.3044$	车辆振动 $\gamma_4 = 22.9716$
GMM	0.0242	0.0442	0.72	0.19
高斯假设	9.18	7.66	0.84	3.78
Edgeworth 展开法	2.67	4.19	1.25	297.95

2.4.2 偏斜非高斯随机过程示例

为验证所提出的偏斜非高斯幅值 PDF 计算方法的有效性，分别给出了以下两个示例：①基于非线性变换的仿真信号；②悬臂梁振动试验得到的非高斯应力响应信号。

1. 仿真信号

首先生成零均值高斯信号 $x(t)$，信号的标准差 $\sigma_x = 74.85$，时间序列和 PSD 分别如图 2.5（a）、（b）所示。对高斯信号进行以下非线性变换，并去除均值，得到零均值非高斯信号 $z_0(t)$，有

$$z(t) = x(t) + 0.002x^2(t), \quad z_0(t) = z(t) - \text{mean}(z) \tag{2.34}$$

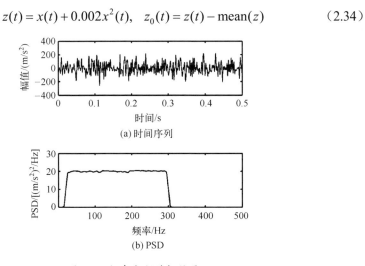

(a) 时间序列

(b) PSD

图 2.5 仿真高斯随机信号

$z_0(t)$的时间序列及 PSD 如图 2.6（a）和（b）所示。$z_0(t)$的标准差 $\sigma_{z0} = 76.78 \text{ ms}^{-2}$，偏度 $\gamma_3 = 0.9150$，峭度 $\gamma_4 = 4.1969$。

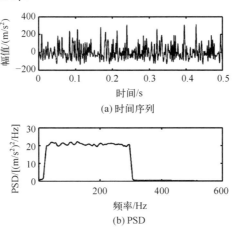

(a) 时间序列

(b) PSD

图 2.6　仿真偏斜非高斯随机信号

将非高斯时间序列 $z_0(t)$代入式（2.25）得各阶矩的估计值：

$$\begin{cases} \hat{m}_2^{(\text{NG})} = 5.8952 \times 10^3 \\ \hat{m}_3^{(\text{NG})} = 4.1415 \times 10^5 \\ \hat{m}_4^{(\text{NG})} = 1.4586 \times 10^8 \\ \hat{m}_5^{(\text{NG})} = 2.9389 \times 10^{10} \end{cases} \quad (2.35)$$

将上述结果代入式（2.26），得 GMM 参数估计结果为

$$\begin{cases} \hat{\mu}_1 = -25.2518, \quad \hat{\mu}_2 = 52.3119 \\ \hat{\sigma}_1 = 58.0970, \quad \hat{\sigma}_2 = 101.6851, \quad \hat{\alpha} = 0.7729 \end{cases} \quad (2.36)$$

将上述结果代入式（2.11），得到图 2.6（a）所示非高斯随机过程 $Z(t)$的幅值 PDF：

$$f_{\text{NG}}(z) = \frac{0.7729}{58.0970\sqrt{2\pi}} \exp\left[-\frac{(z + 25.2518)^2}{6.7505 \times 10^3} \right]$$

$$+ \frac{0.2271}{101.6851\sqrt{2\pi}} \exp\left[-\frac{(z - 52.3119)^2}{2.0680 \times 10^4} \right] \quad (2.37)$$

式（2.37）定义的非高斯 PDF 曲线如图 2.7 所示，同时给出了基于 Edgeworth

展开法、W-H（Winterstein-Hermite）模型[5]的 PDF 曲线以及基于样本序列的经验分布曲线。图 2.7（a）为线性坐标，可以清晰地显示分布曲线中间峰值部分的差异；图 2.7（b）为半对数坐标，可以清晰地显示分布曲线在尾部的差异。通过对比分析，GMM 和 W-H 模型给出的结果较好，Edgeworth 展开法的 PDF 曲线偏离经验分布比较明显，而且曲线出现局部起伏，对于偏度和峭度更大的非高斯信号，这些起伏会继续发展，导致出现多峰值甚至负值。

　　为进一步分析和比较各种方法的准确性，这里以相对均方误差[式（2.33）]来衡量各种幅值 PDF 曲线对经验分布结果的偏离程度，结果见表 2.2。综合图 2.7 和表 2.2 中的计算结果，可以看出本章提出的 GMM 能够给出图 2.6 所示的非高斯信号最准确的 PDF 解析表达式。

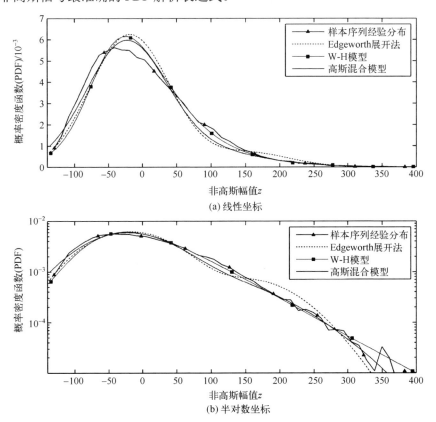

图 2.7　仿真偏斜非高斯随机信号幅值 PDF 曲线

表 2.2　偏斜非高斯信号幅值 PDF 相对误差 r　　　　单位：%

方法	仿真 r	实测 r
	$\gamma_3 = 0.9150,\ \gamma_4 = 4.1969$	$\gamma_3 = -0.7102,\ \gamma_4 = 4.7977$
GMM	1.03	0.30
W-H 模型	1.43	0.91
Edgeworth 展开法	2.13	1.39

2．实测信号

如图 2.8 所示的悬臂梁结构，其材料为铝合金 Al2024-T3。悬臂梁根部通过夹具固定在振动台上构成基础激励振动系统。基础激励加速度信号如图 2.9 所示，为对称非高斯信号，偏度 $\gamma_3 = 0$，峭度 $\gamma_4 = 6$，标准差 $\sigma = 10g$。由于重力和非线性因素的影响，图 2.8 所示的悬臂梁根部的应力响应为偏斜非高斯过程，去除均值以后应力信号如图 2.10 所示，信号标准差 $\sigma = 41\text{MPa}$，偏度 $\gamma_3 = -0.7102$，峭度 $\gamma_4 = 4.7977$。将图 2.10 所示的非高斯应力响应序列代入式（2.25）得到各阶矩的估计值：

$$\begin{cases} \hat{m}_2^{(NG)} = 1.6783 \times 10^3 \\ \hat{m}_3^{(NG)} = -4.8831 \times 10^4 \\ \hat{m}_4^{(NG)} = 1.3514 \times 10^7 \\ \hat{m}_5^{(NG)} = -1.2172 \times 10^9 \end{cases} \tag{2.38}$$

将上述结果代入式（2.26），得到 GMM 参数估计结果：

$$\begin{cases} \hat{\mu}_1 = 6.6934, \quad \hat{\mu}_2 = -33.8174 \\ \hat{\sigma}_1 = 32.1114, \quad \hat{\sigma}_2 = 59.8164, \quad \hat{\alpha} = 0.8348 \end{cases} \tag{2.39}$$

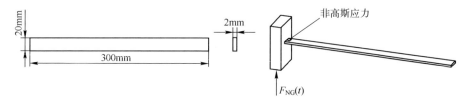

图 2.8　悬臂梁结构基础激励振动试验

将式（2.39）代入式（2.11），得到图 2.10（a）所示非高斯随机载荷 $X(t)$ 的幅值 PDF 表达式：

$$f_{NG}(x) = \frac{0.8348}{32.1114\sqrt{2\pi}}\exp\left[-\frac{(x-6.6934)^2}{2.0623\times10^3}\right]$$
$$+ \frac{0.1652}{59.8164\sqrt{2\pi}}\exp\left[-\frac{(x+33.8174)^2}{7.1560\times10^3}\right] \quad (2.40)$$

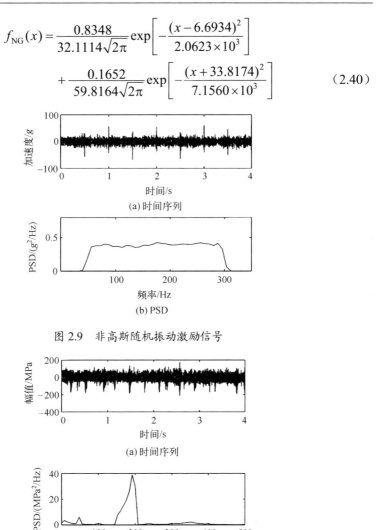

图 2.9 非高斯随机振动激励信号

图 2.10 非高斯随机振动应力响应信号

图 2.11 中分别给出了 GMM、Edgeworth 展开法、W-H 模型法和基于样本序列的经验分布曲线。根据式（2.33），各种方法计算结果相对于经验分布的相对均方误差见表 2.2。综合图 2.11 和表 2.2 的结果，对于图 2.10 所示的非高斯

应力信号，基于 GMM 方法能够给出其 PDF 曲线的最优解析表达式。

工程中的偏斜非高斯随机振动信号的一般偏度范围为 $-1.2 < \gamma_3 < 1.2$。示例 2.4.2 中仿真信号的偏度为 0.9150，本示例中实测信号的偏度为 -0.7102，两者分别接近常见非高斯信号偏度的上限和下限。总结示例的分析结果，可以得出结论：本章提出的 GMM 能够准确地表示偏斜非高斯信号的幅值 PDF。

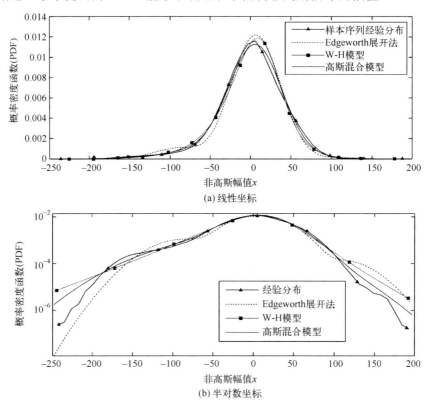

图 2.11   实测偏斜非高斯随机振动应力信号幅值 PDF 曲线

作为非高斯随机载荷疲劳寿命计算、可靠性分析和随机振动加速试验方案的基础，本章研究了非高斯随机过程的统计分析方法。首先回顾了常用非高斯高阶统计量的定义及简化假设，分析了偏度和峭度的定义与估计方法及其在工程应用中存在的问题。

然后，基于 GMM，建立了对称非高斯和偏斜非高斯随机过程的 PDF 模型。进一步地，利用高斯随机过程各阶矩之间的定量关系和非高斯随机过程高阶矩的估计结果，建立了求解模型未知参数的方程组，进而得到了对称和偏斜分布的非高斯随机过程 PDF 的解析表达式。

最后，通过不同的仿真信号和实测信号对本章所提出的方法进行验证，并与常用的方法进行了定性和定量对比，结果显示本章提出的基于 GMM 的方法能够给出非高斯 PDF 的最优解析表达式。

参 考 文 献

[1] MENDEL J M. Tutorial on higher-order statistics (spectra) in signal processing and system theory: theoretical results and some applications[J]. IEEE Proc, 1991, 79(3): 278-305.

[2] BENASCIUTTI D, TOVO R. Fatigue life assessment in non-Gaussian random loadings[J]. International Journal of Fatigue, 2006, 28(7): 733-746.

[3] VINCENT R. On the Non-Gaussian Nature of Random Vehicle Vibrations[J]. Lecture Notes in Engineering & Computer Science, 2007, 2166(2): 1219-1224.

[4] MIDDLETON D. Non-Gaussian noise models in signal processing for telecommunications: new methods an results for class A and class B noise models[J]. Information Theory IEEE Transactions on, 1999, 45(4): 1129-1149.

[5] WINERSTEIN S R. Nonlinear Vibration Models for Extremes and Fatigue[J]. Journal of Engineering Mechanics, 1988, 114(10): 1772-1790.

第3章　非高斯随机振动环境模拟与控制技术

本章主要探讨非高斯随机振动信号的两种生成算法，以及将相应的生成算法嵌入现有振动试验设备时所涉及的闭环振动控制技术，为后续开展非高斯随机振动疲劳试验研究提供支撑平台。

3.1　基于幅值调制和相位重构的平稳非高斯随机振动模拟与控制

本节提出一种新的基于幅值调制和相位重构的非高斯随机过程数值模拟方法[1]，不仅可以模拟具有指定非高斯统计特性和频谱特性的超高斯随机信号，还能模拟亚高斯随机信号，具有广泛的适应性。该方法充分利用了快速傅里叶正变换和逆变换技术，同时兼顾了模拟效率和精度。

3.1.1　傅里叶系数对随机信号非高斯特性参数的影响分析

一种常用的三角级数合成法模型采用确定性幅值和随机相位的叠加来模拟高斯随机过程，例如一个零均值的平稳高斯随机过程可以由式（3.1）逼近（$N \to \infty$）：

$$x(t) = \sum_{k=0}^{N-1} A_k \cos(2\pi f_k t + \phi_k) \tag{3.1}$$

这里 A_k 由式（3.2）根据功率谱密度 $G(f_k)$ 得到

$$A_k = \sqrt{2G(f_k)\Delta f}, \quad k = 1, 2, \cdots, N \tag{3.2}$$

$$\Delta f = f_u / N \tag{3.3}$$

$$f_k = k\Delta f, \quad k = 0, 1, \cdots, N-1 \tag{3.4}$$

式中：f_u 为功率谱密度的频率上限；ϕ_k 为在 $[0, 2\pi)$ 中均匀分布的独立随机相位。

为提高三角级数合成法模拟随机过程的速度，Shinozuka 等将 FFT 引入合成模型，式（3.1）可写成：

$$x(n\Delta t) = \text{Re}\left[\sum_{k=0}^{M-1} A_k \mathrm{e}^{\mathrm{i}\phi_k} \mathrm{e}^{\mathrm{i}2\pi f_k n\Delta t}\right], \quad n = 0,1,\cdots,M-1 \tag{3.5}$$

式中：Re[·] 表示取实部；M 为采样点数；Δt 为时间间隔，根据采样频率 f_s 得到：

$$\Delta t = \frac{1}{f_s} \tag{3.6}$$

根据采样定理，f_s 必须满足：

$$f_s \geqslant 2 f_u \tag{3.7}$$

显然

$$\Delta f = \frac{f_u}{N} = \frac{f_s}{M} \tag{3.8}$$

这样 M 和 N 必须满足 $M \geqslant 2N$。将式（3.4）、式（3.16）和式（3.8）代入式（3.5）得

$$x(n\Delta t) = \text{Re}\left[\sum_{k=0}^{M-1} A_k \mathrm{e}^{\mathrm{i}\phi_k} \mathrm{e}^{2\mathrm{i}\pi nk/M}\right] = \text{Re}[\text{IDFT}(C_k)] \tag{3.9}$$

其中

$$C_k = A_k \mathrm{e}^{\mathrm{i}\phi_k} = A_k(\cos\phi_k + i\sin\phi_k), \quad k = 0,1,\cdots,M-1 \tag{3.10}$$

注意 M 一般选为 2 的整数次幂以便应用快速傅里叶变换。当 $N > 100$ 时，由式（3.9）得到的 $x(t)$ 将接近高斯分布。

根据傅里叶幅值 A_k 的表达式（3.2）可以看出，对相位 ϕ_k 的任何调整都不会影响生成随机过程的功率谱密度。因此，在保证不改变幅值 A_k（从而保证功率谱密度的精确模拟）的前提下，可以通过改变相位 ϕ_k 来控制生成随机过程的偏斜度和峭度值，下面对此进行具体分析。

3.1.2　基于幅值调制和相位重构的非高斯随机振动信号生成算法

如何根据所要模拟的随机过程的非高斯特性（如偏斜度、峭度值）对式（3.9）中参与 IFFT 变换的相位 ϕ_k 进行重构，是成功模拟非高斯随机过程的关键。目前，已有的一些相位重构方法比较复杂，不够直观，需要进行多次反复迭代，模拟精度和效率较低。由于非高斯随机过程与高斯随机过程的显著差异在于其幅值概率密度分布曲线，因此可以考虑直观地通过对高斯过程的幅值分布进行

调制，使其幅值概率密度曲线逼近所需的非高斯特性，再借助傅里叶变换提取相位，得到与目标偏斜度、峭度值相匹配的重构相位。整个算法流程如图 3.1 所示，共分为九个步骤。

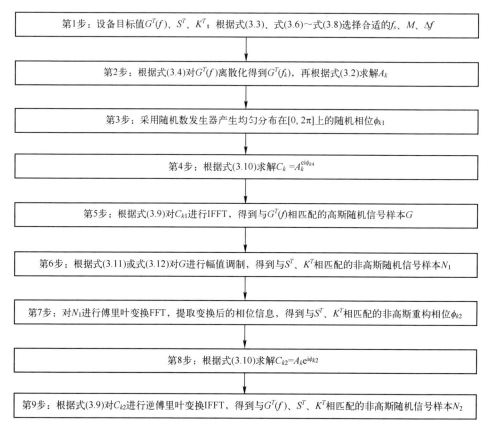

第1步：设备目标值$G^T(f)$、S^T、K^T；根据式(3.3)、式(3.6)～式(3.8)选择合适的f_s、M、Δf

第2步：根据式(3.4)对$G^T(f)$离散化得到$G^T(f_k)$，再根据式(3.2)求解A_k

第3步：采用随机数发生器产生均匀分布在$[0, 2\pi]$上的随机相位ϕ_{k1}

第4步：根据式(3.10)求解$C_k = A_k^{\text{ci}\phi_{k4}}$

第5步：根据式(3.9)对C_{k1}进行IFFT，得到与$G^T(f)$相匹配的高斯随机信号样本G

第6步：根据式(3.11)或式(3.12)对G进行幅值调制，得到与S^T、K^T相匹配的非高斯随机信号样本N_1

第7步：对N_1进行傅里叶变换FFT，提取变换后的相位信息，得到与S^T、K^T相匹配的非高斯重构相位ϕ_{k2}

第8步：根据式(3.10)求解$C_{k2} = A_k e^{\text{ci}\phi_{k2}}$

第9步：根据式(3.9)对C_{k2}进行逆傅里叶变换IFFT，得到与$G^T(f)$、S^T、K^T相匹配的非高斯随机信号样本N_2

图 3.1　基于幅值调制和相位重构的非高斯随机振动信号生成算法流程

其中第 6 步对高斯随机过程的样本 $x[n]$ 进行幅值调制以得到重构的相位是其中的关键步骤，具体实现思路和过程如下：

设 $x[n]$ 为采用传统模拟方法得到的高斯随机过程的一个样本，则对 $x[n]$ 采用式（3.11）、式（3.12）的幅值调制公式实现幅值分布从高斯到非高斯的调制。其中，式（3.11）是针对超高斯信号的幅值调制公式，式（3.12）是针对亚高斯信号的幅值调制公式，具体如下：

$$x'[n] = \begin{cases} 2p - x[n], & p < x[n] < 0 \\ 2q - x[n], & 0 < x[n] < q \end{cases} \qquad (3.11)$$

$$x'[n] = \begin{cases} 2p - x[n], & x[n] < p \\ 2q - x[n], & x[n] > q \end{cases} \qquad (3.12)$$

式中：$p = -\alpha \times \sigma, q = \beta \times \sigma$。$\sigma$ 为高斯随机信号 x 的均方根值。与绝大部分幅值（99.74%）都分布在正负 3 倍均方根值之内的高斯随机信号相比，超高斯随机信号的幅值在 ±3 倍均方根值之外有更多的分布，概率密度曲线的拖尾比高斯的拖尾更宽；而亚高斯随机信号的幅值在 ±3 倍均方根值之内则有更多的分布，概率密度曲线的拖尾比高斯的拖尾更窄。因此，一般选取 $1 \leqslant \alpha, \beta \leqslant 3$。从式（3.11）中可以看出，对峭度值较大的超高斯信号来说，α、β 的取值应尽量接近 3，这样可供调节的幅值数目较多，有利于增加幅值调制后信号的峭度值；从式（3.12）中也可以看出，对峭度值小于零的亚高斯信号来说，α、β 的取值则应尽量接近 1，这样可供调节的幅值数目较多，有利于降低幅值调制后信号的峭度值。另外，α、β 取值是否相同决定了调整后幅值分布与否对称，从而起到控制偏斜度值的作用。如果 $\alpha > \beta$，则幅值分布向负半轴偏移，偏斜度为负值；如果 $\alpha < \beta$，则幅值分布向正半轴偏移，偏斜度为正值；如果 $\alpha = \beta$，则生成的是对称分布的非高斯随机信号。在具体调制过程中，可根据式（3.11）、式（3.12）对原离散高斯信号的幅值逐一进行调制，每次进行调制后计算调制信号的偏斜度、峭度值并与目标值进行比较，这样通过逐步迭代达到目标值。由于这种采用幅值调制来逼近非高斯参数的方法比其他采用相位调制间接逼近的方法更直接有效，因此能很快逼近非高斯特性参数的目标值，信号模拟效率和精度都有较大提高。

3.1.3 基于幅值调制和相位重构的非高斯随机振动控制算法

在上述基于幅值调制和相位重构的非高斯随机信号模拟算法的基础上，提出了如图 3.2 所示的对称分布非高斯振动控制算法。

上述控制算法和流程实现了对非高斯随机信号的功率谱密度和峭度这两个控制参数的同步解耦控制，易于在现有的随机振动控制器中嵌入实现。非对称分布非高斯振动控制的流程与之类似。

3.1.4 示例

选取如图 3.3 中所示的功率谱密度曲线作为所要模拟非高斯随机振动信号的

共同目标谱 $G^T(f)$，该频谱为 20～2000 Hz 上的宽带平直谱，功率谱密度量级为 $0.02g^2$/Hz，加速度总均方根值 σ 约为 $6.29g$。由于 $f_u = 2000\text{Hz}$，根据采样定理确定 $f_s = 5120\text{Hz}$，$M = 4096$，$\Delta f = 1.25\text{Hz}$。以下模拟过程均采用上述参数。

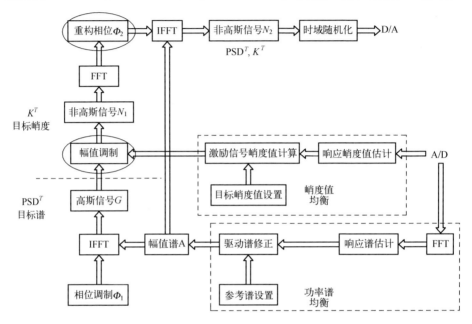

图 3.2　基于幅值调制和相位重构的非高斯随机振动控制算法

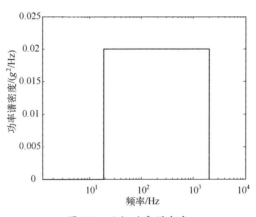

图 3.3　目标功率谱密度

首先模拟目标谱为 $G^T(f)$、目标峭度值 K^T 为 6.8 的对称超高斯随机振动信号

（即目标偏斜度值 S^T 为 0）。图 3.4 是根据图 3.1 所示模拟算法流程中第五步得到的高斯信号，其幅值概率密度分布曲线如图 3.5 中虚线所示，显然与图 3.5 中实线所示标准正态分布曲线很接近。图 3.6 是对高斯信号按照式（3.11）进行幅值调制后得到的调制信号，其幅值概率密度分布曲线如图 3.5 中点线所示，显然已经具有超高斯分布特征，但由于幅值调制，其功率谱密度已经偏离目标功率谱。图 3.7 是对调制信号进行傅里叶变换后重构的超高斯相位，作为下一步进行傅里叶逆变换所需的相位信息。图 3.8 是利用重构的超高斯相位进行傅里叶逆变换后得到的超高斯信号，其概率密度分布曲线如图 3.5 中点划线（dash-dot line）所示，其峭度值为6.7850，接近目标值 6.8；其偏斜度值为−0.0398，接近对称分布；同时由于式（3.2）的关系，其功率谱密度严格等于目标谱 $G^T(f)$，均方根值也等于 6.29g。

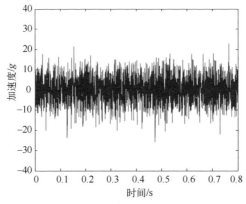

图 3.4　模拟高斯信号

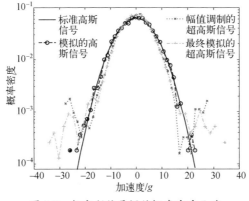

图 3.5　超高斯信号幅值概率密度曲线

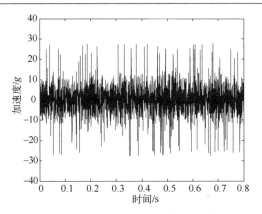

图 3.6　幅值调制后的超高斯信号

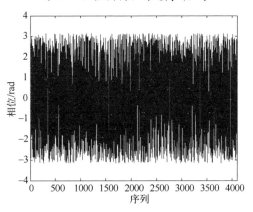

图 3.7　重构的超高斯相位

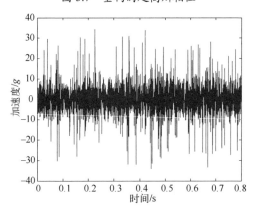

图 3.8　最终模拟的超高斯信号

　　为充分验证算法的有效性，再次模拟目标谱为 $G^T(f)$，目标峭度值 K^T 为 2.4，目标偏斜度值为 0.35 的非对称亚高斯随机振动信号,结果如图 3.9～图 3.12 所示。图 3.10 是对高斯信号按照式（3.12）进行幅值调制后得到的调制信号，其幅值概率密度分布曲线如图 3.9 中点线所示，显然已经具有非对称亚高斯分布特征。图 3.11 是对调制信号进行傅里叶变换后重构的亚高斯相位。图 3.12 是利用重构的亚高斯相位进行傅里叶逆变换后得到的非对称亚高斯信号，其概率密度分布曲线如图 3.9 中点划线所示，其峭度值为 2.3946，接近目标值 2.4；其偏斜度值为 0.3397，接近目标值 0.35；其功率谱密度严格等于目标谱 $G^T(f)$，均方根值也等于 6.29g。

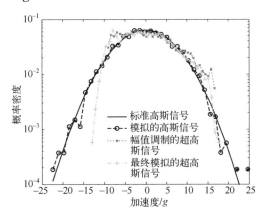

图 3.9　亚高斯信号幅值概率密度曲线

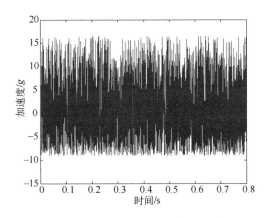

图 3.10　幅值调制后的亚高斯信号

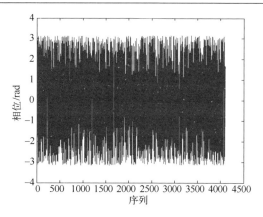

图 3.11　重构的亚高斯相位

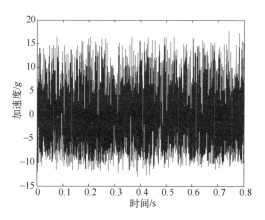

图 3.12　最终模拟的亚高斯信号

3.2　基于高阶矩和希尔伯特谱的非平稳非高斯随机振动模拟

3.2.1　非平稳非高斯随机振动信号表征模型

1. 车辆非平稳随机振动信号的数学模型

在希尔伯特-黄变换描述非平稳信号的数学基础上，引入随机元素 ϕ_k 来表示非平稳随机信号 $x(t)$，如式（3.13）所示：$x(t)$ 可以由 n 个成分信号 $c_k(t)$

（ $k = 1, 2, \cdots, n$ ）与残差 $r(t)$ 组成，其中，$a_k(t)$ 表示时变幅值函数，$\psi_k(t)$ 表示相位函数，$\varphi_k(t)$ 表示 $\psi_k(t)$ 中与时间相关的部分，ϕ_k 是位于 0 到 2π 之间服从独立均匀分布的随机相位，即 $\phi_k \in U[0, 2\pi]$ [2-3]。这里，随机元素 ϕ_k 用来表征车辆振动信号的随机性以及分量信号瞬时频率的时变性。

$$
\begin{aligned}
x(t) &= \sum_{k=1}^{n} c_k(t) + r(t) = \mathrm{Re}\left[\sum_{k=1}^{n} a_k(t)\mathrm{e}^{\mathrm{j}\psi_k(t)}\right] + r(t) \\
&= \mathrm{Re}\left[\sum_{k=1}^{n} a_k(t)\mathrm{e}^{\mathrm{j}[\varphi_k(t)+\phi_k]}\right] + r(t) \\
&= \sum_{k=1}^{n} a_k(t)\cos\left[\varphi_k(t)+\phi_k\right] + r(t)
\end{aligned} \tag{3.13}
$$

基于式（3.13），建立以下两个假设：

（1）假设时变幅值 $a_k(t)$ 服从概率分布族 $P_k(\theta_k)$，如式（3.14）所示：

$$
a_k(t) \in \{P_k(\theta_k) : \theta_k \in \Theta\} \tag{3.14}
$$

式中：P 为概率分布类型；θ 为分布参数向量；Θ 为参数空间[4-5]。

根据该假设，时变幅值 $a_k(t)$ 可以看成一个与时间隐性相关的随机变量。为了表示方便，下文统一用 a_k 来表示时变幅值。

（2）假设每个成分信号 $c_k(t)$ 的中心频率 ω_{k_0} 皆为常数且不相同，如式（3.15）所示：

$$
\frac{\mathrm{d}\psi_k(t)}{\mathrm{d}t} = \frac{\mathrm{d}[\varphi_k(t)+\phi_k]}{\mathrm{d}t} = \frac{\mathrm{d}\varphi_k(t)}{\mathrm{d}t} = \omega_{k_0} \equiv 常数 \tag{3.15}
$$

根据式（3.15），相位函数 $\psi_k(t)$ 可以根据中心频率 ω_{k_0} 经由数学积分得到，如式（3.16）所示：

$$
\psi_k(t) = \varphi_k(t) + \phi_k = \int \omega_{k_0}\mathrm{d}t + \phi_k = \omega_{k_0}t + \phi_k + C \tag{3.16}
$$

式中：C 为不定积分过程中产生的任意常数。

因为余弦函数具有周期性，式（3.16）中常数 C 对余弦函数的取值影响不大，对成分信号 $c_k(t)$ 的取值影响更小，因此不失一般性并且为了表达简明，本节设定该常数 $C = 0$。

依据式（3.13）和以上两个假设，本章建立以下表征车辆非平稳随机振动信号的数学模型：

非平稳随机信号 $x(t)$ 可以由 n 个成分信号 $c_k(t)$ （$k = 1, 2, \cdots, n$）和残差 $r(t)$

组成，其中，每个成分信号 $c_k(t)$ 的时变幅值 a_k 服从概率分布族 $P_k(\theta_k)$，其中心频率 ω_{k_0} 为常数且互不相同。

于是，式（3.13）可以简化为

$$x(t) = \sum_{k=1}^{n} c_k(t) + r(t) = \sum_{k=1}^{n} a_k \cos(\omega_{k_0} t + \phi_k) + r(t) \tag{3.17}$$

建立好表征车辆非平稳随机振动信号的数学模型后，接下来具体分析该数学模型的时域特性和频域特性。

2. 模型的时域特性分析

工程中习惯用统计矩函数来描述随机信号的时域特性。随机信号 $x(t)$ 的常用统计矩函数包括均值函数 $\mu_x(t)$、方差函数 $\sigma_x^2(t)$、协方差函数 $C_x(t_1, t_2)$、偏度函数 $S_x(t)$ 和峰度函数 $K_x(t)$，它们的计算方式分别如式（3.18）～式（3.22）所示。式中，$M_v[x(t)](v \in N)$ 表示信号 $x(t)$ 的第 v 阶中心矩函数[4, 6-7]。

$$\mu_x(t) = E[x(t)] \tag{3.18}$$

$$\sigma_x^2(t) = E[x(t) - \mu_x(t)]^2 = M_2[x(t)] \tag{3.19}$$

$$C_{xx}(t_1, t_2) = E\{[x(t_1) - \mu_x(t_1)][x(t_2) - \mu_x(t_2)]\} \tag{3.20}$$

$$S_x(t) = \frac{E[x(t) - \mu_x(t)]^3}{\{E[x(t) - \mu_x(t)]^2\}^{3/2}} = \frac{M_3[x(t)]}{M_2^{3/2}[x(t)]} \tag{3.21}$$

$$K_x(t) = \frac{E[x(t) - \mu_x(t)]^4}{\{E[x(t) - \mu_x(t)]^2\}^2} = \frac{M_4[x(t)]}{M_2^2[x(t)]} \tag{3.22}$$

根据式（3.17），式（3.21）的分子可以展开为

$$M_3[x(t)] = E\{[x(t) - \mu_x(t)]^3\} = E\left\{\left[\sum_{k=1}^{n} c_k(t)\right]^3\right\}$$

$$= E\left\{\sum_{k=1}^{n} c_k^3(t) + C_3^1 \sum_{k=1}^{n-1} \sum_{l=k+1}^{n} [c_k(t)c_l^2(t) + c_k^2(t)c_l(t)] + C_3^1 C_2^1 \right.$$

$$\left. \sum_{k=1}^{n-2} \sum_{l=k+1}^{n-1} \sum_{p=l+1}^{n} c_k(t)c_l(t)c_p(t)\right\} \tag{3.23}$$

应用三角函数的积化和差与和差化积公式，式（3.23）中的三类多项式可以分别变为

$$E[c_k{}^3(t)] = E[a_k{}^3 \cos^3(\omega_{k_0} t + \phi_k)] = E(a_k{}^3) \cdot E\left\{\frac{1}{4}\cos[3(\omega_{k_0} t + \phi_k)] + \frac{3}{4}\cos(\omega_{k_0} t + \phi_k)\right\}$$

$$（3.24）$$

$$E[c_k^2(t)c_l(t)] = E[a_k^2 \cos^2(\omega_{k_0} t + \phi_k) a_l \cos(\omega_{l_0} t + \phi_l)] = E(a_k^2 a_l) \cdot \frac{1}{4} E[2\cos(\omega_{l_0} t + \phi_l)$$
$$+ \cos(\omega_{l_0} t + \phi_l + 2\omega_{k_0} t + 2\phi_k) + \cos(\omega_{l_0} t - 2\omega_{k_0} t + \phi_l - 2\phi_k)]$$

$$（3.25）$$

$$E[c_k(t)c_l(t)c_p(t)] = E[a_k \cos(\omega_{k_0} t + \phi_k) a_l \cos(\omega_{l_0} t + \phi_l) a_p \cos(\omega_{p_0} t + \phi_p)]$$
$$= E(a_k a_l a_p) \cdot \frac{1}{4} E[\cos(\omega_{k_0} t + \phi_k + \omega_{l_0} t + \phi_l + \omega_{p_0} t + \phi_p)$$
$$+ \cos(\omega_{k_0} t + \phi_k - \omega_{l_0} t - \phi_l - \omega_{p_0} t - \phi_p)$$
$$+ \cos(\omega_{k0} t + \phi_k + \omega_{l_0} t + \phi_l - \omega_{p_0} t - \phi_p)$$
$$+ \cos(\omega_{k_0} t + \phi_k - \omega_{l_0} t - \phi_l + \omega_{p_0} t + \phi_p)]$$

$$（3.26）$$

当时间 t 是无限长时，独立均匀分布的相位 ϕ_k、ϕ_l、ϕ_p 使式（3.24）～式（3.26）中三角函数的数学期望值为 0，于是 $M_3[x(t)]$ 和 $S_x(t)$ 等于 0，这符合中心极限定理[8-9]。然而，在真实物理情形下采样长度 t 都是有限的，这使式（3.25）和式（3.26）中的有些三角函数的数学期望值不为零。例如，当 $\omega_{l_0} = 2\omega_{k_0}$，相位差 $\Omega_{k,l}$ 满足 $\phi_l = 2\phi_k + \Omega_{k,l}$（$\Omega_{k,l}$ 为常数）时，式（3.25）变成：

$$E[c_k^2(t)c_l(t)] \approx E(a_k^2 a_l) \cdot \frac{1}{4}\cos \Omega_{k,l} \Bigg|_{\substack{\omega_{l_0} = 2\omega_{k_0} \\ \phi_l = 2\phi_k + \Omega_{k,l}}}$$

$$（3.27）$$

同理，$S_x(t)$ 可近似为

$$S_x(t) = \frac{M_3[x(t)]}{\{M_2[x(t)]\}^{3/2}} \approx \left[\frac{1}{2}\sum_{k=1}^{n} E(a_k^2)\right]^{-3/2}$$

$$\cdot \left[\frac{3}{4}\sum_{\substack{\omega_{l_0} = 2\omega_{k_0} \\ \phi_l = 2\phi_k + \Omega_{k,l}}} E(a_k a_l^2)\cos \Omega_{k,l}\right.$$
$$\left. + \frac{3}{2}\sum_{\substack{\omega_{p_0} = \omega_{k_0} + \omega_{l_0} (\omega_{k_0} < \omega_{l_0}) \\ \phi_p = \phi_k + \phi_l + \Omega_{k,l,p}}} E(a_k a_l a_p)\cos \Omega_{k,l,p}\right]$$

$$（3.28）$$

同时，根据式（3.17），式（3.22）峰度函数 $K_x(t)$ 的分子可以展开为

$$M_4\{x(t)\} = E\{[x(t) - \mu_x(t)]^4\} = E\left\{\left[\sum_{k=1}^{n} c_k(t)\right]^4\right\}$$

$$= E\left\{\sum_{k=1}^{n} c_k^4(t) + C_4^1 \sum_{k=1}^{n-1} \sum_{l=k+1}^{n} [c_k(t)c_l^3(t) + c_k^3(t)c_l(t)] + C_4^2 \sum_{k=1}^{n-1} \sum_{l=k+1}^{n} c_k^2(t)c_l^2(t)\right.$$

$$+ C_4^1 C_3^1 \sum_{k=1}^{n-2} \sum_{l=k+1}^{n-1} \sum_{p=l+1}^{n} [c_k^2(t)c_l(t)c_p(t) + c_k(t)c_l^2(t)c_p(t) + c_k(t)c_l(t)c_p^2(t)]$$

$$\left. + C_4^1 C_3^1 C_2^1 \sum_{k=1}^{n-3} \sum_{l=k+1}^{n-2} \sum_{p=l+1}^{n-1} \sum_{q=p+1}^{n} c_k(t)c_l(t)c_p(t)c_q(t)\right\}$$

$$(3.29)$$

与式（3.23）类似，当时间 t 无限长时，独立均匀分布的相位使式（3.29）中三角函数的数学期望值等于零，于是 $M_4[x(t)]$ 变成：

$$M_4[x(t)] = \frac{3}{8} \sum_{k=1}^{n} E(a_k^4) + \frac{3}{2} \sum_{k=1}^{n-1} \sum_{l=k+1}^{n} E(a_k^2 a_l^2)$$

$$= 3\left[\frac{1}{4} \sum_{k=1}^{n} E(a_k^4) + 2 \cdot \frac{1}{4} \sum_{k=1}^{n-1} \sum_{l=k+1}^{n} E(a_k^2 a_l^2)\right] - \frac{3}{8} \sum_{k=1}^{n} E(a_k^4)$$

$$= 3\left[\frac{1}{2} \sum_{k=1}^{n} E(a_k^2)\right]^2 - \frac{3}{8} \sum_{k=1}^{n} E(a_k^4) \qquad (3.30)$$

由此得峰度函数 $K_x(t)$：

$$K_x(t) = \frac{M_4[x(t)]}{M_2^2[x(t)]} = \frac{3\left[\frac{1}{2} \sum_{k=1}^{n} E(a_k^2)\right]^2 - \frac{3}{8} \sum_{k=1}^{n} E(a_k^4)}{\left[\frac{1}{2} \sum_{k=1}^{n} E(a_k^2)\right]^2}$$

$$= 3 - \frac{3}{2} \frac{\sum_{k=1}^{n} E(a_k^4)}{\left[\sum_{k=1}^{n} E(a_k^2)\right]^2} \approx 3(n \to \infty) \qquad (3.31)$$

其中，分母 $\left[\sum_{k=1}^{n} E(a_k^2)\right]^2 = \sum_{k=1}^{n} E(a_k^4) + 2\sum_{k=1}^{n-1}\sum_{l=k+1}^{n} E(a_k^2 a_l^2)$ 具有比分子 $\sum_{k=1}^{n} E(a_k^4)$

$(n \to \infty)$ 多得多的非负项，于是 $x(t)$ 的峰度函数 $K_x(t)$ 近似等于 3。显然，式（3.31）的结论和李雅普诺夫中心极限定理吻合，也就是当时间趋于无穷大时，非平稳随机信号 $x(t)$ 的峰度函数 $K_x(t)$ 等于 3。然而，当 t 的值有限时，峰度函数 $K_x(t)$ 为

$$K_x(t) = \frac{M_4[x(t)]}{M_2^2[x(t)]} \approx 3 + \left[\sum_{k=1}^{n} E(a_k^2)\right]^{-2} \cdot \left[-\frac{3}{2}\sum_{k=1}^{n} E(a_k^4) + 2\sum_{\substack{\omega_{l0}=3\omega_{k0} \\ \phi_l = 3\phi_k + \Gamma_{k,l}}} E(a_k^3 a_l)\cdot\cos\Gamma_{k,l} \right.$$

$$+ 6\sum_{\substack{\omega_{p0}=2\omega_{k0}+\omega_{l0}\,(\omega_{k0}<\omega_{l0}) \\ \phi_p = 2\phi_k + \phi_l + \Gamma_{k,l,p}}} E(a_k^2 a_l a_p)\cdot\cos\Gamma_{k,l,p} + 6\sum_{\substack{2\omega_{l0}=\omega_{k0}+\omega_{p0}\,(\omega_{k0}<\omega_{p0}) \\ 2\phi_l = \phi_k + \phi_p + 2\Gamma'_{k,l,p}}} E(a_k a_l^2 a_p)$$

$$\cdot\cos\Gamma'_{k,l,p} + 6\sum_{\substack{\omega_{p0}=\omega_{k0}+2\omega_{l0}\,(\omega_{k0}<\omega_{l0}) \\ \phi_p = \phi_k + 2\phi_l + 2\Gamma''_{k,l,p}}} E(a_k a_l^2 a_p)\cdot\cos\Gamma''_{k,l,p} + 12\sum_{\substack{\omega_{k0}+\omega_{q0}=\omega_{l0}+\omega_{p0}\,(\omega_{k0}<\omega_{l0}<\omega_{p0}<\omega_{q0}) \\ \phi_q = \phi_l + \phi_p - \phi_k - \Gamma_{k,l,p,q}}}$$

$$E(a_k a_l a_p a_q)\cdot\cos\Gamma_{k,l,p,q} + 12\sum_{\substack{\omega_{p0}=\omega_{k0}+\omega_{l0}+\omega_{q0}\,(\omega_{k0}<\omega_{l0}<\omega_{p0}<\omega_{q0}) \\ \phi_q = \phi_l + \phi_p + \phi_k + \Gamma'_{k,l,p,q}}} E(a_k a_l a_p a_q)\cdot\cos\Gamma'_{k,l,p,q} \right]$$

$$\tag{3.32}$$

观察式（3.19）、式（3.28）和式（3.32），基于第一条假设：时变幅值 a_k 服从具有随时间变化的分布参数的幅值分布族，$E(a_k a_l)$、$E(a_k a_l a_p)$ 和 $E(a_k a_l a_p a_q)$ $(k, l, p, q = 1,2,\cdots,n)$ 的值也是与时间相关的变量，于是 $\sigma_x^2(t)$、$S_x(t)$ 和 $K_x(t)$ 都是时变的，因此，本节建立的模型中，$x(t)$ 的非平稳性和随机性可以自然得到保证。此外，$S_x(t)$ 和 $K_x(t)$ 主要受时变幅值和特定频带中相位差影响。

3. 模型的频域特性分析

经过希尔伯特-黄变换得到的希尔伯特谱具有更精确的时间和频率分辨率。因此，本节使用希尔伯特谱来描述非平稳信号 $x(t)$ 的频域特性。

希尔伯特谱可以定量定义为在均等时频区间内的幅值密度分布，或者能量密度分布，分别被称作希尔伯特幅值谱和希尔伯特能量谱，如式（3.33）和式（3.34）所示。其中，Δt 和 $\Delta\omega$ 分别表示希尔伯特谱的时间和频率分辨率。

$$\mathrm{HAS}(\omega_i, t_j) = \frac{1}{\Delta t \times \Delta \omega} \sum_{k=1}^{n} a_k(t),$$

$$\omega \in \left[\omega_i - \frac{\Delta \omega}{2}, \, \omega_i + \frac{\Delta \omega}{2}\right), t \in \left[t_j - \frac{\Delta t}{2}, \, t_j + \frac{\Delta t}{2}\right) \tag{3.33}$$

$$\mathrm{HES}_x(\omega_i, t_j) = \frac{1}{\Delta t \times \Delta \omega} \sum_{k=1}^{n} a_k^2(t),$$

$$\omega \in \left[\omega_i - \frac{\Delta \omega}{2}, \, \omega_i + \frac{\Delta \omega}{2}\right), t \in \left[t_j - \frac{\Delta t}{2}, \, t_j + \frac{\Delta t}{2}\right) \tag{3.34}$$

式（3.33）中 $x(t)$ 的希尔伯特幅值谱 $\mathrm{HAS}_x(\omega_i, t_j)$ 是位于时间区间 $\left[t_j - \frac{\Delta t}{2},\right.$ $\left. t_j + \frac{\Delta t}{2}\right)$ 和频率区间 $\left[\omega_i - \frac{\Delta \omega}{2}, \, \omega_i + \frac{\Delta \omega}{2}\right)$ 内所有时变幅值 $a_k(t)$ 的和；式（3.34）中 $x(t)$ 的希尔伯特能量谱 $\mathrm{HES}_x(\omega_i, t_j)$ 是位于时间区间 $\left[t_j - \frac{\Delta t}{2}, \, t_j + \frac{\Delta t}{2}\right)$ 和频率区间 $\left[\omega_i - \frac{\Delta \omega}{2}, \, \omega_i + \frac{\Delta \omega}{2}\right)$ 内所有时变幅值平方 $a_k^2(t)$ 的和[10]。

类似时间序列与其希尔伯特谱的关系，结合本小节中的假设（2）可知，信号 $x(t)$ 的时变幅值 a_k 与希尔伯特谱 $\mathrm{HAS}_x(\omega_i, t_j)$、$\mathrm{HES}_x(\omega_i, t_j)$ 显性相关。换言之，时变幅值的分布规律可以从希尔伯特谱中获得。

3.2.2 基于高阶矩和希尔伯特谱的非平稳非高斯随机振动模拟方法

由 3.2.1 节已建立的数学模型可知，非平稳随机振动信号主要由时变幅值和相位函数组成，接下来本节分别介绍架构重建信号时变幅值与模拟重建信号相位函数的方法，进而提出重建非平稳随机振动信号的方法。

1. 架构重建信号时变幅值的方法

根据 3.2.1 节的结论，时变幅值的分布规律可以从采样信号的希尔伯特谱中获得，而要获得时变幅值的分布规律，就要估计其服从概率分布族的全部参数，包括概率分布类型和分布参数向量。于是，本节需要解决的关键问题就可以精练为：如何从一个无先验信息的随机序列中获取其分布规律？为了解决这个问题，本节引入以下两项技术。

第一项技术是变点分析[11-15]。变点分析的目标就是检测随机过程中出现的变化点，它可以用来判断在一个随机过程中是否有变化发生、有几个变化发生、什么时刻发生变化，并判定发生变化的置信度等问题。在本仿真方法中，使用变点分析检测采样信号希尔伯特谱中每个频段的变点，从而将采样信号的希尔伯特谱分解成若干个拥有同样统计特性的区段。

第二项技术是在统计学中广泛使用的 K-L 散度[16-19]。K-L 散度用来衡量两个分布密度函数之间的距离，也称为信息熵或相对熵。如果两个密度函数 $f(x)$ 和 $g(x)$ 存在并服从 Lebesgue 测度，那么从 f 到 g 的 K-L 散度可定义为

$$D(f \parallel g) = \int f(x) \log \frac{f(x)}{g(x)} \mathrm{d}x \geqslant 0 \tag{3.35}$$

只要 f 和 g 是绝对连续的，K-L 散度就是有限值。当且仅当 $f = g$ 时，其 K-L 散度为零。在本仿真方法中，使用 K-L 散度来评估拟合分布与区段数据概率密度函数的接近程度。

基于以上两种技术，在已知采样信号希尔伯特谱 $H_s(\omega, t) = [a_{s,i,j}]_{m \times n}$ $(a_{s,i,j} \geqslant 0)$ 的条件下，本节提出以下架构重建信号时变幅值的方法。

第 1 步：分割采样信号的希尔伯特谱。

应用变点分析检测出采样信号希尔伯特谱的变点，使用这些变点将采样信号希尔伯特谱分割成若干具有相同分布特性的区段。假设采样信号的希尔伯特谱 $H_s(\omega, t)$ 中包含 $K_s = [k_{s,i}]_{m \times 1}$ 个变点，其中 $k_{s,i}$ 表示在采样信号希尔伯特谱第 i 个频段 $H_s(\omega_i, t)$ 中包含的变点个数。变点的坐标矩阵可用 $\boldsymbol{L}_s = (l_{s,i,p})_{m \times \max(K_s)}$ 来表示，$l_{s,i,q}$ 表示 $H_s(\omega_i, t)$ 中第 q 个变点的坐标，$1 < l_{s,i,1} < l_{s,i,2} < \cdots < l_{s,i,k_{s,i}} < n$，当 $k_{s,i} < q \leqslant \max(K_s)$ 时，$l_{s,i,q} = 0$。依照变点坐标矩阵 $\boldsymbol{L}_s$ 将 $H_s(\omega, t)$ 分割后，$H_s(\omega, t) = S_s = (s_{s,i,q})_{m \times [\max(K_s)+1]}$，其中，$s_{s,i,q}$ 表示 $H_s(\omega_i, t)$ 的第 q 个区段，即

$$s_{s,i,q} = \begin{cases} [a_{s,i,1}, ..., a_{s,i,l_{s,i,q}-1}], & q = 1 \\ [a_{s,i,l_{s,i,q-1}}, ..., a_{s,i,l_{s,i,q}-1}], & 1 < q \leqslant k_{s,i} \\ [a_{s,i,l_{s,i,q-1}}, ..., a_{s,i,n}], & q = k_{s,i} + 1 \\ \varnothing, & k_{s,i} + 1 < q \leqslant \max(K_s) + 1 \end{cases} \tag{3.36}$$

第 2 步：估计概率分布族参数。

使用多个概率分布类型分别拟合区段数据，以 K-L 散度为参考，比较得到

采样信号希尔伯特谱每个区段 $s_{s,i,q}$ 时变幅值服从的概率分布族参数。具体操作如下：

（1）使用不同种类的概率分布 $G_u(\boldsymbol{\theta}_{i,q,u})$ 分别拟合区段数据，其中，G_u 表示概率分布类型，$\boldsymbol{\theta}_{i,q,u}$ 表示在区段 $s_{s,i,q}$ 内 G_u 的分布参数向量。

（2）运用式（3.35）计算 $G_u(\boldsymbol{\theta}_{i,q,u})$ 的密度函数 $g_{u,i,q}(x;\boldsymbol{\theta}_{u,i,q})$ 与区段数据的密度函数 $f_{s,i,q}$ 之间的 K-L 散度，这样就组成 K-L 散度矩阵 $\mathbf{KLD}_{G_u}=(d_{u,i,q})_{m\times[\max(K_s)+1]}$，其中 $d_{u,i,q}=D(f_{s,i,q}\,\|\,g_{u,i,q})$。

（3）计算每行 $\mathbf{KLD}_{G_u}$ 的均值，其中 $\overline{\mathbf{KLD}_{G_u}}=(\overline{d_{u,i}})_{m\times1}$，其中 $\overline{d_{u,i}}=\dfrac{1}{k_{s,i}+1}\cdot\displaystyle\sum_{q=1}^{k_{s,i}+1}d_{u,i,q}$。

（4）选用拥有最小 $\overline{d_{u,i}}$ 的 G_u 作为采样信号希尔伯特谱第 i 频段的最优分布类型 $P_{s,i}$，并把与之对应的 $\boldsymbol{\theta}_{u,i,q}$ 组成分布参数向量 $\boldsymbol{\theta}_{s,i}$。

第 3 步：架构重建信号仿真希尔伯特谱。

使用第 2 步估计得到的概率分布族参数 $P_{s,i}(\boldsymbol{\theta}_{s,i})$ 生成随机序列，就可得到重建信号的时变幅值并能够架构出其希尔伯特谱 $H_x(\omega,t)=[\tilde{a}_{x,i,j}]_{m\times n}(\tilde{a}_{x,i,j}\geqslant0)$。

2. 模拟重建信号相位函数的方法

非平稳随机信号的相位函数 $\psi_k(t)$ 包含两个部分：一个是与时间相关的部分 $\varphi_k(t)$；另一个是位于 0 到 2π 之间服从独立均匀分布的随机相位 ϕ_k。

对于 $\varphi_k(t)$，结合 3.2.1 节中的假设（2）以及希尔伯特谱的特性可知，当采用等间隔频率分辨率，即 $\Delta\omega=$ 常数 时，分量信号 $c_k(t)$ 的中心频率 ω_{k_0} 可由式（3.37）求得：

$$\omega_{k_0}=\frac{2k-1}{2}\Delta\omega,\quad k=1,2,\cdots,n \tag{3.37}$$

于是，求解相位函数 $\psi_k(t)$ 的式（3.16）就变为

$$\begin{aligned}\psi_k(t)&=\varphi_k(t)+\phi_k=\omega_{k_0}t+\phi_k\\&=\frac{2k-1}{2}\Delta\omega\cdot t+\phi_k,\quad\Delta\omega=\text{常数}\quad k=1,2,\cdots,n\end{aligned} \tag{3.38}$$

这样，随机相位 ϕ_k 与非平稳随机信号 $x(t)$ 的偏度函数 $S_x(t)$ 和峰度函数 $K_x(t)$ 的关系也可以作以下的简化。

非平稳随机信号 $x(t)$ 的偏度函数 $S_x(t)$ 可以简化为

$$S_x(t) = \frac{M_3[x(t)]}{\{M_2[x(t)]\}^{3/2}} = \left[\frac{1}{2}\sum_{k=1}^{n}E(a_k^2)\right]^{-3/2}$$

$$\cdot\left[\frac{3}{4}\sum_{\substack{l=2k \\ \phi_l=2\phi_k+\Omega_{k,l}}}E(a_k a_l^2)\cos\Omega_{k,l} + \frac{3}{2}\sum_{\substack{p=k+l(k<l) \\ \phi_p=\phi_k+\phi_l+\Omega_{k,l,p}}}E(a_k a_l a_p)\cos\Omega_{k,l,p}\right] \quad (3.39)$$

观察式（3.39）可以发现，$x(t)$ 的偏度函数 $S_x(t)$ 除了受时变幅值的 2 阶原点矩 $E(a_k^2)$ 的影响以外，还受以下两个因素影响。

（1）当 $l=2k\ (k, l=1,2,\cdots, n)$，$\phi_l=2\phi_k+\Omega_{k,l}$（$\Omega_{k,l}$ 为常数）时，$S_x(t)$ 还要受时变幅值的 3 阶混合原点矩 $E(a_k^2 a_l)$ 以及常数 $\Omega_{k,l}$ 的影响；

（2）当 $p=k+l\ (k<l, k, l, p=1,2,\cdots, n)$，$\phi_p=\phi_k+\phi_l+\Omega_{k,l,p}$（$\Omega_{k,l,p}$ 为常数）时，$S_x(t)$ 还要受时变幅值的 3 阶混合原点矩 $E(a_k a_l a_p)$ 以及常数 $\Omega_{k,l,p}$ 的影响。

同时，非平稳随机信号 $x(t)$ 的峰度函数 $K_x(t)$ 可以简化为

$$K_x(t) = \frac{M_4[x(t)]}{M_2^2[x(t)]} = 3 + \left[\sum_{k=1}^{n}E(a_k^2)\right]^{-2}\cdot\left[-\frac{3}{2}\sum_{k=1}^{n}E(a_k^4)\right.$$

$$+2\sum_{\substack{l=3k \\ \phi_l=3\phi_k+\Gamma_{k,l}}}E(a_k^3 a_l)\cdot\cos\Gamma_{k,l} + 6\sum_{\substack{p=2k+l(k<l) \\ \phi_p=2\phi_k+\phi_l+\Gamma_{k,l,p}}}E(a_k^2 a_l a_p)\cdot\cos\Gamma_{k,l,p}$$

$$+6\sum_{\substack{2l=k+p(k<p) \\ 2\phi_l=\phi_k+\phi_p+2\Gamma'_{k,l,p}}}E(a_k a_l^2 a_p)\cdot\cos\Gamma'_{k,l,p} + 6\sum_{\substack{p=k+2l(k<l) \\ \phi_p=\phi_k+2\phi_l+2\Gamma''_{k,l,p}}}E(a_k a_l^2 a_p)\cdot\cos\Gamma''_{k,l,p}$$

$$+12\sum_{\substack{k+q=l+p(k<l<p<q) \\ \phi_q=\phi_l+\phi_p-\phi_k+\Gamma_{k,l,p,q}}}E(a_k a_l a_p a_q)\cdot\cos\Gamma_{k,l,p,q}$$

$$+12\sum_{\substack{p=k+l+q(k<l<p<q) \\ \phi_q=\phi_l+\phi_p+\phi_k+\Gamma'_{k,l,p,q}}}E(a_k a_l a_p a_q)\cdot\cos\Gamma'_{k,l,p,q} \quad (3.40)$$

观察式（3.40）可以发现，$x(t)$ 的峰度函数 $K_x(t)$ 除了受时变幅值的 2 阶原

点矩 $E(a_k^2)$ 和 4 阶原点矩 $E(a_k^4)$ 的影响，还受以下六个因素影响。

（1）当 $l = 3k$ $(k, l = 1, 2, \cdots, n)$，$\phi_l = 3\phi_k + \Gamma_{k,l}$ （$\Gamma_{k,l}$ 为常数) 时，$K_x(t)$ 还要受时变幅值的 4 阶混合原点矩 $E(a_l a_k^3)$ 以及常数 $\Gamma_{k,l}$ 的影响；

（2）当 $p = 2k + l$ $(k < l; k, l, p = 1, 2, \cdots, n)$，$\phi_p = 2\phi_k + \phi_l + \Gamma_{k,l,p}$ （$\Gamma_{k,l,p}$ 为常数) 时，$K_x(t)$ 还要受时变幅值的 4 阶混合原点矩 $E(a_k^2 a_l a_p)$ 以及常数 $\Gamma_{k,l,p}$ 的影响；

（3）当 $2l = k + p$ $(k < p; k, l, p = 1, 2, \cdots, n)$，$2\phi_l = \phi_k + \phi_p + 2\Gamma_{k,l,p}'$ （$\Gamma_{k,l,p}'$ 为常数) 时，$K_x(t)$ 还要受时变幅值的 4 阶混合原点矩 $E(a_l^2 a_k a_p)$ 以及常数 $\Gamma_{k,l,p}'$ 的影响；

（4）当 $p = k + 2l$ $(k < l; k, l, p = 1, 2, \cdots, n)$，$\phi_p = \phi_k + 2\phi_l + 2\Gamma_{k,l,p}''$ （$\Gamma_{k,l,p}''$ 为常数) 时，$K_x(t)$ 还要受时变幅值的 4 阶混合原点矩 $E(a_l^2 a_k a_p)$ 以及常数 $\Gamma_{k,l,p}''$ 的影响；

（5）当 $k + q = l + p$ $\left(k < l < p < q; k, l, p, q = 1, 2, \cdots, n\right)$，$\phi_q = \phi_l + \phi_p - \phi_k + \Gamma_{k,l,p,q}$ （$\Gamma_{k,l,p,q}$ 为常数) 时，$K_x(t)$ 还受时变幅值的 4 阶混合原点矩 $E(a_k a_l a_p a_q)$ 以及常数 $\Gamma_{k,l,p,q}$ 的影响；

（6）当 $q = k + l + p$ $\left(k < l < p < q; k, l, p, q = 1, 2, \cdots, n\right)$，$\phi_q = \phi_l + \phi_p + \phi_k + \Gamma_{k,l,p,q}'$ （$\Gamma_{k,l,p,q}'$ 为常数) 时，$K_x(t)$ 还受时变幅值的 4 阶混合原点矩 $E(a_k a_l a_p a_q)$ 以及常数 $\Gamma_{k,l,p,q}'$ 的影响。

分别比较式（3.28）和式（3.39）、式（3.32）和式（3.40），就会发现式（3.39）和式（3.40）在使用时更加具有操作性。

经过上面的分析可知，在已知频率分辨率 $\Delta\omega$、时间分辨率 Δt、目标矩函数 $M_v[s(t)]$ 和希尔伯特谱 $H_x(\omega, t)$ 的条件下，优化随机相位 ϕ_k 以及模拟重建信号相位函数 $\psi_k(t)$ 的方法如下：

第 1 步：计算中心频率。

根据频率分辨率 $\Delta\omega$，使用式（3.37）计算各分量信号的中心频率 $\Xi = [\omega_{i_0}]_{m \times 1}$。

第 2 步：优化随机相位。

（1）随机生成位于 0 到 2π 之间服从独立均匀分布的初始随机相位 $\Phi_0 = [\phi_{i_0}]_{m \times 1}$，$\phi_{i_0} \in U[0, 2\pi]$；

（2）结合希尔伯特谱 $H_x(\omega, t)$，依照本节和 3.2.1 节得出的结论，优化 Φ_0 以匹配目标矩函数 $M_v[s(t)]$，用 Φ 表示优化后的随机相位。

第 3 步：计算重建信号相位函数。

使用第 1 步得到的 Ξ 和第 2 步得到的 Φ，结合时间分辨率 Δt 运用式（3.38）计算重建信号相位函数 Ψ。

3．重建非平稳随机振动信号的方法

结合架构重建信号时变幅值的方法和模拟重建信号相位函数的方法，在已知采样信号 $s(t)$ 的条件下，本节提出重建非平稳随机振动信号的方法，具体实施步骤如下。

第 1 步：数据准备。

（1）求解采样信号 $s(t)$ 的希尔伯特谱 $H_s(\omega, t) = [a_{s, i, j}]_{m \times n}$；

（2）求解采样信号 $s(t)$ 的统计矩函数 $M_v[s(t)]$。

第 2 步：架构重建信号的希尔伯特谱。

运用架构重建信号时变幅值的方法得到重建信号仿真时变幅值并架构出其希尔伯特谱 $H_x(\omega, t) = [\tilde{a}_{x, i, j}]_{m \times n}$（$\tilde{a}_{x, i, j} \geqslant 0$）。

第 3 步：模拟重建信号的相位函数。

运用模拟重建信号相位函数的方法模拟得到重建信号的相位函数 Ψ。

第 4 步：生成重建时间序列。

结合第 2 步得到的重建信号希尔伯特谱 $H_x(\omega, t)$ 和第 3 步得到的重建信号相位函数 Ψ，运用式（3.17）生成重建时间序列 $x(t)$。

重建非平稳随机振动信号方法的流程图见图 3.13。

3.2.3　示例

本节将以一辆在沙石路上以 20km 时速行驶的货车的驾驶座椅处采集的竖直方向加速度信号 $s_n(t)$ 为例，系统地演示并验证 3.2.2 节中提出的仿真方法。

采样信号 $s_g(t)$ 的采样频率是 1000Hz，持续时间为 80s。$s_n(t)$ 的波形和幅值概率密度函数见图 3.14。采样信号 $s_n(t)$ 的波形波动剧烈，包含多个各不规则的尖峰，并且幅值概率密度函数具有明显的尖峰厚尾特征。因此，经过目视检查可以判定：车辆随机振动采样信号 $s_n(t)$ 具有非平稳非高斯特性。

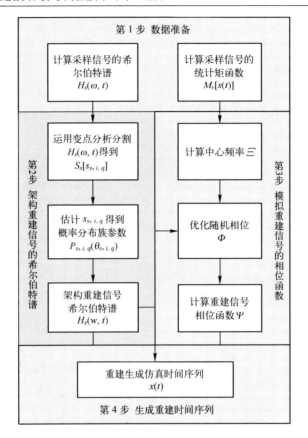

图 3.13　重建非平稳随机振动信号方法的流程图

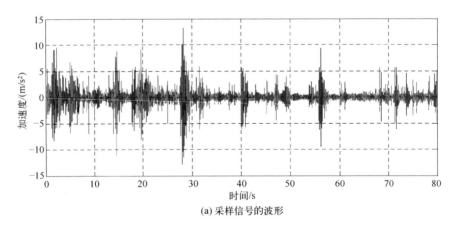

(a) 采样信号的波形

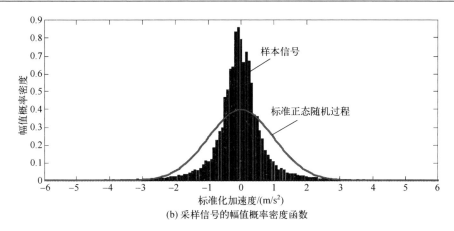

(b) 采样信号的幅值概率密度函数

图 3.14　车辆非平稳非高斯随机振动采样信号的波形和幅值概率密度函数

1. 车辆非平稳非高斯随机振动信号的重建过程演示

本节演示车辆非平稳非高斯随机振动信号的重建，其具体执行过程如下。

1）第 1 步：数据准备

（1）计算采样信号的希尔伯特谱。

设置时间分辨率为 0.001s，频率分辨率为 2Hz。于是，$m=250$，$n=80000$。本例中使用希尔伯特幅值谱来描述 $s_n(t)$ 的时频特性，计算得到的希尔伯特幅值谱 $H_{s_n}(\omega,t)=[a_{s_n,i,j}]_{m\times n}$（$a_{s_n,i,j}\geqslant 0$）（图 3.15）。观察图 3.15 可知在幅值-频率-时间三维空间内每个频段的幅值都是时间函数，这也说明 $s_n(t)$ 是具有非平稳特性的。图 3.15 中在高频处有较多的散点分布，说明车辆非平稳非高斯随机振动采样信号 $s_n(t)$ 具有较多的高频分量，而这造成 $s_n(t)$ 波形中包含更多不规则尖峰。

（2）计算采样信号的统计矩函数。

运用式（3.41）～式（3.43）分别计算 $s_n(t)$ 的滑动均方根函数 $\mathrm{RMS}_{s_n,r}$、滑动偏度函数 $\lambda_{s_n,r}$ 和滑动峰度函数 $\gamma_{s_n,r}$，如图 3.16 所示。滑动均方根函数波动剧烈，滑动偏度函数和滑动峰度函数的上下波动范围广。此外，表 3.1 列出了使用 run-test 检验法判断 $s_n(t)$ 滑动统计矩函数平稳性的结果。由表 3.1 可知，$s_n(t)$ 的滑动均方根和滑动峰度都被判定具有非平稳性，因而 $s_n(t)$ 是具有非平稳特性的。

$$\mathrm{RMS}_{s_g,r}=\sqrt{\frac{1}{w}\sum_{j=r}^{r+w}s_g^2(j)},\quad r=0,\ \delta,\ 2\delta,\cdots,N\delta \qquad (3.41)$$

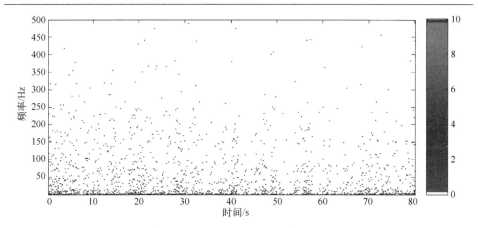

图 3.15 车辆非平稳非高斯随机振动采样信号的希尔伯特幅值谱（见彩图）

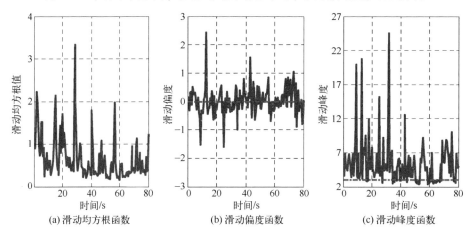

(a) 滑动均方根函数　　　　(b) 滑动偏度函数　　　　(c) 滑动峰度函数

图 3.16 车辆非平稳非高斯随机振动采样信号的滑动统计矩函数

$$\lambda_{s_g,r} = \frac{1}{w}\sum_{j=r}^{r+w}\left[\frac{s_g(j)-\mu_{s_g,r}}{\sigma_{s_g,r}}\right]^3, \quad r = 0, \delta, 2\delta, \cdots, N\delta \qquad (3.42)$$

$$\gamma_{s_g,r} = \frac{1}{w}\sum_{j=r}^{r+w}\left[\frac{s_g(j)-\mu_{s_g,r}}{\sigma_{s_g,r}}\right]^4, \quad r = 0, \delta, 2\delta, \cdots, N\delta \qquad (3.43)$$

式（3.41）～式（3.43）中：w 为时间区间长度；δ 为递增步数；N 为采样的区间总数；区间均值 $\mu_{s_g,r} = (1/w)\cdot\sum_{j=r}^{r+w}s_g(j)$；区间均方差 $\sigma_{s_g,r} =$

$$\sqrt{(1/w)\cdot\sum_{j=r}^{r+w}[s_g(j)-\mu_{s_g,r}]^2}$$　。实际操作时，子区间长度的选择十分关键[20]。太短的子区间会降低后续参数估计的精度，太长的子区间会减弱采样信号的非平稳性。本实例依照经验选择使用无重叠时长为 0.5s 的矩形窗来计算 $s_n(t)$ 的滑动统计矩函数。

表 3.1　车辆非平稳非高斯随机振动采样信号
滑动统计矩函数的轮次检验结果

参数	时间长度/s	区间总数/个	平稳区间（置信度为0.05）	运行次数/次	平稳性
滑动均方根	80	160	[68, 94]	48	非平稳
滑动偏度	80	160	[68, 94]	70	平稳
滑动峰度	80	160	[68, 94]	64	非平稳

2）第 2 步：架构重建信号时变幅值谱

应用 3.2.2 节中架构重建信号时变幅值的方法，第二步的实施过程如下：

（1）分割采样信号的希尔伯特谱。

本例依照经验把最小区间设定为 0.5s。受篇幅所限，本节选择 $H_{s_n}(\omega_{10},t)$ 和 $H_{s_n}(\omega_{100},t)$ 两个典型频段的希尔伯特幅值谱，来演示检测的效果，如图 3.17 所示。观察图 3.17 可知，频段中心频率为 10 Hz 的 $H_{s_n}(\omega_{10},t)$ 被分割为成 74 个区段，频段中心频率为 100Hz 的 $H_{s_n}(\omega_{100},t)$ 被分割成 35 个区段。

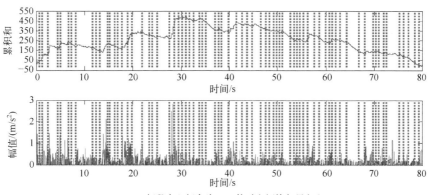

(a) 频段中心频率为10Hz的时变幅值与累积和

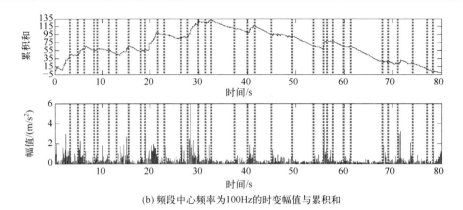

(b) 频段中心频率为100Hz的时变幅值与累积和

图 3.17　非平稳非高斯振动采样信号指定频段的时变幅值与累积和

（2）估计概率分布族参数。

本例选择机械工程中常用的五种连续型随机分布，即指数分布、瑞利分布、对数正态分布、威布尔分布和伽马分布，使用最大似然估计法拟合每个区段数据。因为文章篇幅有限，此处只演示两处典型频段的K-L散度、$d_{u,10,q}$ 和 $d_{u,100,q}$，如图 3.18 所示。

图 3.19 中绘制出每个频段的 $\overline{d_{u,i}}$，其左上方的细节图显示出频段中心频率为 10~30Hz 的平均散度比较。图 3.20 中绘制出每个频段最优的分布类型。通过图 3.19 和图 3.20 并且结合图 3.18 可知，本例中最适合拟合 $H_{s_n}(\omega_{10}, t)$ 的分布是瑞利分布族，最适合拟合 $H_{s_n}(\omega_{100}, t)$ 的分布是伽马分布族。

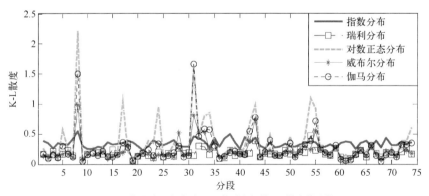

(a) 频段中心频率为10Hz的时变幅值K-L散度的比较

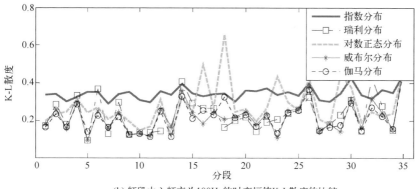

(b) 频段中心频率为100Hz的时变幅值K-L散度的比较

图 3.18　非平稳非高斯振动采样信号指定频段时变幅值 K-L 散度的比较

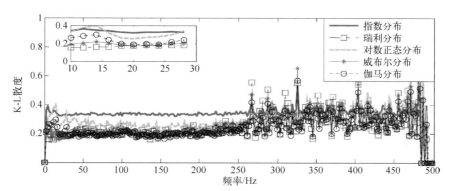

图 3.19　非平稳非高斯振动采样信号时变幅值平均 K-L 散度的比较（见彩图）

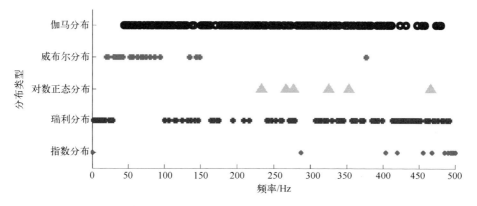

图 3.20　非平稳非高斯振动采样信号时变幅值的最优分布类型

（3）架构重建信号时变幅值。

使用（2）中估计得到的概率分布族参数 $P_{s_n,i}(\theta_{s_n,i})$ 生成随机序列，得到仿真时变幅值并架构出仿真希尔伯特谱 $H_{x_n}(\omega,t)=[\tilde{a}_{x_n,i,j}]_{m\times n}(\tilde{a}_{x_n,i,j}\geqslant 0)$ ，如图 3.21 所示。

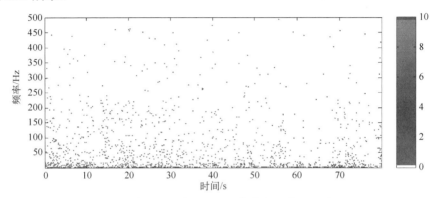

图 3.21　非平稳非高斯重建信号的仿真希尔伯特幅值谱（见彩图）

3）第 3 步：模拟重建信号相位函数

应用 3.2.2 节中模拟重建信号相位函数的方法，第三步的实施过程如下：

（1）计算中心频率。

根据频率分辨率 $\Delta\omega$ ，使用式（3.37）计算各分量信号的中心频率 $\Xi=[\omega_{i_0}]_{m\times 1}$ 。

（2）优化随机相位。

① 随机生成位于 0 到 2π 之间服从独立均匀分布的初始随机相位 $\Phi_0=[\phi_{i_0}]_{m\times 1}$ ， $\phi_{i_0}\in U[0,2\pi]$ 。

② 为了最小化仿真序列与采样信号统计矩函数的差异，结合第二步得到的仿真希尔伯特谱 $H_{x_g}(\omega,t)$ ，依照 3.2.1 节及 3.2.2 节得出的结论，定义优化方程[21-24]：

$$\varepsilon_r=\left(\frac{\mathrm{RMS}_{s_g,r}-\mathrm{RMS}_{x_g,r}}{\mathrm{RMS}_{s_g,r}}\right)^2+\left(\frac{\lambda_{s_g,r}-\lambda_{x_g,r}}{\lambda_{s_g,r}}\right)^2+\left(\frac{\gamma_{s_g,r}-\gamma_{x_g,r}}{\gamma_{s_g,r}}\right)^2 \quad (3.44)$$

式中：$\mathrm{RMS}_{s_g,r}$ 和 $\mathrm{RMS}_{x_g,r}$ 分别为采样信号 $s_g(t)$ 和仿真信号 $x_g(t)$ 在第 r 个区段的均方根函数，由式（3.41）计算得到；$\lambda_{s_g,r}$ 和 $\lambda_{x_g,r}$ 分别为 $s_g(t)$ 和 $x_g(t)$ 在第 r 个区段的偏度函数，由式（3.42）计算得到；$\gamma_{s_g,r}$ 和 $\gamma_{x_g,r}$ 分别为 $s_g(t)$ 和 $x_g(t)$ 在

第 r 个区段的峰度函数，由式（3.43）计算得到。

需要注意的是，李雅普诺夫中心极限定理可以用来研究独立随机变量和的极限分布为正态分布这个数学问题，然而工程实践中，研究信号的时间长度不可能趋于无穷大。换言之，在有限时长的采样过程中，统计矩函数的数值大小可能会受到随机相位的影响，所以优化随机相位时，式（3.44）中包含了对仿真信号滑动均方根函数的误差的控制。

选择 $w=0.5$，$\delta=0.001$，$N=100$，$\varepsilon_r<0.003$，调节随机相位 Φ_0，直到误差 ε_r 足够小，这样就得到优化后的随机相位 $\Phi=[\phi_{k,\tau}]_{m\times N}$。图 3.22 给出了在第 1 个时间区间和第 21 个时间区间的随机相位。比较图 3.22（a）和（b）可以发现，这两个时间区间内的 $\phi_{k,\tau}$ 具有随机性而且差异很小。

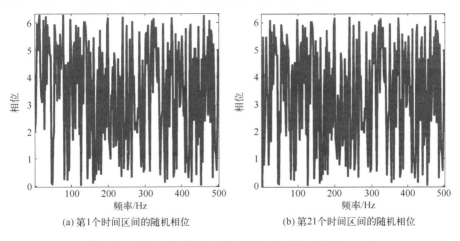

(a) 第1个时间区间的随机相位　　　　　　(b) 第21个时间区间的随机相位

图 3.22　非平稳非高斯重建信号指定时间区间的随机相位

（3）计算重建信号相位函数。

使用（1）得到的 $\varXi$ 和（2）得到的 Φ，结合时间分辨率 Δt 运用式（3.38）计算相位函数 $\varPsi$。

4）第 4 步：生成重建信号

结合第二步得到的仿真时变幅值 $H_{x_n}(\omega,t)=[\tilde{a}_{x_n,i,j}]_{m\times n}(\tilde{a}_{x_n,i,j}\geqslant 0)$ 和第三步得到的仿真相位函数 $\varPsi$，运用式（3.17）得到重建的车辆非平稳非高斯随机振动仿真信号 $x_n(t)$，其波形如图 3.23 所示。

2. 车辆非平稳非高斯随机振动重建信号的结果分析

为了测试和验证本章提出方法的正确性，本节详细比较车辆非平稳非高斯

随机振动重建信号 $x_n(t)$ 与采样信号 $s_n(t)$ 在时域和频域的特性。

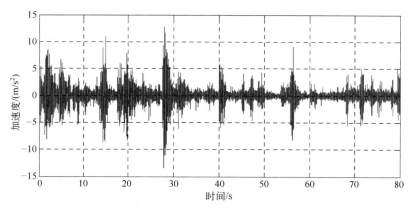

图 3.23　车辆非平稳非高斯随机振动重建信号的波形

1）车辆非平稳非高斯随机振动重建信号与采样信号的时域特性比较

本节主要比较 $s_n(t)$ 与 $x_n(t)$ 的波形、幅值概率密度函数和滑动统计矩函数。

（1）波形图比较。

目视观察图 3.14（a）和图 3.23 可以发现：时间序列 $x_n(t)$ 与 $s_n(t)$ 的幅值范围十分接近，而且能量波动形状几乎一致。

（2）幅值概率密度函数比较。

$s_n(t)$ 和 $x_n(t)$ 的幅值概率密度函数分别用柱状图和实线标记在图 3.24 中，同时图 3.24 中还用点划线标明了标准正态分布函数的幅值概率密度函数。通过比较可以发现，$s_n(t)$ 和 $x_n(t)$ 的幅值概率密度函数差异非常小，并且两者具有十分类似的尖峰厚尾特性。

（3）滑动统计矩函数比较。

使用式（3.41）～式（3.43）分别计算采样信号和重建信号的滑动均方根函数 $\mathrm{RMS}_{s_n,\,\mathrm{r}}$ 和 $\mathrm{RMS}_{x_n,\,\mathrm{r}}$，滑动偏度函数 $\lambda_{s_n,\,\mathrm{r}}$ 和 $\lambda_{x_n,\,\mathrm{r}}$，以及滑动峰度函数 $\gamma_{s_n,\,\mathrm{r}}$ 和 $\gamma_{x_n,\,\mathrm{r}}$。车辆非平稳非高斯随机振动重建信号与采样信号的滑动统计矩函数分别用实线和点划线绘制于图 3.25～图 3.27（a），这两者的相对误差分别绘制于图 3.25～图 3.27（b）中。观察发现，重建信号 $x_n(t)$ 滑动均方根函数的相对误差在 ±6% 以内，滑动偏度函数的相对误差在 ±10% 以内，滑动峰度函数的相对误差在 ±8% 以内。整体而言，本例中使用重建车辆非平稳随机振动信号的方法得到的重建信号 $x_n(t)$ 还是具有与采样信号 $s_n(t)$ 类似时变特性的滑动统计矩函数。

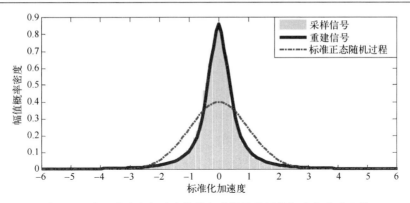

图 3.24　非平稳非高斯重建信号与采样信号幅值概率密度的比较

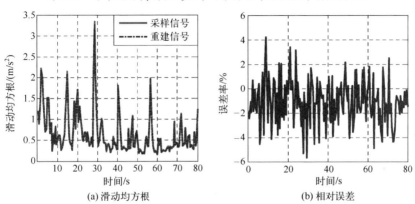

(a) 滑动均方根　　　　　　　　　　　　(b) 相对误差

图 3.25　非平稳非高斯重建信号与采样信号滑动均方根的比较（见彩图）

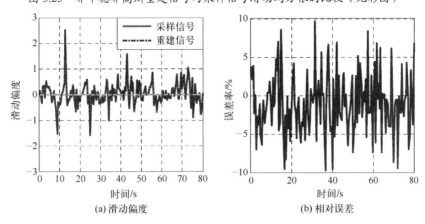

(a) 滑动偏度　　　　　　　　　　　　(b) 相对误差

图 3.26　非平稳非高斯重建信号与采样信号滑动偏度的比较（见彩图）

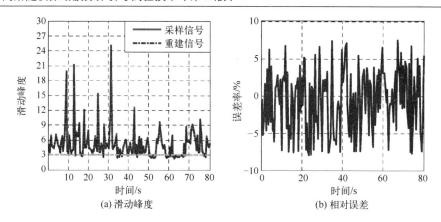

图 3.27　非平稳非高斯重建信号与采样信号滑动峰度的比较（见彩图）

2）车辆非平稳非高斯随机振动重建信号与采样信号的频域特性比较

本小节主要比较 $s_n(t)$ 与 $x_n(t)$ 的时频谱、边缘希尔伯特幅值谱和希尔伯特幅值谱的非平稳度。

（1）时频谱比较。

比较图 3.15 和图 3.21 可以发现：仿真希尔伯特幅值谱 $H_{x_n}(\omega, t) = [\tilde{a}_{x_n, i, j}]_{m \times n}$ 与采样信号的希尔伯特幅值谱 $H_{s_n}(\omega, t) = [a_{s_n, i, j}]_{m \times n}$ 在幅值-频率-时间三维空间内具有类似的散点分布。

（2）边缘希尔伯特幅值谱比较。

根据式（3.45）分别计算 $s_n(t)$ 和 $x_n(t)$ 的边缘希尔伯特幅值谱 $\mathrm{MHAS}_{s_n}(\omega)$ 和 $\mathrm{MHAS}_{x_n}(\omega)$，将这两者进行比较，如图 3.28 所示。观察发现：$s_n(t)$ 和 $x_n(t)$ 的边缘希尔伯特幅值谱的能量分布十分相似，相对误差都小于 6%。

$$\mathrm{MHAS}_s(\omega) = \int_0^T \mathrm{HAS}_s(\omega, t)\,\mathrm{d}t \qquad (3.45)$$

式中：$\mathrm{HAS}_s(\omega, t)$ 为信号 $s(t)$ 的希尔伯特幅值谱；T 为信号的时间长度[25]。

（3）希尔伯特幅值谱的非平稳度比较。

根据式（3.46）分别计算 $s_n(t)$ 和 $x_n(t)$ 的希尔伯特幅值谱的非平稳度 $\mathrm{DS}_{s_n}(\omega)$ 和 $\mathrm{DS}_{x_n}(\omega)$，式（3.46）符号表达的意义与式（3.45）一致。并将这二者进行比较，如图 3.29 所示。观察发现：$s_n(t)$ 和 $x_n(t)$ 在各个频段的能量波动都很类似，在大多数频段相对误差率都小于 4%。

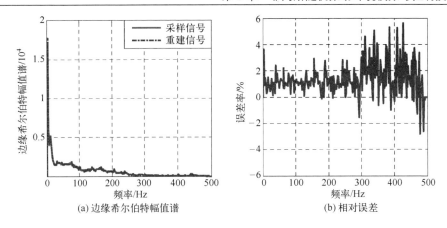

图 3.28　非平稳非高斯重建信号与采样信号边缘希尔伯特谱的比较（见彩图）

$$DS_s(\omega) = \frac{1}{T} \int_0^T \left(1 - \frac{HAS_s(\omega, t)}{MHAS_s(\omega)/T} \right)^2 dt \qquad (3.46)$$

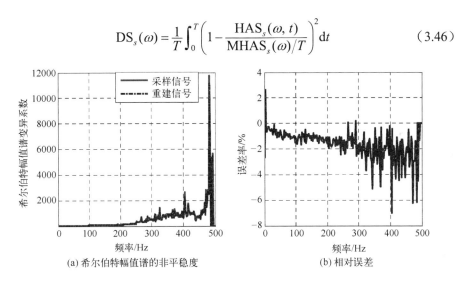

图 3.29　非平稳非高斯重建信号与采样信号希尔伯特谱的非平稳度的比较（见彩图）

经由上述比较可以得出，使用本章提出的方法可以重建得到与采样具有类似时域和频域特性的车辆非平稳非高斯随机振动信号。

把本节提出的模型和信号重建方法运用于其他工况下的非平稳非高斯随机振动采样信号，效果也很好。但由于篇幅限制，此处不再一一枚举。

参 考 文 献

[1] JIANG Y . Simulation of non-Gaussian stochastic processes by amplitude modulation and phase reconstruction [J]. Wind and Structures, 2014,18(6): 693-715.

[2] 王考. 气动式振动台振动激励能谱优化研究 [D]. 长沙：国防科学技术大学, 2009.

[3] ROUILLARD V. Decomposing Pavement Surface Profiles into a Gaussian Sequence [J]. International Journal of Vehicle Systems Modelling & Testing, 2009, 4(4): 288-305.

[4] 李大海. 电液伺服振动台的随机振动控制 [D]. 西安：西安交通大学, 2004.

[5] 茆诗松，王静龙，濮晓龙. 高等数理统[M]. 2 版. 北京：高等教育出版社，2006.

[6] 朱位秋. 随机振动 [M]. 北京：科学出版社, 1998.

[7] COHEN L. Time-frequency analysis: theory and applications [M]. New York: Prentice-Hall, Inc., 1995.

[8] 姜同敏. 可靠性强化试验 [J]. 环境技术, 2000, 2(1): 3-6.

[9] MALLET S G. A Wavelet Tour of Signal Processing [M]. Oxford：Elsevier LTD, 2010.

[10] HUANG N E, SHEN Z, LONG S R. A New View of Nonlinear Water Waves: the Hilbert Spectrum [J]. Annual Review of Fluid Mechanics, 2003, 31(1): 417-457.

[11] KARDAR M. Statistical Physics of Particles [M]. New York: Cambridge University Press, 2007.

[12] PEACH N, BASSEVILLE M, Nikiforov. Detection of Abrupt Changes: Theory and Applications [J]. Journal of The Royal Statistical Society Series A-statistics in Society, 1995, 158(2): 185-195.

[13] OBER P B. Sequential Analysis: Hypothesis Testing and Changepoint Detection [J]. Journal of Applied Statistics, 2015, 42(10): 2290-2299.

[14] HADJILIADIS. Quickest Detection [M]. New York: Cambridge University Press, 2009.

[15] SIEGMUND D. Sequential Analysis: Tests and Confidence Intervals [M]. Berlin: Springer-Verlag, 1985.

[16] DIGGLE P. Statistical analysis of spatial and spatio-temporal point patterns [M]. Boca Raton: CRC Press, 2013.

[17] BISHOP C, NARSRABADI N M. Pattern Recognition and Machine Learning [M]. New York: Springer, 2006.

[18] EMMS M, FRANCO-PENYA H H. Mathematical Methodologies in Pattern Recognition and Machine Learning [M]. New York: Springer, 2013.

[19] RUIJTEN T, ROELOFS J, ROOD L. An Introduction to Information Theory: Symbols, Signals & Noise [J]. An Introduction to Information Theory Symbols Signals & Noise, 2008, 50(1): 145-165.

[20] 陈循, 陶俊勇, 张春华, 蒋瑜. 机电系统可靠性工程 [M]. 北京：科学出版社, 2010.

[21] TAYLOR A W. Change-point Analysis: a Powerful New Tool for Detecting Changes [Z/OL], 2000. http://www.variation.com/cpa/tech/pattern.html.

[22] 孙振绮. 最优化方法 [M]. 北京：机械工业出版社, 2012.

[23] 张立卫, 单锋. 最优化方法[M]. 北京：科学出版社, 2010.

[24] NOCEDAL J, WRIGHT S J. Numerical Optimization [M]. New York: Springer, 2006.

[25] HUANG N E, SHEN Z, LONG S R, et al. The Empirical Mode Decomposition and the Hilbert Spectrum for Nonlinear and Non-stationary Time Series Analysis [C]//Proceedings of the Royal Society A Mathematical Physical & Engineering Sciences, London, 1998.

第4章 非高斯随机振动响应分析
与峭度传递规律

结构在非高斯随机激励作用下的应力响应分析是进行随机疲劳损伤计算的必要步骤。本节首先以悬臂梁为对象，建立非高斯随机激励下的应力响应计算公式；然后研究非高斯特性在连续线性结构中从激励到响应的传递特性，分析激励信号的带宽、峭度和非高斯类型对应力响应均方根值、峭度值及疲劳特性的影响，并总结归纳悬臂梁应力响应分析方法，建立通用的非高斯应力响应计算过程；最后，探究非高斯随机载荷特性、结构固有动力学特性和结构动力学响应特性三者之间的存在联系，在此基础上建立反映非高斯随机载荷作用下激励信号-结构应力响应信号之间峭度传递规律的数学模型，以预测结构的响应峭度和准确获取结构应力响应的非高斯特性。

4.1 非高斯随机激励下结构应力响应分析

4.1.1 单点非高斯激励下悬臂梁应力响应分析

1. 模态分析

要分析悬臂梁在非高斯激励下的响应，首先需要进行模态分析。对于恒截面悬臂梁第 n 阶模态振型为[1]

$$W_n(x) = \sin(\beta_n x) - \sinh(\beta_n x) - \alpha_n[\cos(\beta_n x) - \cosh(\beta_n x)] \quad (4.1)$$

式中：x 为悬臂梁的响应位置；$\alpha_n = \dfrac{\sin(\beta_n l) + \sinh(\beta_n l)}{\cosh(\beta_n l) + \cos(\beta_n l)}$，$l$ 为悬臂梁长度，$\beta_n l = D_n$ 为常数。与 $W_n(x)$ 相对应的 n 阶模态频率为

$$\omega_n = (\beta_n l)^2 \sqrt{\frac{EI}{\rho A l^4}} \quad (4.2)$$

式中：E 为材料的弹性模量；I 为悬臂梁横截面对中性轴的惯性矩；ρ 为材料密度；A 为悬臂梁横截面面积。悬臂梁模态振型 $W_n(x)$ 满足：

$$EI \frac{\mathrm{d}^4 W_n(x)}{\mathrm{d}x^4} - \omega_n^2 \rho A W_n(x) = 0 \qquad (4.3)$$

2. 位移响应

悬臂梁结构受单点非高斯激励的示意图如图 4.1 所示。非高斯随机激励 $f_{\mathrm{NG}}(a,t)$ 引起的第 n 阶模态广义力为

$$
\begin{aligned}
Q_n(a,t) &= \int_0^l f_{\mathrm{NG}}(a,t) W_n(x) \mathrm{d}x \\
&= f_{\mathrm{NG}}(a,t)\{\sin(\beta_n a) - \sinh(\beta_n a) - \alpha_n[\cos(\beta_n a) - \cosh(\beta_n a)]\}
\end{aligned} \qquad (4.4)
$$

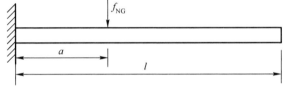

图 4.1　悬臂梁结构受单点非高斯激励的示意图（a 为激励位置）

利用振型叠加原理，在任意时刻 t，悬臂梁 x 位置的横向位移可以表示为

$$w(x,t) = \sum_{n=1}^{\infty} W_n(x) q_n(t) \qquad (4.5)$$

$q_n(t)$ 为对应于第 n 阶模态振型 $W_n(x)$ 的广义坐标。悬臂梁在非高斯随机激励下的强迫振动微分方程为

$$EI \frac{\partial^4 w(x,t)}{\partial x^4} + \rho A \frac{\partial^2 w(x,t)}{\partial t^2} = f_{\mathrm{NG}}(a,t) \qquad (4.6)$$

将式（4.5）代入式（4.6），有

$$EI \sum_{n=1}^{\infty} \frac{\mathrm{d}^4 W_n(x)}{\mathrm{d}x^4} q_n(t) + \rho A \sum_{n=1}^{\infty} W_n(x) \frac{\mathrm{d}^2 q_n(t)}{\mathrm{d}t^2} = f_{\mathrm{NG}}(a,t) \qquad (4.7)$$

根据式（4.3），式（4.7）可以改写为

$$\sum_{n=1}^{\infty} \omega_n^2 W_n(x) q_n(t) + \sum_{n=1}^{\infty} W_n(x) \frac{\mathrm{d}^2 q_n(t)}{\mathrm{d}t^2} = \frac{f_{\mathrm{NG}}(a,t)}{\rho A} \qquad (4.8)$$

用 $W_m(x)\,(m = 1, 2, 3, \cdots, \infty)$ 乘以式（4.8），并沿悬臂梁长度方向积分，根据模态振型的归一化正交条件有

$$\frac{\mathrm{d}^2 q_n(t)}{\mathrm{d}t^2} + \omega_n^2 q_n(t) = \frac{1}{\rho A b_n} Q_n(a,t) \tag{4.9}$$

式中：$b_n = \|W_n(x)\|_2^2 = \int_0^l W_n^2(x)\mathrm{d}x$ 为归一化参数。式（4.9）可以等价为无阻尼单自由度系统的强迫振动方程。通过卷积运算，广义位移 $q_n(t)$ 可以表示为

$$q_n(t) = \frac{1}{\rho A b_n \omega_n} \int_0^t Q_n(a,\tau)\sin[\omega_n(t-\tau)]\mathrm{d}\tau \tag{4.10}$$

式（4.10）忽略了由初始条件引起的瞬态响应。将各阶模态阻尼比 ζ_n 引入式（4.10）得到：

$$q_n(t) = \frac{\int_0^t Q_n(a,\tau)\mathrm{e}^{-\zeta_n \omega_n(t-\tau)}\sin[\omega_n^{(d)}(t-\tau)]\mathrm{d}\tau}{\rho A b_n \omega_n^{(d)}} \tag{4.11}$$

式中：$\omega_n^{(d)} = \omega_n(1-\zeta_n^2)^{1/2}$ 为第 n 阶共振频率。将式（4.11）代入式（4.5），则悬臂梁动态位移响应为

$$w(x,t) = \sum_{n=1}^{\infty} W_n(x)\frac{1}{\rho A b_n \omega_n^{(d)}} \times \int_0^t Q_n(a,\tau)\mathrm{e}^{-\zeta_n \omega_n(t-\tau)}\sin[\omega_n^{(d)}(t-\tau)]\mathrm{d}\tau \tag{4.12}$$

可以看出，随着模态频率 ω_n（或 $\omega_n^{(d)}$）的增大，第 n 阶模态在位移响应中所占的比例越来越小，一般考虑前 3 阶和 4 阶模态就能保证较高的精度，这里取前 4 阶模态进行理论和仿真研究。式（4.1）中的参数 β_n 满足[1-2]：

$$\begin{cases} \beta_1 l = 1.8751 \\ \beta_2 l = 4.6941 \\ \beta_3 l = 7.8548 \\ \beta_4 l = 10.9955 \end{cases} \tag{4.13}$$

式中：l 为悬臂梁长度。将式（4.13）代入式（4.4），前 4 阶广义力可以表示为

$$\begin{cases} Q_1(a,t) = f_{\mathrm{NG}}(a,t)\Theta_1(\varepsilon) \\ Q_2(a,t) = f_{\mathrm{NG}}(a,t)\Theta_2(\varepsilon) \\ Q_3(a,t) = f_{\mathrm{NG}}(a,t)\Theta_3(\varepsilon) \\ Q_4(a,t) = f_{\mathrm{NG}}(a,t)\Theta_4(\varepsilon) \end{cases} \tag{4.14}$$

$$\begin{cases} \Theta_1(\varepsilon) = \sin(\eta_1\varepsilon) - \sinh(\eta_1\varepsilon) - 1.3622[\cos(\eta_1\varepsilon) - \cosh(\eta_1\varepsilon)] \\ \Theta_2(\varepsilon) = \sin(\eta_2\varepsilon) - \sinh(\eta_2\varepsilon) - 0.9819[\cos(\eta_2\varepsilon) - \cosh(\eta_2\varepsilon)] \\ \Theta_3(\varepsilon) = \sin(\eta_3\varepsilon) - \sinh(\eta_3\varepsilon) - 1.0008[\cos(\eta_3\varepsilon) - \cosh(\eta_3\varepsilon)] \\ \Theta_4(\varepsilon) = \sin(\eta_4\varepsilon) - \sinh(\eta_4\varepsilon) - [\cos(\eta_4\varepsilon) - \cosh(\eta_4\varepsilon)] \end{cases} \quad (4.15)$$

其中，$\eta_1 = 1.8751$，$\eta_2 = 4.6941$，$\eta_3 = 7.8548$，$\eta_4 = 10.9955$，$\varepsilon = a/l$，$0 \leqslant \varepsilon \leqslant 1$。只考虑前 4 阶模态的情况下，将式（4.14）代入式（4.12）得到：

$$w(x,t) = \sum_{n=1}^{4} W_n(x) \frac{\Theta_n(\varepsilon)}{\rho A b_n \omega_n^{(d)}} \times \int_0^t f_{NG}(a,t) \mathrm{e}^{-\zeta_n \omega_n (t-\tau)} \sin[\omega_n^{(d)}(t-\tau)]\mathrm{d}\tau \quad (4.16)$$

通过式（4.16），可以得到悬臂梁任意位置的位移响应时间序列。但无法直接确定激励峭度与响应峭度之间的定量关系。根据式（4.16），对于给定结构，影响位移响应峭度的因素如下：

（1）激励信号 $f_{NG}(a,t)$ 的非高斯类型（平稳或非平稳）；

（2）激励信号 $f_{NG}(a,t)$ 的峭度值；

（3）激励信号 $f_{NG}(a,t)$ 的频谱带宽。

下面进一步分析激励信号与应力响应之间的关系。

3. 应力响应

悬臂梁 x 处的动态弯曲应力与该位置的曲率半径有关。最大弯曲应力发生在悬臂梁的上下表面。对于疲劳分析，x 处的最大弯曲正应力为

$$\sigma(x,t) = \frac{Eh}{2\upsilon(x,t)} \quad (4.17)$$

式中：h 为悬臂梁的厚度；$\upsilon(x,t)$ 为 t 时刻悬臂梁 x 位置的曲率半径，可以表示为

$$\upsilon(x,t) = \frac{\left\{ 1 + \left[\dfrac{\mathrm{d}w(x,t)}{\mathrm{d}x} \right]^2 \right\}^{3/2}}{\dfrac{\mathrm{d}^2 w(x,t)}{\mathrm{d}x^2}} \quad (4.18)$$

将式（4.18）代入式（4.17），动态应力响应可以表示为

$$\sigma(x,t) = \frac{Eh \dfrac{\mathrm{d}^2 w(x,t)}{\mathrm{d}x^2}}{2 \left\{ 1 + \left[\dfrac{\mathrm{d}w(x,t)}{\mathrm{d}x} \right]^2 \right\}^{3/2}} \quad (4.19)$$

将式（4.16）代入式（4.19），动态应力响应进一步展开为

$$\sigma(x,t) = \frac{Eh\sum\limits_{n=1}^{4}\dfrac{\mathrm{d}^2 W_n(x)}{\mathrm{d}x^2}\dfrac{\Theta_n(\varepsilon)}{\rho A b_n \omega_d}\int_0^t f_{\mathrm{NG}}(a,t)\mathrm{e}^{-\zeta_n \omega_n(t-\tau)}\sin[\omega_d(t-\tau)]\mathrm{d}\tau}{2\left\{1+\left[\sum\limits_{n=1}^{4}\dfrac{\mathrm{d}W_n(x)}{\mathrm{d}x}\dfrac{\Theta_n(\varepsilon)}{\rho A b_n \omega_d}\int_0^t f_{\mathrm{NG}}(a,t)\mathrm{e}^{-\zeta_n \omega_n(t-\tau)}\sin[\omega_d(t-\tau)]\mathrm{d}\tau\right]^2\right\}^{3/2}}$$

（4.20）

基于式（4.20），可以分析影响结构应力响应峭度值的因素如下：

（1）激励信号 $f_{\mathrm{NG}}(a,t)$ 的非高斯类型（平稳或非平稳）；

（2）激励信号 $f_{\mathrm{NG}}(a,t)$ 的峭度值；

（3）激励信号 $f_{\mathrm{NG}}(a,t)$ 的频谱带宽。

下文给出的示例将分析以上三种因素对结构应力响应的 RMS 水平、峭度值和疲劳破坏性的影响。

4.1.2　非高斯基础激励下悬臂梁应力响应分析

1. 位移响应

如图 4.2 所示为悬臂梁结构非高斯随机基础激励示意图，其中 $a_{\mathrm{NG}}(t)$ 为加速度信号。为了进行应力响应分析，需要计算悬臂梁结构不同位置的相对运动。根据基础激励理论[1]，图 4.2 所示的动态系统等价于图 4.3 所示的分布载荷动态系统。分布载荷水平由悬臂梁的分布质量 $\mathrm{d}m(x)$ 和非高斯基础激励 $a_{\mathrm{NG}}(t)$ 决定，$\mathrm{d}m(x)$ 定义为

$$\mathrm{d}m(x) = \rho A \mathrm{d}x \tag{4.21}$$

式中：ρ 为材料密度；A 为截面面积。

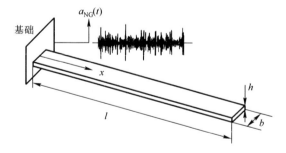

图 4.2　悬臂梁结构非高斯随机基础激励示意图

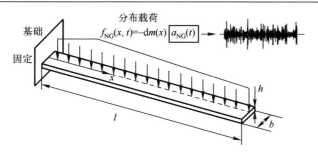

图 4.3　等价分布载荷动态系统

根据图 4.3 和式（4.1），n 阶模态广义力为

$$Q_n(t) = \int_0^l f_{NG}(x,t)W_n(x)\mathrm{d}x \tag{4.22}$$

如图 4.3 所示，分布载荷 $f_{NG}(x,t)$ 作用在横截面梁的中心线上，所以扭转模态的广义力为零。基于模态叠加原理，悬臂梁在 x 位置的横向位移为

$$w(x,t) = \sum_{n=1}^{\infty} W_n(x)q_n(t) \tag{4.23}$$

式中：$q_n(t)$ 为关于 $W_n(x)$ 的广义位移。然后，悬臂梁微分运动方程为

$$EI\frac{\partial^4 w(x,t)}{\partial x^4} + \rho A\frac{\partial^2 w(x,t)}{\partial t^2} = f_{NG}(x) \tag{4.24}$$

将式（4.23）代入式（4.24）得到：

$$EI\sum_{n=1}^{\infty}\frac{\mathrm{d}^4 W_n(x)}{\mathrm{d}x^4}q_n(t) + \rho A\sum_{n=1}^{\infty}W_n(x)\frac{\mathrm{d}^2 q_n(t)}{\mathrm{d}t^2} = f_{NG}(x) \tag{4.25}$$

根据式（4.3），式（4.25）可以表示为

$$\sum_{n=1}^{\infty}\omega_n^2 W_n(x)q_n(t) + \sum_{n=1}^{\infty}W_n(x)\frac{\mathrm{d}^2 q_n(t)}{\mathrm{d}t^2} = \frac{f_{NG}(x,t)}{\rho A} \tag{4.26}$$

基于正交理论，将式（4.26）乘以 $W_m(x)$（$m = 1, 2, 3, \cdots, \infty$），并沿 $[0, l]$ 积分得到：

$$\frac{\mathrm{d}^2 q_n(t)}{\mathrm{d}t^2} + \omega_n^2 q_n(t) = \frac{1}{\rho A b_n}Q_n(t) \tag{4.27}$$

式中：$b_n = \|W_n(x)\|_2^2 = \int_0^l W_n^2(x)\mathrm{d}x$ 为归一化参数。式（4.27）与式（4.9）的形式

相同，但广义力 $Q_n(t)$ 的含义不同。式（4.27）可以看作无阻尼单自由度系统的受迫振动微分方程。$q_n(t)$ 由卷积运算得到：

$$q_n(t) = \frac{1}{\rho A b_n \omega_n} \int_0^t Q_n(\tau) \sin[\omega_n(t-\tau)] \mathrm{d}\tau \qquad (4.28)$$

式（4.28）中忽略了由初始条件引起的瞬态响应。将 n 阶模态阻尼比 ζ_n 引入式（4.28）得

$$q_n(t) = \frac{1}{\rho A b_n \omega_n^{(\mathrm{d})}} \int_0^t Q_n(\tau) \mathrm{e}^{-\zeta_n \omega_n(t-\tau)} \sin[\omega_n^{(\mathrm{d})}(t-\tau)] \mathrm{d}\tau \qquad (4.29)$$

式中：$\omega_n^{(\mathrm{d})} = \omega_n(1-\zeta_n^2)^{1/2}$ 为第 n 阶共振频率。

将式（4.29）代入式（4.23），动态位移响应为

$$w(x,t) = \sum_{n=1}^{\infty} \left[W_n(x) \frac{1}{\rho A b_n \omega_n^{(\mathrm{d})}} \int_0^t Q_n(\tau) \mathrm{e}^{-\zeta_n \omega_n(t-\tau)} \sin[\omega_n^{(\mathrm{d})}(t-\tau)] \mathrm{d}\tau \right] \quad (4.30)$$

考虑前 4 阶模态频率，式（4.30）表示为

$$w(x,t) = \sum_{n=1}^{4} \left[W_n(x) \frac{1}{\rho A b_n \omega_n^{(\mathrm{d})}} \int_0^t Q_n(\tau) \mathrm{e}^{-\zeta_n \omega_n(t-\tau)} \sin[\omega_n^{(\mathrm{d})}(t-\tau)] \mathrm{d}\tau \right] \quad (4.31)$$

2. 应力响应

根据 4.1.1 节中应力响应的推导过程，得到悬臂梁在基础激励下的应力响应计算公式为

$$\sigma(x,t) = \frac{Eh \sum_{n=1}^{4} \left[\dfrac{\mathrm{d}^2 W_n(x)}{\mathrm{d}x^2} \dfrac{1}{\rho A b_n \omega_n^{(\mathrm{d})}} \int_0^t Q_n(\tau) \mathrm{e}^{-\zeta_n \omega_n(t-\tau)} \sin[\omega_n^{(\mathrm{d})}(t-\tau)] \mathrm{d}\tau \right]}{2 \left\{ 1 + \left[\sum_{n=1}^{4} \dfrac{\mathrm{d}W_n(x)}{\mathrm{d}x} \dfrac{1}{\rho A b_n \omega_n^{(\mathrm{d})}} \int_0^t Q_n(\tau) \mathrm{e}^{-\zeta_n \omega_n(t-\tau)} \sin[\omega_n^{(\mathrm{d})}(t-\tau)] \mathrm{d}\tau \right]^2 \right\}^{3/2}}$$

$$(4.32)$$

可以看出，对于给定结构在非高斯基础激励作用下影响应力响应峭度值的因素主要包括以下几点：

（1）等价分布激励信号 $f_{\mathrm{NG}}(x, t)$ 的非高斯类型（平稳或非平稳），由基础激励 $a_{\mathrm{NG}}(t)$ 的非高斯类型决定；

（2）等价分布激励信号 $f_{\mathrm{NG}}(x, t)$ 的峭度值，由基础激励 $a_{\mathrm{NG}}(t)$ 的峭度值决定；

（3）等价分布激励信号 $f_{\mathrm{NG}}(x, t)$ 的频谱带宽，由基础激励 $a_{\mathrm{NG}}(t)$ 的频谱带宽决定。

通过 4.1.1 节和 4.1.2 节的理论分析可以发现不同激励方式（单点激励或基础激励）作用下，结构应力响应计算过程基本相同。下面基于悬臂梁结构应力响应计算方法，确定一般结构非高斯激励下应力响应计算过程。

4.1.3　非高斯激励下应力响应通用计算过程

前两节以悬臂梁为对象分析了结构在单点激励和基础激励下的应力响应计算过程。可以看到两种计算过程具有较高的相似性。工程实际中需要进行疲劳分析的结构复杂多样（大到飞机翼梁，小到元器件焊点、管脚等），不能逐一列举应力响应计算方法。但根据悬臂梁结构的计算方法，可以总结出以疲劳分析为目的的非高斯激励下结构应力响应计算通用过程，如图 4.4 所示。

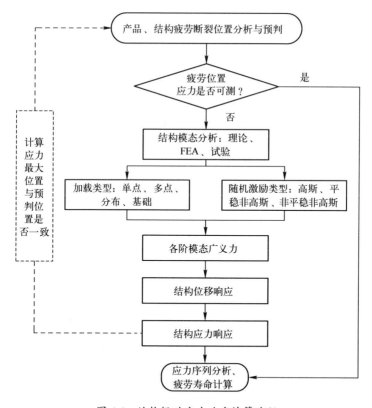

图 4.4　结构振动应力响应计算流程

（1）首先通过有限元计算、理论分析或预试验确定产品或结构的疲劳断裂位置。

（2）判断疲劳位置的应力是否可测，如果可测，通过测量的应力、应变数据开展疲劳寿命计算；如果不可测，需要通过计算方法获得应力序列。

（3）对产品或结构疲劳位置进行模态分析。

（4）确定产品或结构所经受的外部激励的类型，如单点激励、多点激励、分布激励和基础激励。

（5）确定外部激励信号的类型：高斯、平稳非高斯和非平稳非高斯。

（6）联合模态分析结果和外部激励，计算各阶模态广义力。

（7）根据广义力和结构模态阻尼，计算结构的位移响应。

（8）根据疲劳局部结构的位移响应和弯曲应力公式计算动态应力响应，并判断计算的最大应力位置与预判位置是否一致。最后对应力序列进行处理，计算疲劳寿命。

1．示例

示例分析以 Al2024-T3 铝合金悬臂梁为对象，其几何尺寸如图 4.5 所示，材料的力学性能参数见表 4.1。

表 4.1　Al2024-T3 铝合金力学性能参数

弹性模量/GPa	泊松比	疲劳极限/MPa	强度极限/MPa	密度/（kg/m³）
68	0.33	105	438	2770

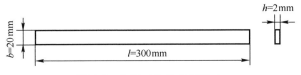

图 4.5　分析对象的几何尺寸

悬臂梁前 4 阶模态振型如图 4.6 所示。基于式（4.2）和有限元软件计算得到的固有频率结果见表 4.2，二者差别很小。为了保持理论计算的完整性，这里采用理论计算结果。

由式（4.9）可知，各阶模态广义运动微分方程可以等价为单自由度系统振动方程，则各阶模态的广义脉冲响应函数（impulse response function，IRF）如图 4.7（a）所示。对各阶脉冲响应函数进行累加，求傅里叶变换得到广义频响函数（frequency response function，FRF），如图 4.7（b）所示。

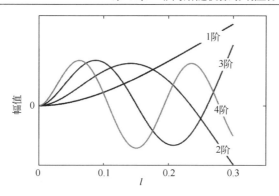

图 4.6 悬臂梁前 4 阶模态振型

表 4.2 悬臂梁前 4 阶模态频率

方法	模态频率/Hz			
	1 阶	2 阶	3 阶	4 阶
理论	17.78	111.46	312.10	611.58
仿真	17.87	112.01	313.63	614.78

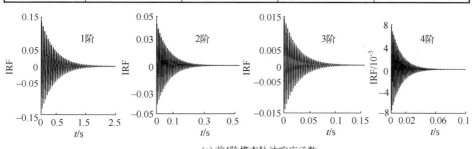

(a) 前 4 阶模态脉冲响应函数

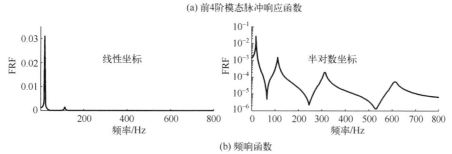

(b) 频响函数

图 4.7 悬臂梁动态特性

这里给出两个数值分析示例，从不同的角度关注非高斯信号的传递特性。每个示例的输入信号是具有相同 PSD 的高斯、平稳非高斯和非平稳非高斯随机激励信号。两个示例激励信号的 PSD 分别如图 4.8（a）和（b）所示，其中示例 1 激励信号的 PSD 频带包含结构的前 4 阶模态频率；示例 2 激励信号的 PSD 频带位于 2 阶和 3 阶模态频率之间。这代表工程中两种典型情况。示例 1 激励信号 RMS = 3N。示例 2 激励信号 RMS = 10N。两种非高斯随机激励的峭度值 $K_{in} = \{4, 6, 8, 10\}$。因此，每个示例需要分析 9 种不同的激励信号。两个示例中的随机激励都施加在悬臂梁的自由端，即 $a = l$ 的位置。

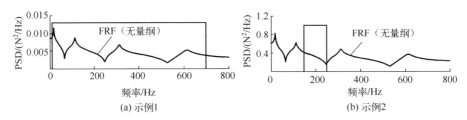

图 4.8　两个示例随机激励 PSD

1）示例 1

激励信号的 PSD 如图 4.8（a）所示，带宽包含结构前 4 阶模态频率。基于 Al2024-T3 的材料特性，假设前 4 阶模态阻尼比为 0.02。将仿真激励信号代入式（4.20），计算得到应力响应结果。不同激励信号下应力响应的 RMS 和峭度分别如图 4.9（a）和（b）所示。

由图 4.9（a）可以发现，高斯和（平稳与非平稳）非高斯激励下结构应力响应 RMS 沿悬臂梁轴向基本一致。另外，对于两种非高斯激励，应力响应 RMS 几乎不随输入峭度 K_{in} 的增加而发生变化。这说明对于单点激励问题，4 阶统计量不影响 2 阶统计量的传递特性。

如图 4.9（b）所示，各种激励信号对应的应力响应峭度 K_{out} 沿悬臂梁轴向无规则变化。平稳非高斯激励各输入峭度水平下的应力响应峭度 K_{out} 一般小于 3。高斯激励的输出峭度 K_{out} 小于平稳非高斯情况。这是因为示例 1 中的输入信号的功率谱包含前 4 阶模态频率[图 4.8（a）]，其中 1 阶模态频率占主导。1 阶模态对应的频响函数峰值相当于一个窄带滤波器，激励信号通过该模态峰值后应力响应过程趋于正弦信号（峭度为 1.5）。所以平稳非高斯和高斯情况，从激励到响应峭度衰减十分明显。

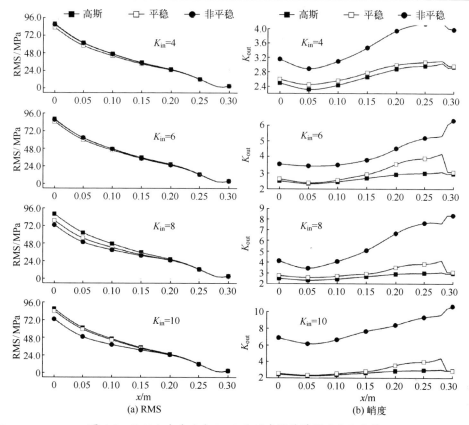

图 4.9　示例 1 应力响应 RMS 和峭度沿悬臂梁的变化趋势

非平稳非高斯激励应力响应峭度 K_{out} 小于输入峭度值 K_{in}。峭度衰减的原因在于线性响应的卷积运算平滑了非平稳非高斯的局部不平稳性。但是总体而言非平稳非高斯激励的应力响应的峭度值大于 3，且输出峭度 K_{out} 随着激励峭度 K_{in} 的增大而增大。唯象的结论是：当随机激励的 PSD 包含模态频率时，非平稳非高斯激励可以将其高峭度值传递到应力响应过程；而平稳非高斯激励不能。

2）示例 2

本示例中激励信号 PSD 如图 4.8（b）所示，带宽位于 2 阶和 3 阶模态频率之间。通过式（4.20）计算应力响应，各激励信号的应力响应序列 RMS 值和峭度值沿悬臂梁的变化趋势分别如图 4.10（a）和 4.10（b）所示。

如图 4.10（a）所示，对于高斯和（平稳与非平稳）非高斯情况，当激励信号峭度 K_{in} 一定时，应力响应 RMS 沿 x 方向的变化基本一致。示例 2 中应力响应 RMS 值沿 x 方向的变化趋势比示例 1 复杂,主要原因在于激励信号的带宽发生了改变。另外,悬臂梁应力响应的 RMS 值不随输入峭度的增加而发生明显变化,这与示例 1 的结果一致,进一步证明对于单点激励响应问题,4 阶统计量不影响 2 阶统计量的传递特性。

对于 3 种激励信号,应力响应峭度值沿悬臂梁轴向不规则地变化,如图 4.10（b）。高斯激励下的响应峭度 K_{out} 接近 3。与示例 1 不同,平稳非高斯激励可以将高峭度传递到应力响应过程。非平稳非高斯激励下的应力响应峭度与平稳非高斯情况接近,均比高斯情况大。可以看到,两种非高斯激励的应力响应峭度随着输入峭度的增大而增大。从唯象的角度来看,结论是当激励信号带宽位于结构模态频率之间时,平稳和非平稳非高斯激励均可将高峭度特征传递给应力响应过程。

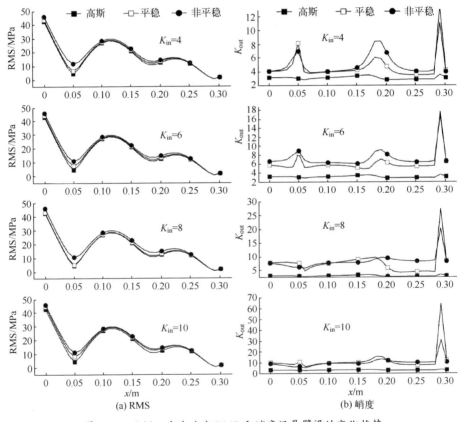

图 4.10　示例 2 应力响应 RMS 和峭度沿悬臂梁的变化趋势

2. 疲劳寿命对比分析

进一步基于雨流计数法对示例 1 和示例 2 中的应力响应序列进行计数，并结合给定的 *S-N* 曲线计算疲劳寿命。

1）雨流计数结果

如图 4.9 和图 4.10 所示，示例 1 和示例 2 中最大应力响应 RMS 值均发生在悬臂梁固定端，即 $x = 0$ 的位置。该位置的应力响应序列将决定结构的疲劳寿命。利用雨流计数法[3]对应力序列进行了分析，研究激励信号的非高斯类型（平稳或非平稳）和输入峭度对结构疲劳寿命的影响。

示例 1 高斯、平稳非高斯和非平稳非高斯激励下应力响应序列的雨流计数结果及其峰谷位置分布情况如图 4.11 所示。对于高斯情况而言，非平稳非高斯激励的雨流计数结果具有更多的大幅值循环，而且随着激励峭度的增加这种趋势越来越明显。这些大幅值雨流循环虽然数量少，但在总疲劳损伤中占了很大的比例。平稳非高斯激励的应力响应雨流循环分布情况与高斯情况相近。因此，当激励 PSD 包含结构模态频率时，非平稳非高斯激励比高斯和平稳非高斯随机激励更具破坏力。

示例 2 各种激励情况下应力响应的雨流计数结果如图 4.12 所示。以高斯激励下应力响应的雨流计数结果为参考，平稳非高斯激励和非平稳非高斯激励对应的雨流计数结果具有更多的大幅值雨流循环。在激励信号峭度相同时，平稳非高斯激励和非平稳非高斯激励下的应力响应雨流计数结果具有较高的一致性。这表明当激励 PSD 带宽位于结构模态频率之间时，相同峭度的平稳非高斯激励和非平稳非高斯激励具有相近的破坏力。

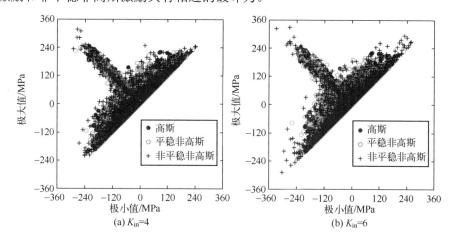

(a) $K_{in}=4$　　　　　　　　　　(b) $K_{in}=6$

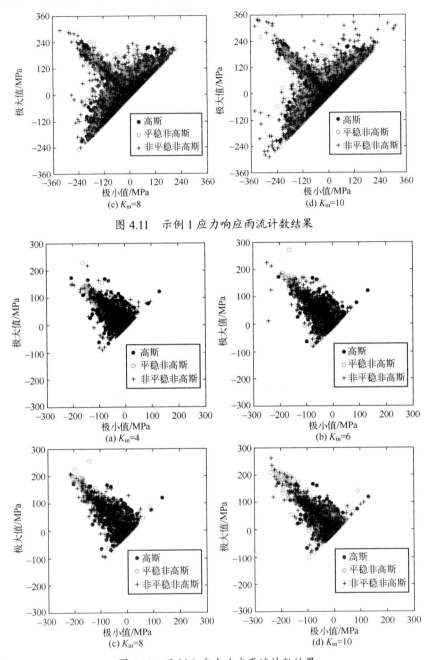

图 4.11　示例 1 应力响应雨流计数结果

图 4.12　示例 2 应力响应雨流计数结果

2）疲劳寿命计算结果

在疲劳寿命计算时，采用 Rambabu 等给出的 Al2024-T3 材料的高周疲劳 S-N 曲线[4]，

$$NS^{6.59} = 4.3742 \times 10^{21} \qquad (4.33)$$

式中：S 为应力幅值；N 为应力振幅 S 下失效循环总次数。

另外，根据 Shimizu[5] 的研究结论，假设材料不存在疲劳极限。根据图 4.11 和图 4.12 所示的雨流分布结果进行疲劳寿命计算。

对于示例 1，根据图 4.11 所示的雨流计数结果计算不同激励信号下结构疲劳寿命结果，见表 4.3。其中，高斯随机激励下的疲劳寿命在最后一列。不同输入峭度的平稳非高斯随机激励下的疲劳寿命在第 2 列，括号内的数值表示疲劳寿命与高斯情况的比值。第 3 列是非平稳非高斯随机激励下的疲劳寿命。可以看到对于非平稳非高斯随机激励，疲劳寿命随着输入峭度的增大而减小。当输入峭度 $K_{in} = 10$ 时，非平稳非高斯激励下的疲劳寿命约为高斯结果的 20%。这种情况下，如果忽略激励的非高斯特性，仅利用基于 PSD 的高斯频域法来计算疲劳寿命[6-7]，将会得到偏大的估计结果，为装备使用和服役阶段埋下安全隐患。

表 4.3 示例 1 各种随机激励下结构疲劳寿命

K_{in}	平稳非高斯疲劳寿命（比值）	非平稳非高斯疲劳寿命（比值）	高斯疲劳寿命
4	6.2153×10^5 s（1.2387）	2.5857×10^5 s（0.5153）	
6	5.1029×10^5 s（1.0170）	1.9585×10^5 s（0.3903）	5.0174×10^5 s
8	4.9106×10^5 s（0.9787）	1.5694×10^5 s（0.3128）	
10	4.7372×10^5 s（0.9442）	1.0968×10^5 s（0.2186）	

对于示例 2，各种随机激励下结构疲劳寿命计算结果见表 4.4。其中高斯随机激励下的疲劳寿命在最后一列。不同峭度值的平稳非高斯随机激励下的疲劳寿命在第 2 列，括号内的数值表示相应的疲劳寿命结果与高斯结果的比值。第 3 列是非平稳非高斯随机激励的疲劳寿命计算结果。可以看到，两种非高斯激励下的疲劳寿命要比高斯情况小很多。当输入峭度 $K_{in} = 10$ 时，平稳非高斯和非平稳非高斯随机激励下结构疲劳寿命均低于高斯结果的 10%。在这种情况下，如果忽略激励信号的非高斯性，将会引起非常大的计算误差。另外，对于示例 2 定义的情况，相同峭度的平稳非高斯激励和非平稳非高斯激励对应的疲

劳寿命接近。这与图 4.10 所反映的两种激励信号的应力响应 RMS 值、峭度值和图 4.12 中反映的雨流计数结果的是一致的。

表 4.4　示例 2 各种随机激励下结构疲劳寿命

K_{in}	平稳非高斯疲劳寿命（比值）	非平稳非高斯疲劳寿命（比值）	高斯疲劳寿命
4	6.6610×10^6s（0.6449）	5.4718×10^6s（0.5298）	
6	2.5779×10^6s（0.2496）	1.9679×10^6s（0.1905）	10.3291×10^6s
8	1.3451×10^6s（0.1302）	1.5115×10^6s（0.1463）	
10	0.5918×10^6s（0.0573）	0.7699×10^6s（0.0745）	

4.2　非高斯随机激励下结构响应峭度传递规律研究

4.2.1　非高斯随机激励下结构响应峭度影响因素分析

1．系统建模

如图 4.13 所示，建立基础激励作用下的单自由度系统模型，其由基座、阻尼、弹簧和质量块组成。其中惯性力 $f_I = -m\ddot{y}$，与加速度 $\ddot{y}$ 方向相反。阻尼力 $f_d = -c\dot{y}$，与速度 $\dot{y}$ 的方向相反。

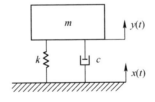

图 4.13　单自由度质量-弹簧-阻尼系统模型

单自由度系统可以简化为线性模型，运动微分方程可以表示为

$$m\ddot{y}(t) + c\dot{y}(t) + ky(t) = c\dot{x}(t) + kx(t) \tag{4.34}$$

并且，式（4.34）可以重新表示为

$$\ddot{y}(t) + 2\xi\omega\dot{y}(t) + \omega^2 y(t) = 2\xi\omega\dot{x}(t) + \omega^2 x(t) \tag{4.35}$$

其中，固有频率 ω 和阻尼比 ξ 定义为

$$\omega = \sqrt{k/m}, \quad \xi = c/2\sqrt{mk} \tag{4.36}$$

2. 阻尼比对响应峭度的影响

假定如图 4.13 所示单自由度系统质量 $m=1\text{kg}$，固有频率为 40Hz。为了使系统产生共振，选用频带范围 0~100Hz，PSD 量级为 $0.02g^2/\text{Hz}$ 的平直加速度功率谱，如图 4.14 所示，生成不同种类的随机激励信号。

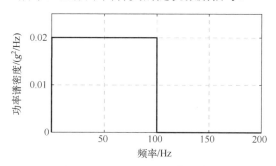

图 4.14 激励信号加速度功率谱

首先，模拟生成平稳高斯随机激励信号，随后加载到不同阻尼比的单自由度系统上，记录系统响应峭度，结果如图 4.15 所示。平稳高斯随机激励信号作用下单自由度系统的响应总体近似于高斯分布。

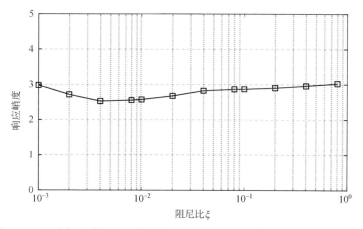

图 4.15 平稳高斯随机激励信号作用下不同阻尼比系统的响应峭度趋势图

其次，模拟生成不同峭度的平稳非高斯随机激励信号，随后加载到不同阻尼比的单自由度系统上，记录系统响应峭度，结果如图 4.16 所示。在平稳非高斯随机激励信号作用下，当阻尼比较小时，系统的响应峭度近似于高斯分布（见图 4.16 中阻尼比为 0.01、0.02、0.03、0.04 时的曲线）；当系统阻尼比增大时，系统响应趋向于非高斯分布，且系统响应峭度随着阻尼比的增大而增加。在系统阻尼比一定的情况下，系统响应峭度随着激励信号峭度的增加而增加。值得注意的是，随着平稳非高斯随机激励信号峭度的增加，不同阻尼比系统响应峭度之间的差值有增加的趋势。

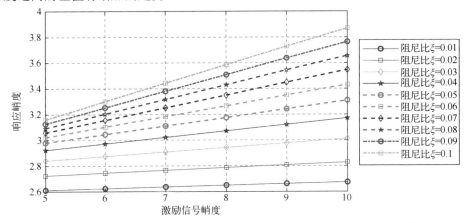

图 4.16　平稳非高斯随机激励信号作用下不同阻尼比系统的响应峭度趋势图

最后，模拟生成不同峭度的非平稳非高斯随机激励信号，随后加载到不同阻尼比的单自由度系统上，记录系统响应峭度，结果如图 4.17 所示。在非平稳非高斯随机激励信号作用下，系统响应基本趋向于非高斯分布，系统响应峭度随着激励信号峭度的增加而增加。当阻尼比从 0.01 增大到 0.04 时，系统响应峭度有增加的趋势，但当阻尼比增加到 0.04 以上时，该趋势不再明显。

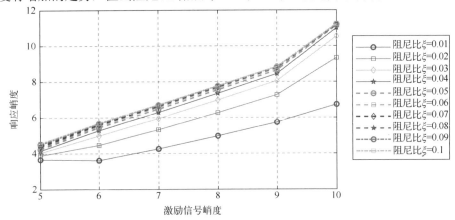

图 4.17　非平稳非高斯随机激励信号作用下不同阻尼比系统的响应峭度趋势图（见彩图）

上述结果表明系统阻尼比的增大会使在平稳/非平稳非高斯激励信号作用下系统的响应峭度呈增加的趋势。

3. 激励信号带宽对响应峭度的影响

为探究激励信号带宽对响应峭度的影响，保持激励信号 PSD 量级 $0.02g^2$/Hz 不变，分别模拟生成了 0～200Hz、0～100Hz、30～50Hz 和 35～45Hz 四种不同带宽（均包含系统固有频率 40Hz）的平稳非高斯随机激励信号和非平稳非高斯随机激励信号。为方便探究激励信号带宽对响应峭度的影响，生成的非高斯随机激励信号的峭度均为 9。

首先，模拟生成峭度为 9 的不同带宽的平稳非高斯随机激励信号，随后加载到不同阻尼比的单自由度系统上，记录系统响应峭度，结果如图 4.18 所示。系统响应峭度随着激励信号带宽的减小有增加的趋势。

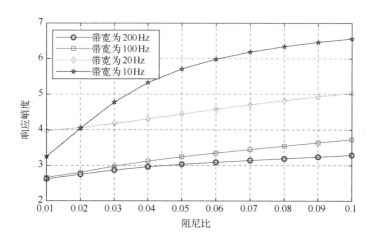

图 4.18　不同阻尼比系统在不同带宽的平稳非高斯随机激励信号
作用下响应峭度趋势图

随后，模拟生成峭度为 9 的不同带宽的非平稳非高斯随机激励信号，随后加载到不同阻尼比的单自由度系统上，记录系统响应峭度，结果如图 4.19 所示。系统响应峭度与激励信号的带宽不存在明显的线性关系。

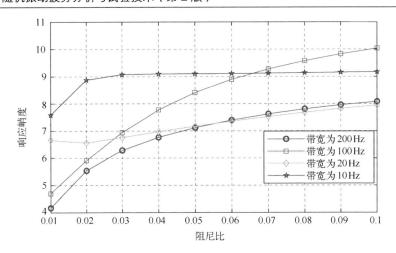

图 4.19　不同阻尼比系统在不同带宽的非平稳非高斯随机激励信号
作用下响应峭度趋势图

上述结果表明平稳非高斯激励信号的带宽对系统响应峭度有较大的影响，而非平稳非高斯激励信号的带宽对系统响应峭度的影响不显著。

4. 激励信号类型对响应峭度的影响

为探究激励信号不同类型对系统响应峭度的影响，根据图 4.14 所示 PSD 谱，生成平稳高斯激励信号、平稳非高斯激励信号和非平稳非高斯激励信号，其中非高斯激励信号的峭度均为 9。随后将上述 3 种激励信号分别加载到阻尼为 0.01、0.05 和 0.1 的单自由度系统上，其中单自由度系统的固有频率在 1～100Hz 内且以 1Hz 步长变化，记录系统的响应峭度，结果如图 4.20～图 4.22 所示。不同固有频率的单自由度系统在非平稳非高斯激励信号下的响应峭度大于在平稳非高斯激励信号下的响应峭度，系统在平稳非高斯激励信号下的响应峭度与在平稳高斯激励信号下的响应峭度差值较小，但该差值随着系统阻尼比的增大有增加的趋势。不同固有频率的单自由度系统在非平稳非高斯激励信号下响应峭度之间的差值较大。例如，在系统阻尼比为 0.05 时，系统响应峭度最大达到了 13.9（系统固有频率为 11Hz 时），系统响应峭度最小仅为 3.02（系统固有频率为 2Hz 时），接近高斯响应。

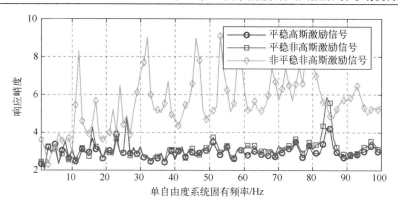

图 4.20　系统阻尼比为 0.01 时不同固有频率系统的响应峭度

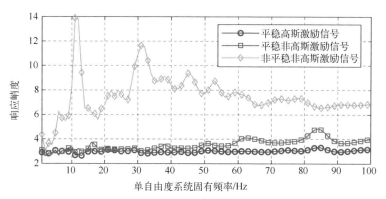

图 4.21　系统阻尼比为 0.05 时不同固有频率系统的响应峭度

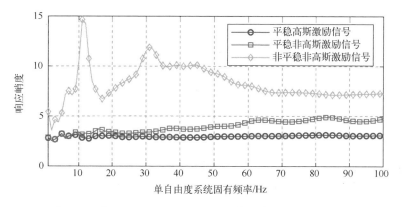

图 4.22　系统阻尼比为 0.1 时不同固有频率系统的响应峭度

本小节基于单自由度质量-弹簧-阻尼系统的随机振动响应，分别研究了系统阻尼比、激励信号带宽、激励信号类型三个因素对系统响应峭度的影响，结果如下：

（1）系统阻尼比的增大会导致该系统在平稳/非平稳非高斯激励信号作用下的响应峭度有增加的趋势。

（2）平稳非高斯激励信号的带宽对系统响应峭度有较大的影响，而非平稳非高斯激励信号的带宽对系统响应峭度的影响不显著。

（3）不同固有频率的单自由度系统在非平稳非高斯激励信号下的响应峭度大于在平稳非高斯激励信号下的响应峭度，系统在平稳非高斯激励信号下的响应峭度与在平稳高斯激励信号下的响应峭度差值较小，但该差值随着系统阻尼比的增大有增加的趋势。

4.2.2 非高斯随机激励信号的频率分解

1. 结构响应带宽分析

如图 4.23 所示，简单的结构可以近似成线性系统。振动激励看作系统的输入，试件的响应看作系统的输出，输入的功率谱密度为 $X(f)$，系统的频响函数为 $H(f)$，输出的功率谱密度为 $Y(f)$。

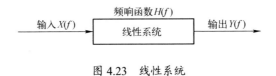

图 4.23　线性系统

根据线性系统及随机过程理论[8-9]有

$$Y(f) = X(f) \cdot |H(f)|^2 \tag{4.37}$$

$$W_Y = \min\{W_X, W_H\} \tag{4.38}$$

$$W_H = 2\xi f \tag{4.39}$$

式中：W_Y 为输出的有效带宽；W_X 为输入的有效带宽；W_H 为系统的通频带宽，也称为半功率带宽；f 为试件的固有频率；ξ 为阻尼比。

在实际结构中，阻尼比 ξ 通常较小，结构固有频率 f 也不大，故系统的通频带宽 W_H 往往也不大，根据式（4.39），可以将结构看作一个窄带滤波器[10]，如图 4.24 所示。根据 4.2.1 节的分析，系统的阻尼比以及激励信号带宽对系统响应峭度有较大的影响，由此也引发猜想，结构振动响应特性应该与激励信号处在结构固有频率附近的分解信号的特性密切相关，下面对其进行深入分析。

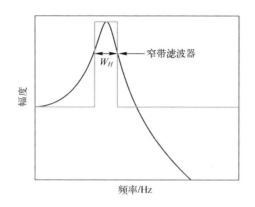

图 4.24　频响函数近似窄带滤波器

2. 结构响应峭度分析

为探究随机激励下峭度传递规律，从随机激励信号的带宽入手，分析不同类型激励信号以及不同带宽激励信号作用下系统的响应峭度大小，深入探究系统响应峭度与激励信号带宽之间的关系。

如图 4.25 所示，将平稳高斯信号 $g(t)$，3 种非平稳非高斯信号 $x_{am1}(t)$、$x_{am2}(t)$、$x_{am3}(t)$ 和 5 种平稳非高斯信号 $x_1(t)$、$x_2(t)$、$x_3(t)$、$x_4(t)$、$x_5(t)$ 作为激励信号加载到单自由度系统上，设定单自由度系统的固有频率为 40Hz，阻尼比为 0.04，系统的半功率带宽（通频带宽）为 38.4～41.6Hz。其中，平稳非高斯信号通过 Winterstein 模型产生，非平稳非高斯信号由幅值调制过程产生，非高斯信号的峭度都设为 9。激励信号的 PSD 谱为平直谱，PSD 量级为 $0.02g^2/\text{Hz}$。信号的采样频率为 1024Hz，信号的时长为 16s。激励信号的统计特性以及单自由度系统的响应峭度如表 4.5 所示。

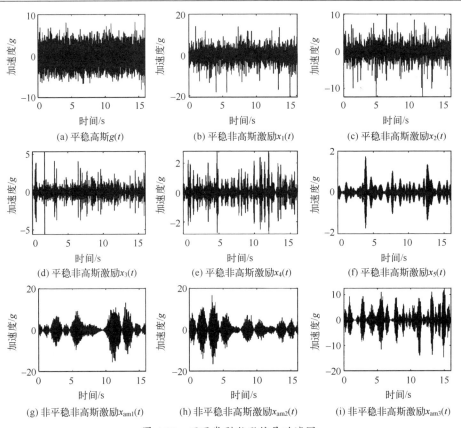

图 4.25   不同类型激励信号时域图

表 4.5   激励信号的统计特性和单自由度系统的响应峭度

激励信号	频段/Hz	信号峭度	系统响应峭度	峭度传递率/%
平稳高斯激励 $g(t)$	0～200	3.00	2.80	93.33
平稳非高斯激励 $x_1(t)$	0～200	9.01	2.95	32.74
平稳非高斯激励 $x_2(t)$	0～100	9.00	3.56	39.56
平稳非高斯激励 $x_3(t)$	30～50	9.00	4.50	50.00
平稳非高斯激励 $x_4(t)$	35～45	9.00	5.35	59.44
平稳非高斯激励 $x_5(t)$	38.4～41.6	8.99	6.20	68.97
非平稳非高斯激励 $x_{am1}(t)$	0～200	9.00	8.14	90.44
非平稳非高斯激励 $x_{am2}(t)$	0～200	9.00	7.07	78.56
非平稳非高斯激励 $x_{am3}(t)$	0～200	9.00	7.77	86.33

　　从表 4.5 的第 3 行到第 7 行可以得出，单自由度系统在平稳非高斯激励作用下，随着激励信号带宽的减少，系统的响应峭度有增大的趋势；当激励信号的有效带宽远大于系统半功率带宽时，系统响应趋向于高斯分布，与激励信号的超高斯特性无关；当激励信号的有效带宽靠近系统半功率带宽或与之相当时，系统响应表现出了激励信号的超高斯特性。这是因为线性系统可以看作一个窄带滤波器，对处在其固有频率附近频带的激励信号会表现得更加敏感。故当激励有效带宽接近系统通频带宽或与之相当且呈现超高斯特性时，即激励信号正处在系统尤为敏感的带宽且呈现超高斯特性时，系统响应呈现超高斯特性。

　　对比表 4.5 的第 3 行和第 8～10 行可以发现，4 种非高斯激励信号的带宽相等且均远大于系统通频带宽，然而单自由度系统在平稳非高斯激励 $x_1(t)$ 作用下的响应为高斯响应，峭度传递率仅为 32.74%，而在非平稳非高斯激励 $x_{am1}(t)$、$x_{am2}(t)$、$x_{am3}(t)$ 作用下的响应超高斯特征明显，响应峭度最大达到了 8.14，峭度传递率达到了 90.44%。为深入探究造成此现象的原因，利用离散傅里叶变化（DFT）进一步对激励信号进行频率分解，以研究激励信号处在半功率带宽频带的分解信号的特性对响应信号特性的影响。

3. 激励信号的分解

　　如式（4.40）所示，离散傅里叶变换能将信号从时域变换到频域，得到信号在频域上的相关信息[11]。

$$X(jw) = \int_{-\infty}^{\infty} x(t)e^{-jwt}dt \qquad (4.40)$$

式中：$x(t)$ 为时间域信号；$X(jw)$ 为频率域的幅值，两者之间的关系为傅里叶积分。

　　离散傅里叶变换还可以表示为

$$x(t) = \frac{c_0}{2} + \sum_{n=1}^{N} C_n \cos(2\pi f_n t + \phi_n) \qquad (4.41)$$

式中：c_0 为常值，代表时域信号的均值；C_n 和 ϕ_n 代表信号在进行离散傅里叶变换后在频率 $f_n = n\Delta f$ 处的幅值和相位；Δf 为频率分辨率。

　　如图 4.26 所示，对平稳非高斯激励信号 $x_1(t)$ 和非平稳非高斯激励信号 $x_{am1}(t)$ 分别开展离散傅里叶变换获得各频率点对应的幅值和相位信息，而后通过式（4.41）对落在系统半功率带宽内的幅值与相位信息进行合成，分别得到这两种激励信号在系统半功率带宽内的分解信号。如图 4.26 所示，在对激励信号进行这样的频率分解后，可以发现非平稳非高斯激励的分解信号的峭度达到了 7.73，非高斯特征明显，而平稳非高斯激励的分解信号的峭度为 2.95，接近高斯信号。这说明激励信号在相同的带宽下，非平稳非高斯激励信号能把高峭度传递给系统响应的根本原因是其处在系统半功率带宽内的分解信号具有明显的高峭度超高斯特性，而平稳非高斯不能把高峭度传给系统响应是因为平稳非高斯处在系统半功率带宽内的分解信号接近高斯信号。

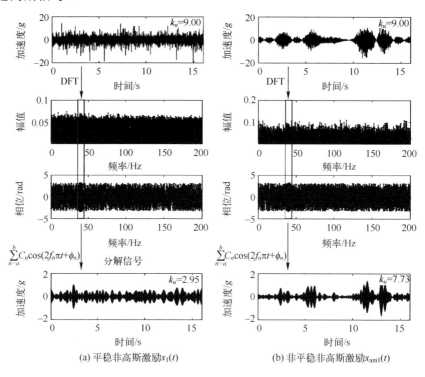

图 4.26　激励信号在系统固有频率处分解

　　为进一步探究单自由度系统响应峭度与分解信号峭度之间存在的关系，选择具有相同带宽的平稳非高斯信号 $x_1(t)$ 和非平稳非高斯信号 $x_{am1}(t)$、$x_{am2}(t)$、$x_{am3}(t)$，分别将这 4 种非高斯激励信号加载到固有频率在 5～100Hz 范围内且固有频率的变化步长为 1Hz 的单自由度系统，分别记录单自由度系统响应峭度与对应的在单自由度系统固有频率处以半功率带宽分解得到的分解信号的峭度。在对激励信号分解时，分解带宽的中心需要重点关注，分解带宽的中心始终为单自由度系统的固有频率。如图 4.27 所示，展示了对非平稳非高斯激励信号 $x_{am1}(t)$ 在单自由度系统固有频率为 30Hz 时以 5Hz 的分解带宽进行分解所得到的分解信号。

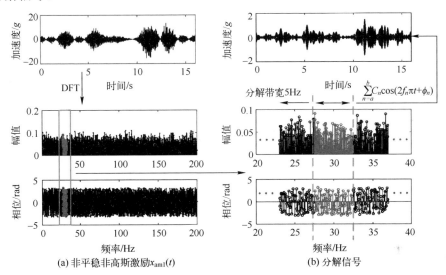

图 4.27　激励信号频率分解示意图

图 4.28 为 4 种非高斯激励信号作用下单自由度系统的响应峭度，以及 4 种非高斯激励信号在单自由度系统固有频率处以半功率带宽分解得到的分解信号的峭度。从图 4.28 中可以看出：①不同固有频率的单自由度系统在非平稳非高斯激励信号作用下的响应峭度存在很大差别，随着单自由度系统固有频率的增加，系统响应峭度呈现无规律变化的趋势，且在非平稳非高斯激励信号 $x_{am3}(t)$ 下系统响应峭度的差值最大达到了 12.76，仅差值就超过激励信号原峭度；②单自由度系统在平稳非高斯激励作用下的响应峭度远小于在非平稳非高斯激励作用下的响应峭度，其中在平稳非高斯激励作用下单自由度系统最大响应峭度为 4.29，而在非平稳非高斯激励作用下响应峭度最大可达 17.31；③单自由度系统的响应峭度与激励信号在单自由度固有频率处以

半功率带宽分解得到的分解信号的峭度具有较好的一致性。因为对于特定固有频率的结构而言，结构本身类似于以固有频率为中心的窄带滤波器，所以结构对处在固有频率附近频带的激励信号特别敏感，当激励信号在固有频率附近的分解信号呈现明显的非高斯特性时，单自由度系统的响应峭度也会呈现明显的非高斯特性。

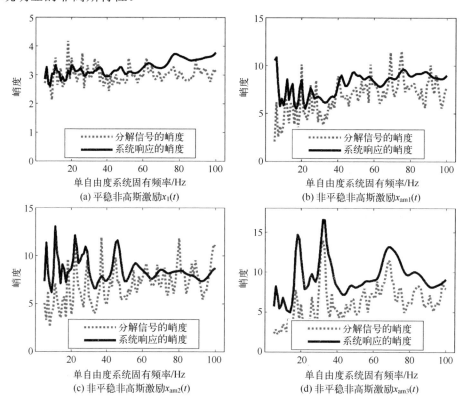

图 4.28　激励信号在系统固有频率处以半功率带宽分解得到的信号峭度与系统响应峭度

4. 激励信号分解带宽研究

单自由度系统响应峭度与激励信号在系统固有频率处以半功率带宽进行分解所得到的分解信号的峭度之间存在着密切的关系。为了探究系统响应峭度与激励信号在系统固有频率处以不同带宽分解得到的分解信号的峭度之间的关系，以半功率带宽为基础宽度，分别计算出 4 种激励信号作用下单自由度系统响应峭度与激励信号在对应单自由度系统固有频率下以不同倍数半功率带宽分解得到的分解信号的峭度。根据半功率带宽的定义，半功率带宽会随着单自由度系统阻尼比与固有频率的变化而变化，设定单自由度系统的阻尼比从 0.01～0.1 以 0.01 的步长变化，每对应一个单自由度系统的阻尼比，都分别求出不同固有频率的单自由度系统（固有频率在 5～100Hz 以 1Hz 步长变化）在 4 种激励信号作用下的响应峭度与激励信号在对应系统固有频率处将不同倍数半功率带宽作为分解带宽得到的分解信号的峭度。将两者之间的相关系数设为纵坐标，半功率带宽的倍数设为横坐标，其中相关系数为

$$\gamma(k_x, k_y) = \frac{\text{Cov}(k_x, k_y)}{\sqrt{\text{Var}[k_x]\text{Var}[k_y]}} \tag{4.42}$$

式中：k_x 为激励信号以某一特定倍数的半功率带宽分解得到的分解信号的峭度；k_y 为单自由度系统的响应峭度。

结果如图 4.29 所示，可以看出随着激励信号在系统固有频率处分解带宽的增加，单自由度系统响应峭度与对应分解信号的峭度之间的相关系数也随之增加，当分解带宽达到半功率带宽的 2.5 倍左右时，相关系数开始稳定，且保持着小幅度上升趋势，直到达到最大值后开始缓慢下降。表 4.6 展示了不同阻尼比下单自由度系统的响应峭度与分解信号峭度之间的最大相关系数与对应的激励信号最佳分解带宽。

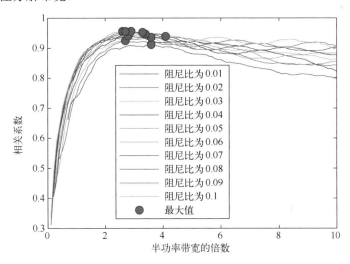

图 4.29　不同分解带宽与不同阻尼比下的最佳分解带宽（见彩图）

表 4.6 中第 2 列表示求解最佳相关系数时所能用到的最大分解带宽，第 3 列表示取得最大相关系数时的最佳分解带宽。例如在阻尼比为 0.01 时分解带宽最大为 100 倍半功率带宽，因为假设阻尼比 0.01、固有频率为 40Hz、分解带宽为 100 倍半功率带宽时，激励信号分解带宽就为 0～80Hz；如果分解带宽倍数继续加大，则分解带宽将会达到负频率，无实际意义，且当激励信号在系统固有频率处以 3.6 倍半功率带宽分解时，单自由度系统响应峭度 k_y 与对应分解信号的峭度 k_x 有最大相关系数 0.912。从表 4.6 中可以得出，单自由度系统的阻尼比在 0.01～0.1 变化时，激励信号最佳分解带宽处在 2.6～4.1 倍半功率带宽之间，最大相关系数都在 0.91 以上，具有强的相关性，且最大相关系数随着阻尼比的增大呈上升的趋势。造成此现象的原因可能是随着阻尼比的增大，高峭度越发"容易"传递过来，从而使其传递的超高斯特征越明显。图 4.30 展现了阻尼比为 0.04 时单自由度系统响应峭度与激励信号在固有频率处以最佳分解带宽分解得到的信号的峭度之间的对比图，可以看出系统响应峭度与激励分解信号峭度之间具有极强的相关性。在下文建立激励分解信号峭度-响应峭度的数学模型中，激励信号分解带宽取半功率带宽的 3.2 倍（不同阻尼比下最佳分解带宽倍数的平均值）。

表 4.6　不同阻尼比下激励信号最大与最佳分解带宽和最大相关系数

阻尼比	最大分解带宽/倍	最佳分解带宽/倍	最大相关系数
0.01	100	3.6	0.912
0.02	50	2.7	0.925
0.03	33.3	3.6	0.936
0.04	25	2.8	0.941
0.05	20	4.1	0.939
0.06	16.6	3.4	0.947
0.07	14.2	3.3	0.952
0.08	12.5	2.9	0.956
0.09	11.1	2.6	0.956
0.1	10	2.7	0.956

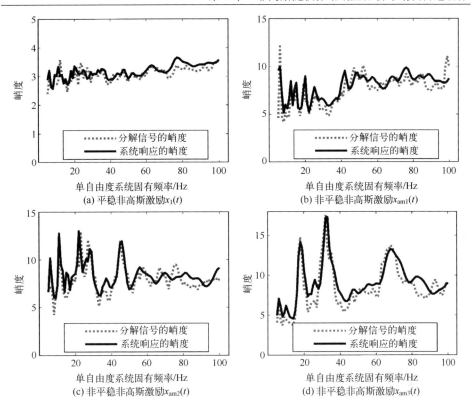

图 4.30　激励信号在系统固有频率处以最佳带宽分解得到的信号峭度与系统响应峭度

4.2.3　非高斯随机激励-结构响应信号峭度传递模型

已知单自由度系统响应峭度与激励信号在系统固有频率处以 3.2 倍半功率带宽分解得到的分解信号的峭度之间存在强的相关性，考虑用式（4.43）建立关于激励分解信号峭度-系统响应峭度之间的数学模型。

$$k_y = \theta_1(k_x - 3) + 3 \qquad (4.43)$$

式中：k_x 为激励信号在单自由度系统固有频率处以 3.2 倍半功率带宽分解得到的分解信号的峭度；k_y 为单自由度系统响应的峭度；θ_1 为比例系数。

在单自由度系统不同阻尼比（0.01～0.1）与不同固有频率（5～100Hz）下，对单自由度系统在 4 种非高斯激励信号作用下的系统响应峭度与对应得到的分解信号的峭度进行数据拟合（总共 3840 对数据）。数据拟合后峭度传递的数学模型如式（4.44）所示，拟合图如图4.31所示。

$$k_y = 1.038 \cdot (k_x - 3) + 3 \qquad (4.44)$$

按式（4.45）和式（4.46）分别计算该模型预测峭度的均方根误差和相对误差，结果分别为0.98与8.87%，说明该模型具有良好的准确性。

$$\text{RMSE} = \sqrt{\frac{1}{n}\sum_{i=1}^{n}(k_i - \hat{k}_i)^2} \qquad (4.45)$$

$$\delta = \frac{1}{n}\sum_{i=1}^{n}\frac{\left|k_i - \hat{k}_i\right|}{k_i} \qquad (4.46)$$

式中：k_i 为实际响应峭度；$\hat{k}_i$ 为预测响应峭度。

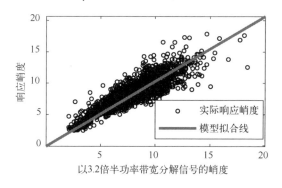

图4.31　数学模型拟合图

4.2.4　仿真验证

1. 激励信号峭度与响应峭度传递关系验证

为了验证激励分解信号的峭度与单自由度系统响应的峭度之间存在的强相关性，如图4.32所示，对非平稳非高斯信号 $x_{am3}(t)$和平稳高斯信号 $g(t)$进行离散傅里叶变换后，将以18Hz为中心的3.2倍半功率带宽内的振幅和相位信息相互交换。随后用式（4.41）对整个频带求和进行信号重构，以获得重构激励信号 $x'_{am3}(t)$和 $g'(t)$。激励信号重构前后的统计特性如表4.7所示，重构前后激励信号的统计特性和时间历程几乎没有差异，同时详细列出了固有频率为18Hz的单自由度系统在4种重构前后激励信号作用下的响应峭度。

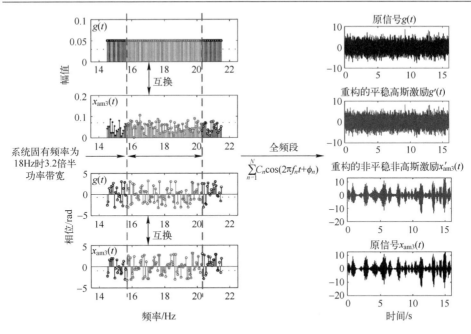

图 4.32　激励信号的重构

表 4.7　激励信号重构前后的特性与单自由度系统在激励信号重构
前后的响应峭度

激励信号	激励信号的峭度	均方根值	固有频率为 18 Hz 的单自由度系统		
			分解信号的峭度	模型预测峭度	实际响应峭度
$g(t)$	3.04	1.98	2.98	2.98	3.17
$g'(t)$	3.05	2.00	14.40	15.44	11.56
$x_{am3}(t)$	9.00	2.01	14.40	15.44	14.14
$x'_{am3}(t)$	8.64	2.01	2.98	2.98	3.51

进一步地，将重构的激励信号 $x'_{am3}(t)$、$g'(t)$ 和原始激励信号 $x_{am3}(t)$、$g(t)$ 分别加载到固有频率在 10～60 Hz 且 1 Hz 的步长变化的单自由度系统上，记录单自由度系统的响应峭度并比较重构信号前后单自由度系统的响应峭度，结果如图 4.33 所示。

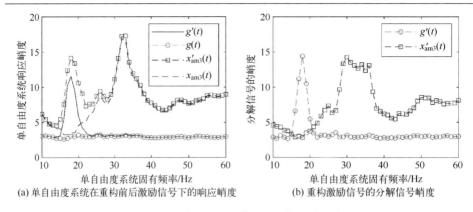

(a) 单自由度系统在重构前后激励信号下的响应峭度　　(b) 重构激励信号的分解信号峭度

图 4.33　系统响应峭度图和分解信号峭度

由图 4.33 和表 4.7 可以看出，重构激励信号 $g'(t)$ 的峭度相较于平稳高斯激励信号 $g(t)$ 的峭度仅增加 0.01，但固有频率为 18Hz 的单自由度系统在重构激励信号 $g'(t)$ 作用下的响应峭度却达到了 11.56，较系统在平稳高斯激励信号 $g(t)$ 作用下的响应峭度增加了 8.39，是原响应峭度的 3.65 倍；重构的激励信号 $x'_{am3}(t)$ 的峭度较非平稳非高斯激励信号 $x_{am3}(t)$ 的峭度减少了 0.36，但固有频率为 18Hz 的单自由度系统在重构激励信号 $x'_{am3}(t)$ 作用下的响应峭度却降到 3.51，较系统在非平稳非高斯激励信号 $x_{am3}(t)$ 作用下的响应峭度减少了 10.63，为原响应峭度的 1/4。值得注意的是重构的激励信号 $x'_{am3}(t)$、$g'(t)$ 与原始激励信号 $x_{am3}(t)$、$g(t)$ 在时域上的表现几乎没有差别，但是单自由度系统在重构前后的激励信号下的响应峭度发生了明显改变。

图 4.33 和表 4.7 的结果表明激励信号在单自由度系统固有频率处以 3.2 倍半功率带宽分解得到的信号峭度的大小能直接影响和决定单自由度系统的响应峭度，而对固有频率不处在分解带宽区间的单自由度系统的响应峭度几乎没有影响。

为进一步探究不同交换带宽重构信号 $x'_{am3}(t)$、$g'(t)$ 对单自由度系统响应峭度的影响，把交换带宽由 0 以 0.1 倍半功率带宽递增到 10 倍半功率带宽，带宽的中心保持为系统固有频率即 18Hz。记录单自由度系统在不同交换带宽的重构激励信号作用下的响应峭度，结果如图 4.34 所示，系统响应峭度的变换率如图 4.35 所示。系统响应峭度的峭度变化率定义如下：

$$d(i) = \frac{y(i) - y(i - 0.1)}{y(i - 0.1)} \qquad (4.47)$$

式中：$d(i)$ 为系统响应峭度在交换带宽为 i 倍半功率带宽时的变换率；$y(i)$ 为交换带宽为 i 倍半功率带宽时系统的响应峭度；$y(i-0.1)$ 为交换带宽为 $(i-0.1)$ 倍半功率带宽时系统的响应峭度。

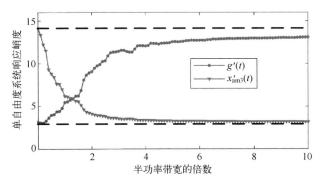

图 4.34　系统在不同交换带宽的重构激励信号下的响应峭度

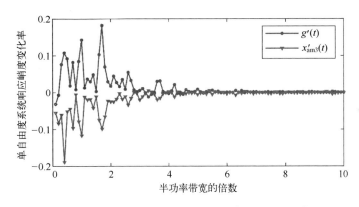

图 4.35　系统响应峭度在不同交换带宽下的变化率

从图 4.34 和图 4.35 中可以看出，当交换带宽在 0～2 倍半功率带宽时，单自由度系统的响应峭度随着交换带宽的增加变化明显，系统响应峭度的变化率高；当交换带宽在 2～4 倍半功率带宽时，系统响应峭度的变化率有下降趋势，系统响应峭度小幅度的改变；当交换带宽大于 4 倍半功率带宽时，随着交换带宽的增加，系统响应峭度的变化率维持一个很低的水平，且系统响应峭度趋于原激励信号造成系统的响应峭度（图中虚线部分）。由以上分析可得，系统的响应峭度可以认为主要受激励信号在系统固有频率处以 4 倍以内半功率带宽分解得到的激励信号分解信号的影响，其中在固有频率附近 2 倍内的分解信号对结构响应峭度的影响最明显。

2. 随机激励下系统响应峭度预测

为验证上述激励分解信号峭度-系统响应峭度之间传递数学模型的正确性，应用峭度传递规律数学模型预测单自由度系统在不同非高斯随机激励下的响应峭度并进行对比分析。把如图 4.36 所示的 3 种不同峭度、不同 PSD 谱的非高斯随机激励信号加载到不同固有频率的单自由度系统上，记录系统响应峭度，并用上述模型预测系统的响应峭度。单自由度系统的固有频率分布与模型预测的相关结果如表 4.8 和图 4.37 所示，可以得出，该模型有效地预测单自由度系统在复杂随机激励作用下的响应峭度，且具有良好的精度，大部分预测的系统响应的峭度值与真实系统响应的峭度值在 15% 的误差之内，模型预测误差的均方根为 0.89，预测的平均相对误差为 7.26%。

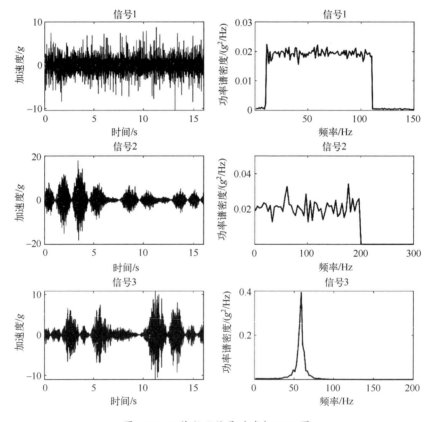

图 4.36　3 种激励信号时域与 PSD 图

表 4.8　模型预测峭度的相关误差

激励信号	激励信号峭度	单自由度系统的固有频率/Hz	预测的均方根误差	预测的相对误差/%
1	7.48	15～90	0.17	4.19
2	10.99	15～150	1.17	9.04
3	8.51	15～150	0.80	7.21

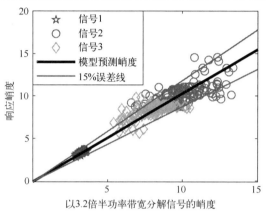

图 4.37　模型预测峭度与实际响应峭度

4.2.5　试验验证

1. 试验设备

如图 4.38 所示，试验系统由振动台、功率放大器、振动控制器、振动控制软件和加速度传感器组成。其中，振动台参数如表 4.9 所示；振动控制器类型为某型非高斯振动控制器。

振动台频率范围为 5～4500Hz，范围广，很好地满足了试验要求。非高斯振动控制器能够准确生成指定功率谱密度与峭度值的随机振动信号，以生成超高斯随机振动信号，同时可以设定不同 PSD 量级的排列来实现随机振动信号均方根值的非平稳性控制，或通过振动控制器波形复现的功能导入生成的非平稳非高斯信号，以达到试验目的。

B&K 4508B 型加速度传递器用来高精度地记录振动台与试件表面的加速度信号。

(a) 试件与加速度传感器   (b) 测试系统

图 4.38 试验现场图

表 4.9 振动台参数

频率范围	最大激振力	最大位移	最大速度	最大加速度	最大载荷
5~4500Hz	1471N	±12.5mm	2m/s	75g	70kg

2. 试件及夹具

试验对象为带 V 形缺口悬臂梁，几何尺寸如图 4.39 所示。

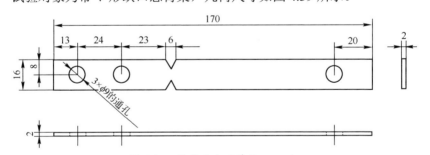

图 4.39 试件尺寸（单位：mm）

试件的材料为铝合金 6061-T6，该材料广泛应用于实际工程领域，具有一定的代表性，试件基本力学性能见表 4.10。

表 4.10 试件基本力学特性

弹性模量	泊松比	硬度	抗拉强度	密度
68.948GPa	0.33	HB85	≥290MPa	2750kg/m³

　　振动台试验激励为基础激励,为满足每次振动试验能让多个试件同时进行,夹具几何尺寸参数如图 4.40 和图 4.41 所示,能同时对 4 个试件开展试验。

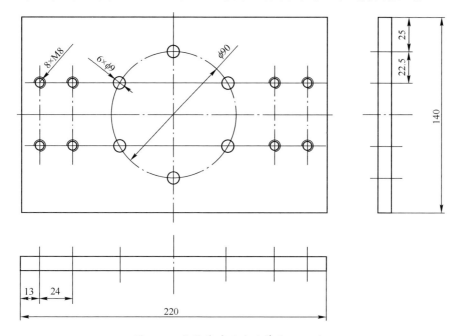

图 4.40　夹具基座尺寸（单位: mm）

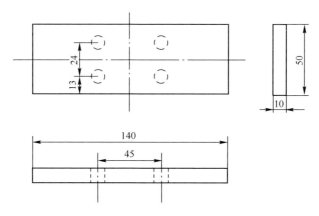

图 4.41　压条尺寸（单位: mm）

3．试验过程和结果

为验证峭度传递数学模型的准确性，如图 4.42 所示，试验过程中采取了多种不同的类型的信号作为激励信号，同时为了减少测量结构阻尼比和固有频率所产生的误差，试验选择了 4 个试件，每个试件进行 2 次实验。各试件的测得的 1 阶固有频率和阻尼比如表 4.11 所列。

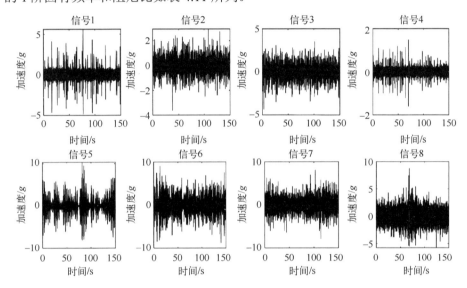

图 4.42　激励信号时域图（150s）

表 4.11　试件的固有频率和阻尼比

试件	固有频率/Hz	阻尼比
1	26.4	0.028
2	26.6	0.027
3	26.4	0.024
4	26.5	0.031

激励信号的特征与实验结果如表 4.12 所列，可以看出，预测的最小相对误差为 2.37%，最大相对误差为 17.37%，平均相对误差为 6.78%。结果表明，该模型在预测响应峭度方面具有良好的精度，进一步验证了峭度传递模型的正确性。

表 4.12　激励信号峭度与预测的响应峭度

激励信号	激励信号频段/Hz	激励信号峭度	结构响应峭度	分解信号峭度	模型预测峭度	相对误差/%
1	10～110	12.84	10.12	9.63	9.88	2.37
2	10～60	8.91	4.67	4.06	4.10	12.21
3	10～110	7.95	4.57	4.18	4.23	7.44
4	20～30	11.00	6.91	5.61	5.71	17.37
5	10～110	9.30	9.81	9.26	9.50	3.16
6	10～110	7.62	6.67	6.23	6.35	4.80
7	10～110	9.36	4.55	4.30	4.35	4.40
8	10～110	6.95	3.97	3.83	3.87	2.52

参 考 文 献

[1] SINGIRESU R. Mechanical Vibration [M]. 4th Edition. Now York: Pearson Education, Inc, 2004.

[2] STEINBERG D S. Vibration Analysis for Electronic Equipment [M]. New York: John Wiley & Sons Inc, 2000.

[3] BRODTKORB P A, JOHANNESSON P, LINDGREN G, et al. WAFO - A Matlab toolbox for analysis of random waves and loads [C]//Proceedings of 10th international offshore and polar engineering conference, 2000.

[4] RAMBABU D V, RANGANATH V R, RAMAMURTY U, et al. Variable Stress Ratio in Cumulative Fatigue Damage: Experiments and Comparison of Three Models [J]. Proc I Mech E Part C: Journal of Mechanical Engineering Science, 2010, 224(2): 271-282.

[5] SHIMIZU S, TOSHA K, TSUCHIYA K. New Data Analysis of Probabilistic Stress-Life (P-S-N) Curve and Its Application for Structural Materials [J]. International Journal of Fatigue, 2010, 32(3): 565-575.

[6] DIRLIK T. Application of Computers in Fatigue Analysis[D]. Coventry: The University of Warwick, 1985.

[7] BENASCIUTTI D. Fatigue Analysis of Random Loadings [D]. Ferrara: University of Ferrara, 2004.

[8] 陈晓平. 线性系统理论[M]. 北京：机械工业出版社, 2011.

[9] 樊平毅. 随机过程理论与应用[M]. 北京：清华大学出版社, 2006.

[10] 蒋瑜，陶俊勇，程红伟，等. 非高斯随机振动疲劳分析与试验技术[M]. 北京：国防工业出版社, 2019.

[11] 冷建华. 傅里叶变换 [M]. 北京：清华大学出版社, 2004.

第5章　非高斯随机振动疲劳损伤
分析与寿命计算

本章主要研究获得非高斯随机应力响应以后，如何得到准确、可靠的疲劳寿命计算结果。本章首先研究了采样频率对疲劳损伤计算精度的影响，并提出了基于 Shannon 公式的应力信号重构方法；然后以雨流计数法为基础，分别提出了窄带和宽带非高斯随机应力作用下结构疲劳寿命计算方法；最后通过具体实例分析，对非高斯疲劳寿命计算方法的适用性和准确性进行验证。

5.1　采样频率与疲劳累积损伤计算精度的关系

有关采样频率与疲劳累积损伤计算精度的研究较少。根据雨流计数法的计数规则[1]，疲劳累积损伤与采样频率存在直接关系。第 4 章研究了如何由非高斯激励计算应力响应，采样频率具有传递性，即激励信号的采样频率决定了应力响应的采样频率。针对具体载荷信号，Bishop[2]研究了采样频率与疲劳损伤计算误差之间的关系，并建议采样频率应达到信号最高频率的 25 倍以上。下面结合 3 个仿真示例具体研究采样频率与疲劳损伤计算误差之间的关系，并最终给出确定采样频率的方法和原则。

5.1.1　雨流计数与应力峰值

目前的研究结论表明雨流计数法是最准确的载荷循环计数方法之一。这主要是由于雨流循环与材料的应力–应变回线是一致的[3]，如图 5.1 所示。Rychlik[4]和 Anthes[3]分别提出了改进的雨流计数法，这些改进的方法是为了便于处理和计算，其本质和原始方法是相同的。

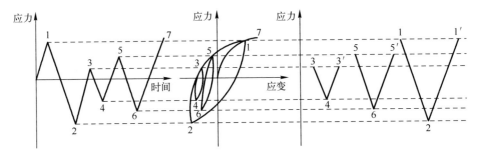

图 5.1 应力时间序列、应力-应变回线和雨流循环之间的关系

对随机载荷样本序列进行雨流计数以后，利用 Miner 准则[5]计算疲劳累积损伤，有

$$D = \sum_{i=1}^{K} \frac{n_i}{N_i} \qquad (5.1)$$

式中：N_i 为应力水平 S_i 下引起结构疲劳失效的雨流循环次数；n_i 为应力水平 S_i 下实际计数结果。对于常用的金属材料，S-N 曲线表示为

$$NS^b = A \qquad (5.2)$$

式中：b 和 A 为材料疲劳常数。结合式（5.1）和式（5.2），疲劳累积损伤可以表示为

$$D = \sum_{i=1}^{K} \frac{n_i S_i^b}{A} \qquad (5.3)$$

式中：K 为划分的应力水平数。参数 b 通常大于 2，疲劳损伤是应力水平 S_i 的 b 次幂的函数。

从图 5.1 和式（5.3）可以看到应力序列的极值完全决定了疲劳累积损伤的大小。然而，采样信号的极值不能保证与实际应力过程的极值保持一致，如图 5.2 所示，采样信号的极值往往小于实际应力极值。但是，随着采样频率的提高，采样信号包含实际载荷极值的概率越来越大。因此，随机载荷雨流疲劳损伤计算精度对采样频率十分敏感，如果采样频率过低，疲劳累积损伤的估计值 $\hat{D}$ 将小于真值。为了保证计算精度，必须对随机载荷或激励的采样频率提出要求。

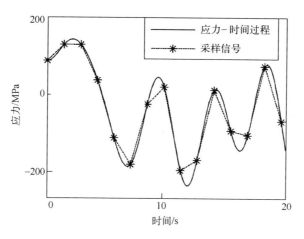

图 5.2　连续应力-时间序列及其采样信号

5.1.2　仿真分析

采样频率对疲劳损伤计算精度的影响不需要具体区分高斯和非高斯情况，这里以高斯随机载荷为例展开分析。随机载荷的 PSD 分别为平直谱、单峰谱和双峰谱。示例中的连续信号由采样频率为 100kHz 的离散信号表示，该采样频率远高于信号的最高频率，可以充分包含实际过程的极值。从低到高改变采样频率，观察疲劳累积损伤随采样频率的变化趋势。疲劳累积损伤计算采用的 S-N 曲线为 $NS^{4.38} = 1.23 \times 10^{15}$。采样频率与疲劳累积损伤计算精度的关系与疲劳参数 b、随机载荷分布特性等多种不确定因素密切相关。所以，难以用确切的理论方法来解决该问题。本节主要通过仿真示例结果来归纳解决问题的方法流程。

1. 平直谱随机载荷

随机载荷如图 5.3 所示，上限频率 f_u = 500Hz。采样频率在 333Hz～10kHz 变化，并计算相应的疲劳累积损伤。另外，在观察疲劳损伤随采样频率变化趋势的同时，观察雨流循环次数的变化趋势。

疲劳损伤 D 和雨流循环数达到真值 95%时的采样频率分别如图 5.3（c）和（d）所示。可以看到如果按 Shannon 采样定理的最低要求（采样频率大于 $2f_u$）对载荷序列进行采样，则计算疲劳损伤为真值的 54%。图 5.3 中，

$F_{0.95}(D)$表示疲劳损伤 D 达到真值 95% 时的采样频率；$F_{0.95}(N)$表示雨流循环次数达到真值的 95% 时的采样频率。$F_{0.95}(D)$ 与 $F_{0.95}(N)$ 均大于 $2f_u$，具体结果见表 5.1。

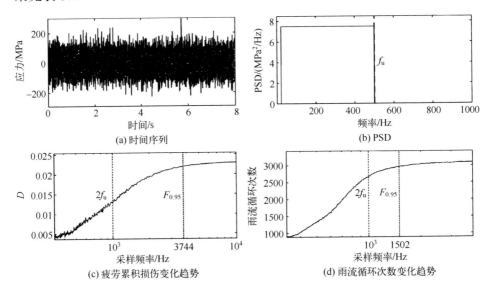

图 5.3 平直谱随机载荷

表 5.1 3 种随机载荷信号的计算结果 单位：Hz

平直谱			单峰谱			双峰谱		
$2f_u$	$F_{0.95}(D)$	$F_{0.95}(N)$	$2f_u$	$F_{0.95}(D)$	$F_{0.95}(N)$	$2f_u$	$F_{0.95}(D)$	$F_{0.95}(N)$
1000	3744 (7.49f_u)	1502 (3.00f_u)	438	1687 (7.70f_u)	498 (2.27f_u)	414	1696 (8.19f_u)	1380 (6.67f_u)

2. 单峰谱随机载荷

随机载荷时间序列如图 5.4（a）所示。单峰谱信号没有明确的上限频率，定义 PSD 的峰值频率以上，幅值为峰值的 5% 处的频率为上限频率 $f_u = 219\text{Hz}$，如图 5.4（b）所示。采样频率在 333Hz～10kHz 变化，计算相应的疲劳损伤和雨流循环次数。结果如图 5.4（c）和（d）所示，按 $2f_u$ 进行采样时，疲劳累积损伤为真值的 53%，在 5.1.2 节中定义的 $F_{0.95}(D) = 7.70f_u$，$F_{0.95}(N) = 2.27f_u$，这是因为单峰谱随机载荷接近窄带随机过程，较低的采样频率对雨流循环次数的影响不大。本示例的具体结果见表 5.1。

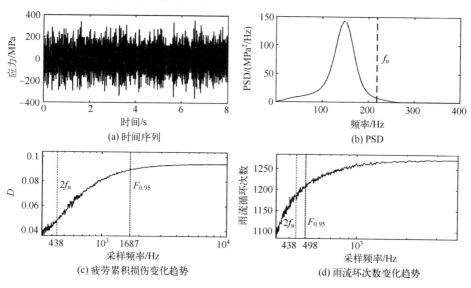

(a) 时间序列　　　　　　　　　　　(b) PSD

(c) 疲劳累积损伤变化趋势　　　　　(d) 雨流环次数变化趋势

图 5.4　单峰谱随机载荷

3. 双峰谱随机载荷

随机载荷时间序列如图 5.5（a）所示。定义 PSD 第二个峰值频率以上，幅值为第二个峰值大小 5%的频率为上限频率 $f_u = 207\text{Hz}$，如图 5.5（b）所示。采样频率在 333Hz～10kHz 范围内变化，计算相应的疲劳损伤和雨流循环次数，如图 5.5（c）和（d）所示，按 $2f_u$ 进行采样时，计算疲劳损伤为真值的 56%，$F_{0.95}(D)$ 和 $F_{0.95}(N)$ 的结果见表 5.1。

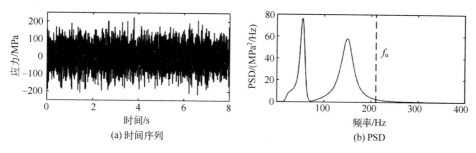

(a) 时间序列　　　　　　　　　　　(b) PSD

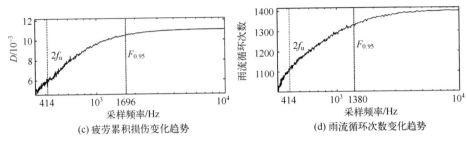

(c) 疲劳累积损伤变化趋势　　　(d) 雨流循环次数变化趋势

图 5.5　双峰谱随机载荷

4．统计分析

前面的示例代表了三种不同的典型情况，所有统计结果在表 5.1 中给出。从第 1 列、第 5 列和第 8 列可以看到，每种情况下 $F_{0.95}(D)$ 均约为载荷最高频率 f_u 的 8 倍；而雨流循环次数的采样频率 $F_{0.95}(N)$ 并没有统一的规律，但它对于疲劳损伤计算精度没有直接影响。基于以上分析，可以确定：对于给定的载荷序列和 S-N 曲线，可以通过预先的仿真分析来确定合适的采样频率，以满足疲劳损伤计算精度要求。

5.1.3　基于 Shannon 公式的应力信号重构

根据 5.1.2 节的分析，确定随机载荷采样频率时，需要考虑应力信号的谱形、概率分布、材料疲劳特性等。综合这些因素确定合理的采样频率，才能得到准确的疲劳损伤估计结果。但在工程实际中，通常基于经验和采样定理来确定采样频率，一般为信号最高频率 f_u 的 3～5 倍。根据前面的分析，如果直接使用采集信号进行疲劳计算将会导致很大的计算偏差。这种情况下可以采用 Shannon 公式进行信号重构[6]：

$$S(t) = \sum_{k \in Z} S_s\left(\frac{k}{f_s}\right) \frac{\sin(f_s \pi t - k\pi)}{f_s \pi t - k\pi} \tag{5.4}$$

式中：$S(t)$ 为重构时间序列，$k = 1, 2, 3, \cdots, N$；S_s 为采样信号；f_s 为采样频率。根据式（5.4）可以得到具有足够高采样频率的重构载荷信号来计算疲劳损伤。

为了验证式（5.4）的重构效果，下面给出一个示例。如图 5.6（a）所示，实际应力-时间序列为虚线，采样序列为实线。应力过程的上限频率 $f_u = 210\text{Hz}$，采样信号的采样频率是 625Hz，约为上限频率 f_u 的 3 倍。由采样信号和实际信号计算疲劳累积损伤分别为 $D_{Sample} = 0.0360$ 和 $D_{Real} = 0.0474$（基于 5.1.2 节给出的 S-N 曲线）。D_{Sample} 与 D_{Real} 的相对误差为 24.05%。需要说明的是在实际问题中是不能得到真实连续应力序列的。下面根据式（5.4），利用采样结果重构应力信号：

$$S(t) = \sum_{k=1}^{31} S_s \left(\frac{k}{625} \right) \frac{\sin(625\pi t - k\pi)}{625\pi t - k\pi} \tag{5.5}$$

重构应力信号如图 5.6（b）所示，重构信号的采样频率为 $9f_u$ =1890Hz。重构信号和真实应力信号的对比如图 5.6（c）所示，可以看到重构信号十分接近真实应力过程。基于重构信号的疲劳损伤为 D_{Recon}=0.0454，相对误差为 4.22%，相比直接采样信号的计算结果改善了 19.83%。

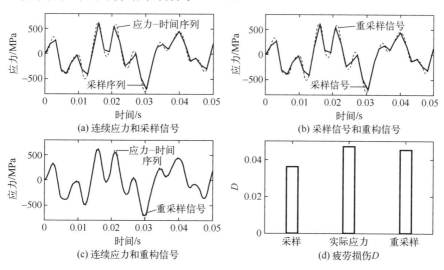

图 5.6　随机应力序列重构

综合以上分析，确定如图 5.7 所示的随机载荷采样频率确定过程：

（1）分析随机载荷信号的统计特性、功率谱和材料疲劳特性，通过数值仿真确定满足计算精度要求的采样频率；

（2）判断信号采集设备或存储设备是否能够达到要求的采样频率；

（3）如果能够达到要求，则直接进行采样；

（4）如果不能达到规定的采样频率，则利用 Shannon 公式进行信号重构，得到采样频率足够高的重构应力序列；

（5）最后结合疲劳分析方法，利用满足采样频率要求的采集应力信号或重构应力信号进行疲劳寿命计算。

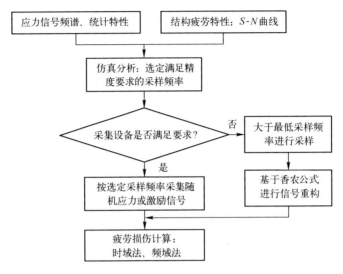

图 5.7　随机应力采样频率的确定及信号重构

5.2　窄带非高斯随机载荷疲劳损伤计算

通常按频谱特征将随机载荷分为两类：窄带和宽带。本节研究窄带非高斯随机载荷疲劳损伤计算方法。相对窄带随机载荷本身而言，其峰（或谷）值包络是时间的慢变过程。对称窄带过程每个峰后面跟随着一个幅值相当的谷，二者沿均值近似对称。通常，非零均值窄带随机载荷可以通过修正模型转换为零均值过程，如 Gerber 模型、Goodman 模型和 Soderberg 模型[7]。

计算随机载荷疲劳损伤的方法有：时域法和频域法。对于时域法，雨流计数过程对任何类型的随机载荷均适用。但时域法往往难以得到稳定的统计结果；另外，有一些随机载荷是以 PSD 的形式给出的，所以很多情况下必须借助频域法来解决问题。频域法一般比时域法更简洁，能够得到更准确的估计结果。由频域数据计算雨流幅值分布是频域法的核心问题。窄带高斯过程的雨流幅值分布与峰值分布近似，基于该特性得到结论：窄带高斯雨流幅值服从瑞利分布[8]。

　　对于窄带非高斯随机载荷，Winterstein[9]和 Kihl 等[10]给出了雨流分布函数的闭合表达式。但 Kihl 等发现基于不同非线性变换模型的窄带频域法得到的疲劳损伤估计结果并不一致。当 S-N 曲线的参数 b（$NS^b = A$）较大时，这个问题会变得更加突出。这是因为对于对称非高斯窄带过程，峭度不能够完全描述其非高斯性。峭度与随机载荷的 4 阶矩相对应，间接地和随机载荷极值的 4 阶矩相关联。而疲劳损伤是由窄带随机载荷极值的 b 阶矩决定的，因此与窄带随机载荷本身的 b 阶矩间接相关。当参数 b 小于或近似等于 4 时，基于峭度的非线性变换方法能够给出较理想的估计结果；然而实际问题中，很多材料或结构的 S-N 曲线参数 b 大于 4。

　　下面以上述分析为出发点，建立一种窄带非高斯随机载荷疲劳寿命计算方法。所提出的方法既避免了非线性变换又不需要开展雨流计数。

5.2.1　基础理论

　　对称非高斯随机载荷最常用的非高斯统计参数为峭度 γ_4（高斯过程 $\gamma_4 = 3$）。非高斯随机载荷 $Z(t)$ 的峭度为

$$\gamma_4 = E\left[\left(\frac{Z - \mu_Z}{\sigma_Z}\right)^4\right] = \frac{m_4}{\sigma_Z^4} \tag{5.6}$$

式中：μ_Z 和 σ_Z 分别为均值和标准差；m_4 为 4 阶中心矩。在实际问题计算过程中，通常将均值 μ_Z 去掉，得到零均值计算结果，然后通过平移和修正再将均值考虑进来。峭度不能完全表征随机载荷的非高斯特性。不难想象两个具有不同概率分布的非高斯过程具有相同的均值、方差和峭度。通常假设考虑峭度（或 4 阶矩）就能够保证非高斯随机载荷疲劳损伤计算精度，但该假设很多情况下是不成立的[10]。

　　2 阶以上的矩（moment）和累积量（cumulant）均称为高阶统计量。从本质上讲，矩和累积量携带着相同的统计信息，它们之间可以通过 M-C 公式进行换算[11-12]。零均值平稳随机过程的矩和累积量之间的关系可以统一表示为

$$c_i = f_{\text{M-C}}(m_1, m_2, \cdots, m_i) \tag{5.7}$$

式中：c_i 为第 i 阶累积量；m_i 为第 i 阶矩。对于高斯过程，当 $i > 2$ 时，$c_i = 0$。$f_{\text{M-C}}(\cdot)$ 代表 M-C 函数关系。其中，前 4 阶累积量和矩的具体函数关系为

$$\begin{cases} c_1 = m_1 \\ c_2 = m_2 - m_1^2 \\ c_3 = m_3 - 3m_1 m_2 + 2m_1^3 \\ c_4 = m_4 - 3m_2^2 - 4m_1 m_3 + 12m_1^2 m_2 - 6m_1^4 \end{cases} \tag{5.8}$$

根据式（5.6）～式（5.8），如果仅考虑非高斯随机载荷的峭度，则相当于假设：当 $i > 4$ 时，$c_i = 0$。这样所有 4 阶以上的统计量都可以通过前 4 阶矩 m_1、m_2、m_3 和 m_4 进行表示，即

$$m_i = g(m_1, m_2, m_3, m_4), \quad i > 4 \tag{5.9}$$

非高斯特性完全由 $\{m_3, m_4\}$ 确定。事实上，非高斯随机载荷多种多样，很多情况下 4 阶以上的统计量仍然带有重要的、独立的统计信息。

如前所述，对于给定的 S-N 曲线 $NS^b = A$，疲劳损伤与随机载荷的 b 阶矩有直接关系。当 $b \leqslant 4$ 时，基于峭度的非高斯疲劳损伤计算方法能够给出准确的估计结果；当 $b > 4$ 时，随着参数 b 的增大估计误差也会增大。

5.2.2 非线性变换模型

存在许多关于非高斯疲劳寿命估计的非线性变换模型[9-10,13-14]，其中最常用是 Kihl 模型[10] 和 Winterstein-Hermite(W-H)模型[9]。

1. Kihl 模型

Kihl 模型的表达式为

$$Z = G_{\text{Kihl}}(X) = \frac{X + \beta(\text{sgn}(X))(|X|^n)}{C},$$
$$C = \sqrt{1 + \frac{2^{(n+1)/2} n \Gamma(n/2) \sigma_X^{(n-1)}}{\sqrt{\pi}} \beta + \frac{2^n \Gamma(n+1/2) \sigma_X^{2(n-1)}}{\sqrt{\pi}} \beta^2} \tag{5.10}$$

式中：$\text{sgn}(\cdot)$ 为符号函数，当 $x > 0$ 时，$\text{sgn}(x) = 1$；当 $x = 0$ 时，$\text{sgn}(x) = 0$；当 $x < 0$ 时，$\text{sgn}(x) = -1$；β、n 为用来控制非高斯特征的参数；$X(t)$ 为母本高斯过程；C 为归一化参数，用来保证变换后 $Z(t)$ 与 $X(t)$ 具有相同的方差；$\Gamma(\cdot)$ 为 Gamma 函数；$G_{\text{Kihl}}(\cdot)$ 为单调不减函数。变换过程 $Z(t)$ 与高斯过程 $X(t)$ 具有相同的峰值率。$Z(t)$ 的峭度为

$$\gamma_4(Z) = \frac{E[Z^4]}{\sigma_Z^4} = \frac{E[(X + \beta \text{sgn}(X)|X|^n)^4]}{C^4 \sigma_X^4} \tag{5.11}$$

Kihl 模型参数 n 决定了非高斯特性的强度，参数 β 决定了非线性部分的比例。不同的参数组合 $\{\beta, n\}$ 可以得到具有相同峭度的不同非高斯过程（见文献[10]中的图2）。

2. W-H 模型

W-H 模型的表达式为

$$\frac{Z - \mu_Z}{\sigma_Z} = Z_0 = G_{\mathrm{WH}}(X) = k\left[X + \sum_{i=3}^{I} \tilde{h}_i He_{i-1}(X)\right] \tag{5.12}$$
$$= k[X + \tilde{h}_3(X^2 - 1) + \tilde{h}_4(X^3 - 3X) + \cdots]$$

式中：μ_Z 和 σ_Z 分别为非高斯过程 $Z(t)$ 的均值和方差；$\tilde{h}_i$ 控制分布曲线的形状；参数 k 为尺度因子，保证标准化非高斯过程 $Z_0(t)$ 的方差为1。实际应用时，W-H模型经常截尾到 $I = 4$，其中，

$$\tilde{h}_4 = \frac{\sqrt{1 + 1.5(\gamma_4 - 3)} - 1}{18}, \quad \tilde{h}_3 = \frac{\gamma_3}{6(1 + 6\tilde{h}_4)} \tag{5.13}$$

式中：γ_3 和 γ_4 为标准化非高斯随机过程 $Z_0(t)$ 的偏度和峭度，尺度因子 k 为

$$k = \frac{1}{\sqrt{1 + 2\tilde{h}_3 + 6\tilde{h}_4}} \tag{5.14}$$

Benasciutti 在文献[15]中给出了 W-H 模型的适用范围。

对于高峭度非高斯随机过程 $(\gamma_4 > 3)$，W-H 非线性变换模型的逆变换 $G_{\mathrm{WH}}^{-1}(\cdot)$ 定义了由非高斯过程 $Z_0(t)$ 到高斯过程 $X_0(t)$ 的变换函数：

$$X_0 = G_{\mathrm{WH}}^{-1}(Z) = \left[\sqrt{\xi^2(Z) + c} + \xi(Z)\right]^{1/3} - \left[\sqrt{\xi^2(Z) + c} - \xi(Z)\right]^{1/3} - a \tag{5.15}$$

其中，$\xi(Z) = 1.5d\left(a + \frac{Z - \mu_Z}{k\sigma_Z}\right) - a^3$，$a = \tilde{h}_3/3\tilde{h}_4$，$d = 1/3\tilde{h}_4$，$c = (d - 1 - a^2)^3$。

5.2.3　基于非线性变换模型的疲劳损伤计算

窄带高斯随机载荷的雨流幅值服从瑞利分布：

$$f_{\mathrm{Gau}}(S_X) = \frac{S_X}{\sigma_X^2} \exp\left(-\frac{S_X^2}{2\sigma_X^2}\right) \tag{5.16}$$

式中：S_X 为雨流幅值；σ_X 为高斯随机载荷的标准差。利用非线性变换模型 $G(\cdot)$

$[G_{Kihl}(\cdot)$ 或 $G_{WH}(\cdot)]$，窄带非高斯随机载荷的雨流幅值分布可以表示为

$$f_{NG}(S_Z) = \frac{G^{-1}(S_Z)}{\sigma_X^2} \exp\left(-\frac{\left[G^{-1}(S_Z)\right]^2}{2\sigma_X^2}\right)(G^{-1}(S_Z))' \qquad (5.17)$$

式中：S_Z 为非高斯雨流幅值。

当 S-N 曲线（$NS^b = A$）给定时，单个雨流循环的疲劳损伤期望为

$$E[\Delta D_{NG}] = \int_0^\infty \frac{S_Z^b}{A} f_{NG}(S_Z) dS_Z \qquad (5.18)$$

当随机载荷持续时间为 T 时，疲劳累积损伤的期望为

$$E[D_{NG}] = \frac{v_p T}{A} \int_0^\infty S_Z^b f_{NG}(S_Z) dS_Z = \frac{v_p T}{A} M_S^b(Z) \qquad (5.19)$$

式中：$M_S^b(Z)$ 为雨流幅值分布的 b 阶原点矩；v_p 为基于 PSD 数据得到的单位时间内峰值（或雨流循环）的平均次数，简称峰值率[16]。

这里定义两个关于高斯窄带随机载荷的统计量 $M_S^b(X)$ 和 $m_{|X|}^b$：

$$\begin{cases} M_S^b(X) = \int_0^\infty S_X^b f_{Gau}(S_X) \, dS_X \\ m_{|X|}^b = \int_{-\infty}^\infty |x|^b f(x) \, dx \end{cases} \qquad (5.20)$$

式中：$f(\cdot)$ 为高斯随机载荷 $X(t)$ 的 PDF。$M_S^b(X)$ 与 $m_{|X|}^b$ 的比值为 S-N 曲线参数 b 的单值函数，下面通过具体证明来确定这种定量关系。

证明 1：$M_S^b(X)$ 与 $m_{|X|}^b$ 的定量关系

设零均值窄带高斯过程 $X(t)$ 的 PDF 为

$$f(x) = \frac{1}{\sqrt{2\pi}\sigma_X} \exp\left(-\frac{x^2}{2\sigma_X^2}\right) \qquad (5.21)$$

式中：σ_X 为标准差。高斯过程 $X(t)$ 的雨流循环服从瑞利分布，如式（5.16）所示，则 $X(t)$ 的 b 阶绝对值矩[式（5.20）]可以表示为

$$m_{|X|}^b = 2\int_0^\infty \frac{x^b}{\sqrt{2\pi}\sigma_X} \exp\left(-\frac{x^2}{2\sigma_X^2}\right) dx = \frac{1}{\sqrt{\pi}} 2^{b/2} \sigma_X^b \Gamma\left(\frac{b+1}{2}\right) \qquad (5.22)$$

式中：$\Gamma(\cdot)$ 表示 Γ 函数。随机载荷 $X(t)$ 的雨流循环幅值分布的 b 阶矩 $M_S^b(X)$ 为

$$M_S^b(X) = \int_0^\infty S_X^b \frac{S_X}{\sigma_X^2} \exp\left(-\frac{S_X^2}{2\sigma_X^2}\right) \mathrm{d}S_X = 2^{b/2} \sigma_X^b \Gamma\left(\frac{b+2}{2}\right) \tag{5.23}$$

然后 $m_{|X|}^b$ 与 $M_S^b(X)$ 的比值 $\delta_{b(\mathrm{G})}$ 为

$$\delta_{b(\mathrm{G})} = \frac{m_{|X|}^b}{M_S^b(X)} = \frac{1}{\sqrt{\pi}} \frac{\Gamma\left(\dfrac{b+1}{2}\right)}{\Gamma\left(\dfrac{b+2}{2}\right)} \tag{5.24}$$

证毕。

进一步地，基于 GMM 理论[17-18]，式（5.24）确定的定量关系对于对称窄带非高斯随机载荷也成立，即非高斯载荷 $Z(t)$ 的 b 阶绝对值矩与雨流幅值分布的 b 阶矩的比值为参数 b 的单值函数，且与式（5.24）所示的高斯载荷结果相同，下面给出具体证明过程。

证明 2：$M_S^b(Z)$ 与 $m_{|Z|}^b$ 的定量关系

窄带非高斯随机载荷 $Z(t)$ 的 PDF 可以表示为

$$g(z) = \sum_{j=1}^J \varepsilon_j f_j(z) \tag{5.25}$$

式中：$\displaystyle\sum_{j=1}^J \varepsilon_j = 1$；$J$ 为 GMM 的维数，$f_j(z) = \dfrac{1}{\sqrt{2\pi}\sigma_j} \exp\left(-\dfrac{z^2}{2\sigma_j^2}\right)$ 代表第 j 个高斯分量的 PDF。进一步地，$Z(t)$ 的雨流幅值分布可以表示为

$$f_{\mathrm{NG}}(S_Z) = \sum_{j=1}^J \varepsilon_j f_{\mathrm{Gau}j}(S_Z) \tag{5.26}$$

其中 $f_{\mathrm{Gau}j}(S_Z) = \dfrac{S_Z}{\sigma_j^2} \exp\left(-\dfrac{S_Z^2}{2\sigma_j^2}\right)$，然后对于非高斯随机载荷 $Z(t)$，有

$$\begin{cases} m_{|Z|}^b = \displaystyle\int_{-\infty}^\infty |z|^b g(z) \mathrm{d}z = \frac{1}{\sqrt{\pi}} 2^{b/2} \Gamma\left(\frac{b+1}{2}\right) \sum_{j=1}^J \varepsilon_j \sigma_j^b \\[3mm] M_S^b(Z) = \displaystyle\int_0^\infty S_Z^b f_{\mathrm{NG}}(S_Z) \mathrm{d}S_Z = 2^{b/2} \Gamma\left(\frac{b+2}{2}\right) \sum_{j=1}^J \varepsilon_j \sigma_j^b \end{cases} \tag{5.27}$$

统计量 $m_{|Z|}^b$ 与 $M_S^b(Z)$ 的比值 $\delta_{b(\mathrm{NG})}$ 为

$$\delta_{b(\text{NG})} = \frac{m_{|Z|}^b}{M_S^b(Z)} = \frac{1}{\sqrt{\pi}} \frac{\Gamma\left(\dfrac{b+1}{2}\right)}{\Gamma\left(\dfrac{b+2}{2}\right)} \tag{5.28}$$

对比式（5.24）和式（5.28），$\delta_{b(\text{NG})} = \delta_{b(\text{G})}$ 为疲劳参数 b 的单值函数。

证毕。

基于以上分析和证明过程，可以得到非高斯随机载荷 b 阶绝对值矩 $m_{|Z|}^b$ 与疲劳损伤期望 $E[D_{\text{NG}}]$ 的关系为

$$E[D_{\text{NG}}] = \frac{v_p T}{A} M_S^b(Z) = \frac{v_p T}{A} \frac{m_{|Z|}^b}{\delta_b} \tag{5.29}$$

可以发现直接决定疲劳损伤期望的统计量为 $m_{|Z|}^b$，而不是与峭度相对应的 $m_{|Z|}^4$。式（5.29）说明了基于峭度的疲劳寿命计算方法仅在 $b \leqslant 4$ 的情况下得到准确估计结果的原因。所以当 $b > 4$ 时，需要利用 b 阶统计量 $m_{|Z|}^b$ 来计算疲劳损伤。但 5.2.2 节的 Kihl 模型和 W-H 模型均不能处理随机载荷的 b 阶统计量。

5.2.4　窄带非高斯疲劳损伤计算的 *b*-阶矩法

1. 窄带随机载荷的雨流循环特征

尽管是随机过程，但窄带随机载荷的时域波形相对简单，如图 5.8（a）所示。对于窄带载荷，可以假设雨流幅值分布与峰值分布是相同的[8]。这一假设的本质是将连续计数得到的载荷循环[图 5.8（b）中相邻虚线中间的部分]近似为雨流循环。每个连续计数载荷循环的形状相似，接近于幅值为随机载荷峰值的余弦曲线。以图 5.8（b）给出的时间序列为例，左侧的连续载荷循环小于相应的余弦曲线；而右侧则大于相应的余弦曲线。用这些余弦曲线来表示随机载荷的雨流循环，则左侧载荷循环和右侧载荷循环引起的微小计算误差可以相互抵消。

基于以上分析，对称窄带随机载荷可以等价为变幅值余弦曲线序列，如图 5.8（b）所示。不失一般性，假设随机载荷在 $t = 0$ 时刻处于极大值，然后将窄带随机载荷表示为

$$Z(t) \approx \sum_{i=0}^{\infty} P(T_i) Q_i(t \mid \Delta T_i, T_i) \tag{5.30}$$

$$Q_i(t \mid \Delta T_i, T_i) = \begin{cases} \cos\left(\dfrac{2\pi}{\Delta T_i}(t - T_i)\right), & T_i \leqslant t < T_{i+1} \\ 0, & \text{其他} \end{cases} \quad (5.31)$$

式中：$P(T_i)$ 为 T_i 时刻峰值的大小；T_i 为随机变量（$i \geqslant 1$），$T_0 = 0$，$\Delta T_i = T_{i+1} - T_i$ 表示相邻峰值之间的时间间隔。

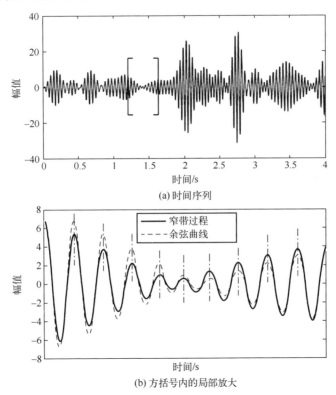

(a) 时间序列

(b) 方括号内的局部放大

图 5.8　典型窄带非高斯随机过程

对于零均值非高斯随机载荷 $Z(t)$，b 阶中心矩可以表示为 $m_Z^b = E[Z^b] = \int_{-\infty}^{\infty} z^b f_Z(z)\mathrm{d}z$，其中 $f_Z(\cdot)$ 是随机载荷 $Z(t)$ 的 PDF。基于式（5.30）和式（5.31），随机载荷 $Z(t)$ 的 b 阶矩为

$$m_Z^b = \int_0^{\infty} p^b E[Q_i(t \mid \Delta T_i, T_i)]^b f_P(p)\mathrm{d}p = M_S^b(Z) E[Q_i(t \mid \Delta T_i, T_i)]^b \quad (5.32)$$

式中：$f_P(p)$为式（5.30）中峰值$P(T_i)$的PDF。通过式（5.32），随机载荷$Z(t)$的b阶矩m_Z^b与雨流幅值分布的b阶矩$M_S^b(Z)$的关系可以表示为

$$M_S^b(Z) = \frac{m_Z^b}{E[Q_i(t \mid \Delta T_i, T_i)]^b} = \frac{m_Z^b}{C_b} \tag{5.33}$$

式中：C_b为疲劳参数b的单值函数，后面将给出证明过程。式（5.33）只适用于参数b为偶数的情况。然而，在实际问题中b既可能是奇数也可能是非整数。对于这种问题，需要引入式（5.20）定义的绝对值矩。随机载荷$Z(t)$的b阶绝对值矩为

$$m_{|Z|}^b = M_S^b(Z) E[|Q_i(t \mid \Delta T_i, T_i)|^b] \tag{5.34}$$

则有

$$M_S^b(Z) = \frac{m_{|Z|}^b}{\tilde{C}_b} \tag{5.35}$$

式中：$\tilde{C}_b = E[|Q_i(t \mid \Delta T_i, T_i)|^b]$为疲劳参数$b$的单变量函数。$\tilde{C}_b$与式（5.24）和式（5.28）中的函数$\delta_{b(G)}$和$\delta_{b(NG)}$相同（见证明3）。基于绝对值矩，式（5.35）中疲劳参数b可以在实数区间$[0, \infty)$内任意取值。

证明3：参数$\tilde{C}_b$的数学表达式

首先，需要说明的是参数$\tilde{C}_b$的定义包含了C_b，所以这里只对$\tilde{C}_b$展开分析。式（5.35）给出的$\tilde{C}_b$定义与式（5.36）给出的定义等价，即

$$\tilde{C}_b = E[|\cos(\tau)|^b], \quad 0 \leqslant \tau \leqslant 2\pi \tag{5.36}$$

设$y = \cos(\tau)$，则y在区间$[-1, 1]$的分布函数可以表示为

$$f(y) = \frac{1}{\pi} \frac{1}{\sqrt{1 - y^2}}, \quad -1 \leqslant y \leqslant 1 \tag{5.37}$$

然后，有

$$\tilde{C}_b = 2 \int_0^1 y^b f(y) = \frac{1}{\pi} \beta\left(\frac{1}{2}, \frac{b+1}{2}\right) = \frac{1}{\sqrt{\pi}} \frac{\Gamma\left(\frac{b+1}{2}\right)}{\Gamma\left(\frac{b+2}{2}\right)} \tag{5.38}$$

式中：$\beta(\cdot)$表示β函数。式（5.38）给出的$\tilde{C}_b$的函数表达式与式（5.24）中定义的$\delta_{b(G)}$和式（5.28）定义的$\delta_{b(NG)}$相同。

证毕。

2. 疲劳损伤计算

联立式（5.19）和式（5.35），窄带非高斯随机载荷 $Z(t)$ 的疲劳损伤期望为

$$E[D_{\mathrm{NG}}] = \frac{v_p T}{A} M_S^b(Z) = \frac{v_p T m_{|Z|}^b}{A \tilde{C}_b} \tag{5.39}$$

通常认为材料参数 $2 \leqslant b \leqslant 6$，然而根据 Kihl 等的研究[10]，对于一些疲劳特性较差的材料，参数 b 较大。因此在下文的示例分析中参数 b 的取值范围为 $2 \leqslant b \leqslant 10$，以验证式（5.39）定义的方法的有效性和适用性。式（5.39）表示了非高斯随机载荷 $Z(t)$ 的 b 阶绝对值矩与疲劳损伤期望的直接关系，称为 b-阶矩法。这种方法避免了非线性变换和雨流计数过程。

5.3　宽带非高斯随机载荷疲劳损伤计算

5.3.1　高斯混合模型

这里将高斯混合模型 GMM 引入频域，以建立基于频域数据的非高斯雨流幅值分布计算方法。首先对 GMM 理论进行简要介绍。GMM 的一般形式为

$$f_{\mathrm{NG}}(x) = \sum_{i=1}^{N} \alpha_i f_i(x) \tag{5.40}$$

式中：$f_{\mathrm{NG}}(x)$ 为非高斯过程 PDF；$f_i(x)$ 为第 i 个高斯项；α_i 为概率权重系数，$0 \leqslant \alpha_i \leqslant 1$，$\sum \alpha_i = 1$；$N$ 为 GMM 的维数，二维 GMM 表示为

$$f_{\mathrm{NG}}(x) = \alpha f_1(x) + (1 - \alpha) f_2(x) \tag{5.41}$$

对于一个零均值平稳非高斯过程 $X(t)$，GMM 可以展开为

$$f_{\mathrm{NG}}(x) = \alpha \frac{1}{\sqrt{2\pi}\sigma_1} \exp\left(-\frac{x^2}{2\sigma_1^2}\right) + (1 - \alpha) \frac{1}{\sqrt{2\pi}\sigma_2} \exp\left(-\frac{x^2}{2\sigma_2^2}\right) \tag{5.42}$$

式中：σ_1 和 σ_2 为两个高斯分量的标准差；α 和 $1-\alpha$ 为两个高斯分量的概率权重因子。式（5.42）中有 3 个未知数 σ_1、σ_2 和 α。因此，需要一个三元方程组来求解。

工程实践中的非高斯随机载荷的高阶统计量的真值是不可知的，一般使用估计值代替。零均值非高斯随机载荷的 2 阶矩、4 阶矩和 6 阶矩可以通过

式（5.43）得到估计结果：

$$\begin{cases} m_2 = E[x^2] = \int_{-\infty}^{\infty} x^2 f_{NG}(x)\mathrm{d}x \approx \hat{m}_2 = \dfrac{1}{T}\int_0^T x^2(t)\mathrm{d}t \\[2mm] m_4 = E[x^4] = \int_{-\infty}^{\infty} x^4 f_{NG}(x)\mathrm{d}x \approx \hat{m}_4 = \dfrac{1}{T}\int_0^T x^4(t)\mathrm{d}t \\[2mm] m_6 = E[x^6] = \int_{-\infty}^{\infty} x^6 f_{NG}(x)\mathrm{d}x \approx \hat{m}_6 = \dfrac{1}{T}\int_0^T x^6(t)\mathrm{d}t \end{cases} \quad （5.43）$$

式中：T 为样本信号持续时间。当 T 足够大时，式（5.43）中的估计结果将收敛于真值[8]。

将式（5.42）代入式（5.43），得到：

$$\begin{cases} m_2 = \alpha m_2^{(1)} + (1-\alpha)m_2^{(2)} \\ m_4 = \alpha m_4^{(1)} + (1-\alpha)m_4^{(2)} \\ m_6 = \alpha m_6^{(1)} + (1-\alpha)m_6^{(2)} \end{cases} \quad （5.44）$$

式中：$m_2^{(1)}$ 和 $m_2^{(2)}$ 为两个高斯分量的 2 阶矩（方差）；$m_4^{(1)}$ 和 $m_4^{(2)}$ 为 4 阶矩；$m_6^{(1)}$ 和 $m_6^{(2)}$ 为 6 阶矩。

零均值高斯过程的高阶矩可以表示为标准差 σ 的函数形式：

$$m_k = \begin{cases} [1\times3\times5\times\cdots\times(k-1)]\sigma^k, & k \text{ 为偶数} \\ 0, & k \text{ 为奇数} \end{cases} \quad （5.45）$$

其中，k 为正整数，$1 \leqslant k < \infty$，对于两个高斯分量，有

$$\begin{cases} m_2^{(1)} = \sigma_1^2 \\ m_2^{(2)} = \sigma_2^2 \\ m_4^{(1)} = 3\sigma_1^4 \\ m_4^{(2)} = 3\sigma_2^4 \\ m_6^{(1)} = 15\sigma_1^6 \\ m_6^{(2)} = 15\sigma_2^6 \end{cases} \quad （5.46）$$

将式（5.46）代入式（5.44），得

$$\begin{cases} m_2 = \alpha\sigma_1^2 + (1-\alpha)\sigma_2^2 \\ m_4 = 3\alpha\sigma_1^4 + 3(1-\alpha)\sigma_2^4 \\ m_6 = 15\alpha\sigma_1^6 + 15(1-\alpha)\sigma_2^6 \end{cases} \quad （5.47）$$

将式（5.43）中统计量 $\hat{m}_2$、$\hat{m}_4$ 和 $\hat{m}_6$ 代入式（5.47），可以求解未知参数 σ_1、σ_2 和 α。这样即可以得到非高斯过程的二维 GMM。这是一种求非高斯随机载荷幅值 PDF 的方法。然而，要开展基于频域数据的疲劳损伤计算，需要将 GMM 引入频域求解非高斯随机载荷的雨流幅值分布函数。

5.3.2　非高斯随机载荷功率谱分解

前面多次提及，PSD 不能完全定义一个非高斯过程。基于 GMM，可以给出非高斯过程的概率解释。在式（5.42）中，α 和 $1-\alpha$ 分别代表了两个高斯分量在时域中出现的概率。进一步地，可以根据非高斯过程的高阶统计量将其 PSD 分解为两个不同量值的 PSD，借此将非高斯特征引入频域。

零均值非高斯过程 $X(t)$ 的方差可以表示为

$$\sigma_X^2 = \int_0^\infty S_X(f)\mathrm{d}f \tag{5.48}$$

式中：$S_X(f)$ 为单边功率谱；f 为频率。对于两个高斯分量有

$$\sigma_1^2 = \int_0^\infty S_1(f)\mathrm{d}f, \quad \sigma_2^2 = \int_0^\infty S_2(f)\mathrm{d}f \tag{5.49}$$

式中：$S_1(f)$ 和 $S_2(f)$ 为两个高斯分量的 PSD。根据式（5.47），有

$$\sigma_X^2 = \alpha\sigma_1^2 + (1-\alpha)\sigma_2^2 \tag{5.50}$$

将式（5.48）和式（5.49）代入式（5.50），得到：

$$S_X(f) = \alpha S_1(f) + (1-\alpha)S_2(f) \tag{5.51}$$

为了推导基于频域数据的非高斯雨流分布，必须确定 $S_1(f)$ 和 $S_2(f)$ 的量值。这里假设 $S_1(f)$ 和 $S_2(f)$ 沿频率轴与 $S_X(f)$ 呈比例关系，即

$$S_1(f) = \eta_1 S_X(f), \quad S_2(f) = \eta_2 S_X(f) \tag{5.52}$$

式中：η_1 和 η_2 为比例常数，可以通过联立式（5.52）、式（5.48）和式（5.49）计算得到，即

$$\eta_1 = \frac{\sigma_1^2}{\sigma_X^2}, \quad \eta_2 = \frac{\sigma_2^2}{\sigma_X^2} \tag{5.53}$$

然后，将式（5.52）和式（5.53）代入式（5.51）得到基于 GMM 的非高斯随机载荷 PSD 的分解表示形式，定义为概率功率谱（Probabilistic PSD, PPSD）。

5.3.3 GMM-Dirlik 公式与疲劳损伤估计

1. Dirlik 公式

Dirlik 公式给出了归一化的宽带高斯随机载荷雨流幅值分布函数的闭合表达式。该方法是基于理论分析和大量的仿真计算得到的[16]。首先，引入 PSD 谱矩的概念，对于高斯随机载荷 $X(t)$，谱矩可以表示为

$$\lambda_n = \int_0^\infty f^n S_X(f) \mathrm{d}f \tag{5.54}$$

通过谱矩可以得到随机载荷 $X(t)$ 的重要统计特征。例如，RMS $\sigma_X = \sqrt{\lambda_0}$，零正向穿越率（随机载荷序列单位时间内向上穿越均值的平均次数）$v_0 = \sqrt{\lambda_2/\lambda_0}$，峰值率（随机载荷序列单位时间内出现峰值的平均次数）$v_p = \sqrt{\lambda_4/\lambda_2}$，带宽因子 $B = v_0/v_p$ 和平均频率 $f_m = \lambda_1/\lambda_0 \sqrt{\lambda_2/\lambda_4}$。

随机载荷的归一化雨流幅值 S_o 表示为

$$S_o = S/\sigma_X \tag{5.55}$$

式中：S 为雨流幅值。然后基于 Dirlik 公式的归一化雨流幅值分布表达式为[16]

$$p(S_o) = c_1 \frac{1}{\varpi} \exp\left(-\frac{S_o}{\varpi}\right) + c_2 \frac{S_o}{\xi^2} \exp\left(-\frac{S_o^2}{2\xi^2}\right) + c_3 S_o \exp\left(-\frac{S_o^2}{2}\right) \tag{5.56}$$

其中，$c_1 = \dfrac{2(f_m - B^2)}{1 + B^2}$，$\xi = \dfrac{B - f_m - c_1^2}{1 - B - c_1 + c_1^2}$，$c_2 = \dfrac{1 - B - c_1 + c_1^2}{1 - \xi}$，$c_3 = 1 - c_1 - c_2$，$\varpi = \dfrac{1.25(B - c_3 - c_2\xi)}{c_1}$。许多研究证明 Dirlik 公式能够准确地描述宽带高斯随机载荷的雨流分布[2, 19]。

2. GMM-Dirlik 公式

式（5.51）给出了基于 GMM 的非高斯随机载荷的 PPSD。对于两个高斯分量，可以分别利用 Dirlik 方法计算其雨流幅值分布，有

$$p_1(S) = \left.\frac{p_1(S_o)}{\sigma_1}\right|_{S_o = S/\sigma_1}, \quad p_2(S) = \left.\frac{p_2(S_o)}{\sigma_2}\right|_{S_o = S/\sigma_2} \tag{5.57}$$

式中：$p_1(S_o)$ 和 $p_2(S_o)$ 为高斯分量的归一化雨流幅值分布；S 为雨流幅值；σ_1 和 σ_2 分别为两个高斯分量的标准差。非高斯随机载荷的雨流分布可以表示为

$$f_{\text{GMM}}(S) = \alpha p_1(S) + (1-\alpha)p_2(S) \tag{5.58}$$

由式（5.57）和式（5.58）确定的宽带非高斯雨流幅值分布函数定义为 GMM-Dirlik 公式。

3. 疲劳损伤计算

对于零均值非高斯随机载荷，雨流幅值分布函数可以根据 GMM-Dirlik 公式计算得到。对于非零均值载荷，雨流幅值分布需要根据修正模型进行修正，如 Goodman 模型、Gerber 模型和 Soderberg 模型[7]等。雨流循环发生率（即单位时间内出现雨流循环次数的期望）v_c 等于峰值率 v_p，可以通过 PSD 谱矩计算得到（见 5.3.3 节）。

根据 S-N 曲线表达式和 Miner 准则，非高斯随机载荷的疲劳损伤期望为

$$E[D_{\text{NG}}] = \frac{v_c T}{A}\int_0^\infty S^b f_{\text{GMM}}(S)\mathrm{d}S \tag{5.59}$$

式中：T 为载荷持续时间；$f_{\text{GMM}}(S)$为由式（5.58）定义的非高斯雨流幅值分布函数。

5.4　示　　例

5.4.1　窄带非高斯随机载荷疲劳寿命计算示例

为充分验证 5.2 节提出的 b-阶矩法的有效性这里给出两个示例。示例 1 的试验数据来自文献[10]。对于高斯随机载荷，分别使用 b-阶矩法和瑞利分布法[20]估计结构的疲劳寿命；对于非高斯随机载荷，分别利用 b-阶矩法、Kihl 模型、W-H 模型和瑞利分布法估计结构的疲劳寿命，并对不同方法的结果进行对比分析。

示例 2 通过仿真得到窄带非高斯过程（峭度$\gamma_4 = 7.3$），利用计算机生成 1000 个样本序列。假设结构 S-N 曲线的疲劳参数为 $b = 2, 4, 6, 8, 10$，$A = 2.23\times10^{15}$。对于每个样本序列用 WAFO 进行雨流计数[21]，计算疲劳损伤。由 1000 个样本序列计算得到的疲劳损伤均值和不同理论方法的计算结果进行对比。

1. 示例 1

对图 5.9 所示"十"字形焊接结构开展窄带高斯和非高斯随机载荷疲劳试

验。该结构的焊角是疲劳裂纹萌生和扩展的关键位置。试验件及其结构尺寸如图 5.9 所示。试件材料的屈服应力和极限应力分别为 638MPa 和 683MPa。在疲劳试验过程中，通过液压系统沿竖直轴向对试件加载应力。试件疲劳 S-N 曲线为

$$NS^{3.210} = 1.7811 \times 10^{12} \tag{5.60}$$

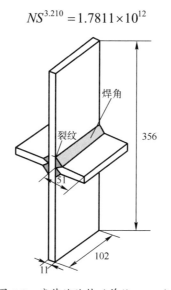

图 5.9　疲劳试验件（单位：mm）

式（5.60）是基于 4 种常幅值应力水平下的疲劳试验数据拟合得到的，其中最低应力和最高应力分别为 83MPa 和 310MPa。

窄带高斯过程 $X(t)$ 通过以下自回归模型生成：

$$x_t = -0.95x_{t-1} + 0.05w_t \tag{5.61}$$

式中：w_t 为高斯白噪声，且 $\sigma^2(w_t) = \sigma^2(x_t) = 1$。将式（5.61）生成的高斯信号按 Kihl 模型进行非线性变换得到非高斯载荷。设定非高斯随机载荷的峭度 $\gamma_4 = 5$，Kihl 模型的变换参数为 $n = 2, \beta = 0.342, C = 1.563$。标准化高斯和非高斯过程如图 5.10 所示。然后通过尺度因子来控制目标高斯和非高斯载荷的 RMS 值。试验过程中使用的 3 种随机应力的 RMS 值分别为 52MPa、69MPa 和 103MPa。每组疲劳试验使用 4 个试件，3 种应力水平下的高斯疲劳试验结果见表 5.2。

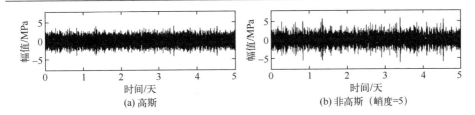

图 5.10　标准化高斯和非高斯随机载荷

表 5.2　窄带高斯随机载荷疲劳试验结果

RMS 应力水平/MPa	失效循环次数 $N_{f,exp}$/次
52	1504200、1111300、1178100、1216300
69	488000、686700、901700、463000
103	93600、112600、128000、141200

高斯和非高斯随机载荷的峰值率为 $v_p = 11603$（次/d）。临界疲劳损伤假设为 $D_{cr} = 1$。基于 b-阶矩法，结构疲劳寿命为

$$N_{New} = Tv_p = D_{cr} \frac{A\tilde{C}_b}{m_{|X|}^b} = \frac{A\tilde{C}_b}{m_{|X|}^b} \qquad (5.62)$$

其中，$A = 1.7811 \times 10^{12}$，$b = 3.210$。

试验疲劳寿命结果的均值、b-阶矩法计算结果和瑞利分布法计算结果见表 5.3，其中：$\overline{N}_{f,exp}$ 表示各应力水平下试验结果的均值；N_{New} 表示 b-阶矩法的疲劳寿命估计结果；N_{Ray} 表示瑞利分布法的估计结果。

表 5.3　窄带高斯疲劳寿命结果对比

RMS 应力水平/MPa	疲劳循环载荷次数/次		
	$\overline{N}_{f,exp}$	N_{New}	N_{Ray}
52	1252475	1268441	1288400
69	634850	513613	511700
103	118850	137425	139200

从表 5.3 中可以看出，对于窄带高斯随机载荷，b-阶矩法的计算结果与试验结果的均值接近。b-阶矩法和瑞利分布法计算结果的相对误差见表 5.4。另外，图 5.11 展示了两种方法计算误差的对比结果。

表 5.4　窄带高斯随机载荷疲劳寿命计算误差

RMS 应力水平/MPa	相对误差/%	
	b-阶矩法	瑞利分布法
52	1.27	2.87
69	−19.10	−19.40
103	15.63	17.12

可以看到以上两种方法的计算精度相当，但 b-阶矩法的计算过程更为简单；另外，b-阶矩法的最大优势在于对非高斯窄带随机载荷的处理能力。

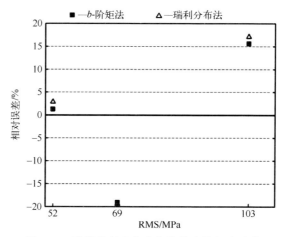

图 5.11　窄带高斯疲劳寿命估计结果相对误差

窄带非高斯随机载荷疲劳试验结果见表 5.5，其中随机载荷的峭度值 $\gamma_4 = 5$。各应力水平下试验疲劳寿命的均值和 b-阶矩法、瑞利分布法、Kihl 模型[10]和 W-H 模型[9]的估计结果见表 5.6，其中：$\overline{N}_{f,\exp}$ 表示试验疲劳寿命 $N_{f,\exp}$ 的均值；N_{New} 表示 b-阶矩法的估计结果；N_{Ray} 表示瑞利分布法的估计结果；N_{Kihl} 表示 Kihl 模型的估计结果；N_{WH} 表示 W-H 模型的估计结果。

表 5.5　窄带非高斯随机载荷疲劳试验结果

RMS 应力水平/MPa	疲劳循环载荷次数 $N_{f,\exp}$/次
52	693000,903100,1013100,922500
69	256700,337500,229300,424300
103	30700,27100,31200,28400

表 5.6　窄带非高斯疲劳寿命结果对比（$\gamma_4 = 5$）

RMS 应力水平/MPa	疲劳循环载荷次数/次				
	$\bar{N}_{\text{f,exp}}$	N_{New}	N_{Ray}	N_{Kihl}	N_{WH}
52	882925	893069	1288400	862300	904502
69	311950	322251	511700	342500	353117
103	29350	90394	139200	93200	97736

与试验结果进行对比，在不同应力水平下各种方法估计结果的相对误差见表 5.7。另外，图 5.12 展示了各种方法计算误差的对比结果。

表 5.7　窄带非高斯随机载荷疲劳寿命计算误差

RMS 应力水平/MPa	相对误差/%			
	b-阶矩法	瑞利分布法	Kihl 模型	W-H 模型
52	1.15	45.92	−2.34	2.44
69	3.30	64.30	9.79	13.20
103	207.99	374.28	217.55	233.00

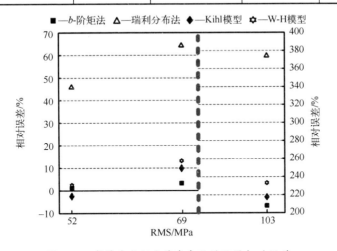

图 5.12　窄带非高斯疲劳寿命估计结果相对误差

当 RMS 应力水平为 52MPa 和 69MPa 时，b-阶矩法的预计结果和试验结果一致性很好。基于 Kihl 模型和 W-H 模型的计算结果均在可接受的范围内。然而，瑞利分布法的计算误差较大，主要是因为瑞利分布法忽略了随机载荷的非高斯性。

通过表 5.6 和图 5.12 可以看到，当非高斯随机载荷的 RMS 应力水平为 103MPa 时，各种方法的预计结果均出现很大的偏差。这种现象由以下两种原因引起：首先，在进行结构 *S-N* 曲线拟合时所用的最大应力值为 310MPa，但窄带非高斯载荷有很多极大值远超过该应力水平，如图 5.13 所示。其次，窄带非高斯随机载荷一些应力极值超过了材料的屈服极限 $\sigma_y = 638\text{MPa}$（图 5.13），这些过高的应力极值改变了结构的疲劳失效机理，使线性累积损伤法则不再适用。这时可以考虑使用 Manson 双线性损伤法则[22]和应变疲劳寿命理论[23-24]进行疲劳寿命估计。

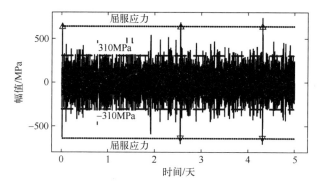

图 5.13　窄带非高斯随机载荷样本时间序列（RMS = 103MPa）

分析表 5.3 和表 5.6 给出的结果，可以发现 *b*-阶矩法既适用于窄带高斯随机载荷又适用于窄带非高斯随机载荷。示例 1 结构的疲劳参数 *b* = 3.210（小于 4），这种情况下 Kihl 模型和 W-H 模型均可以得到较好的疲劳寿命估计结果。下面示例 2 将通过数值示例分析当疲劳参数 *b* 取值范围为 $2 \leqslant b \leqslant 10$ 时以上各种方法的计算精度。

2．示例 2

本示例通过计算机仿真得到窄带非高斯随机载荷，并进行疲劳分析。仿真信号的方差 $\sigma_Z^2 = 54.7158\text{MPa}^2$，峭度 $\gamma_4 = 7.3$，如图 5.14 所示。*S-N* 曲线为 $NS^b = 2.23 \times 10^{15}$，*b* = 2, 4, 6, 8, 10。通过计算机仿真得到 1000 个时间长度 *T* = 100s 的窄带非高斯随机载荷样本时间序列，并基于这 1000 个仿真序列来计算参数 *b* = 2, 3, 4, …, 10 时的疲劳累积损伤均值，结果见表 5.8。基于 *b*-阶矩法的计算结果在表 5.8 第 3 列。不同参数组合的 Kihl 模型结果在第 4 至第 6 列。W-H 模型结果在最后一列。b-阶矩法的预计结果与仿真观测结果均值接近。另外，定义参数 ξ 为理论计算结果与仿真观测均值的比值，例如对于参数为 $n = 2$、$\beta = 1.15$ 的 Kihl 模型，疲劳损伤比定义为

$$\xi_{\text{Kihl}}(b \,|\, 2, 1.15) = \frac{D_{\text{Kihl}}(b \,|\, 2, 1.15)}{D_{\text{obs}}(b)} \tag{5.63}$$

式中：$D_{\text{Kihl}}(b|2, 1.15)$ 为基于 Kihl 模型的疲劳损伤估计值。

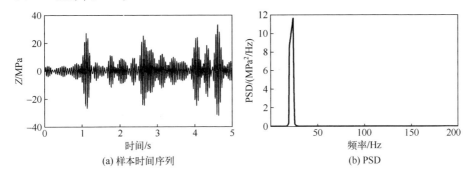

(a) 样本时间序列　　　　　　(b) PSD

图 5.14　窄带非高斯随机载荷

表 5.8　不同方法的非高斯随机载荷（$T = 100\text{s}$）疲劳损伤计算结果

b	D_{obs}	D_{New}	D_{Kihl}			$D_{\text{W-H}}$
			{2, 1.15}	{3, 0.135}	{4, 0.033}	
2	1.187×10^{-10}	1.264×10^{-10}	1.364×10^{-10}	1.328×10^{-10}	1.293×10^{-10}	1.339×10^{-10}
4	6.672×10^{-8}	6.817×10^{-8}	7.604×10^{-8}	7.978×10^{-8}	8.360×10^{-8}	8.995×10^{-8}
6	1.187×10^{-4}	1.203×10^{-4}	0.960×10^{-4}	1.476×10^{-4}	2.4189×10^{-4}	1.941×10^{-4}
8	4.775×10^{-1}	4.935×10^{-1}	{4, 0.033}	$\{n, \beta\}$	17.927×10^{-1}	9.512×10^{-1}
10	3.175×10^{3}	3.384×10^{3}	0.748×10^{3}	4.646×10^{3}	20.743×10^{3}	7.940×10^{3}

疲劳损伤为关于时间的随机过程，利用 Bootstrap 方法可以从 1000 个样本观测结果中估计疲劳损伤 90% 的置信区间 $[D_{\text{obs}}^{\text{L}}(b), D_{\text{obs}}^{\text{U}}(b)]$。置信区间的上下限与观测均值的比值定义为观测疲劳损伤比的上限和下限，

$$\xi_{\text{obs}}^{\text{L}}(b) = \frac{D_{\text{obs}}^{\text{L}}(b)}{D_{\text{obs}}(b)}, \quad \xi_{\text{obs}}^{\text{U}}(b) = \frac{D_{\text{obs}}^{\text{U}}(b)}{D_{\text{obs}}(b)} \tag{5.64}$$

图 5.15 展示了基于不同方法的疲劳损伤比曲线与式（5.64）中定义的观测疲劳损伤比上下限之间的关系。

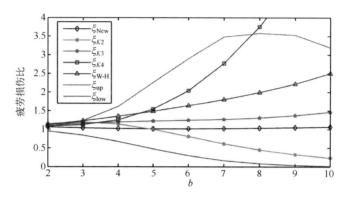

图 5.15　疲劳损伤比曲线（ξ_{New} 为 b-阶矩法，ξ_{K2} 参数为 $\{2, 1.15\}$ 的 Kihl 模型，ξ_{K3} 参数为 $\{3, 0.135\}$ 的 Kihl 模型，ξ_{K4} 参数为 $\{4, 0.033\}$ 的 Kihl 模型，ξ_{W-H} 为 W-H 模型，ξ_{up} 和 ξ_{low} 为 90% 置信区间的置信上下限）

可以看到 b-阶矩法的疲劳损伤比曲线 ξ_{New} 稍大于 1，表明疲劳损伤估计结果是准确且偏保守的，这对于实际问题是有利的。当选择不同的参数时，Kihl 模型的疲劳损伤比曲线变化很大。例如，当参数为 $\{4, 0.033\}$ 时，Kihl 模型的疲劳损伤比曲线将随着疲劳参数 b 的增大穿过曲线 $\xi_{obs}^U(b)$；然而，当参数为 $\{2, 1.15\}$ 时，Kihl 模型的疲劳损伤比曲线随着 b 的增大而减小。所以当选择不同的模型参数 $\{n, \beta\}$ 时，Kihl 模型的结果并不稳定。基于 W-H 模型的计算结果总体是偏保守的。

5.4.2　宽带非高斯随机载荷疲劳寿命计算示例

本示例的疲劳试验数据来自文献[10]。使用 GMM-Dirlik 法估计图 5.9 所示的试验件的疲劳寿命。并对 GMM-Dirlik 法、非线性变换法和高斯假设的疲劳寿命计算结果及试验结果进行了对比。另外，对应力载荷序列进行了雨流计数来估计雨流幅值的经验分布。

非高斯随机载荷是由标准高斯信号仿真方法[25]结合非线性变换模型[10]得到的。宽带非高斯随机载荷的峰度值为 5，RMS 应力水平分别为 52MPa、69MPa、103MPa。不同 RMS 应力水平下的宽带非高斯随机载荷的样本时间序列及其

PSD 如图 5.16 所示。

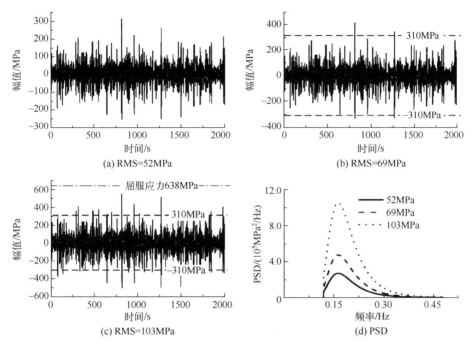

图 5.16 宽带非高斯随机载荷

每个仿真信号作为应力载荷作用于图 5.9 所示的试件上，直到结构失效。每种 RMS 应力水平下疲劳试验样本量为 4，试验结果见表 5.9。

表 5.9 宽带非高斯随机载荷疲劳试验结果

RMS 应力水平/MPa	疲劳寿命循环次数 N_{exp}/次	均值 $\bar{N}_{exp}$/次
52	951800,742900,1067900,703000	866400
69	373800,326300,273000,301000	318525
103	47900,45100,39500,44200	44175

假设临界疲劳累积损伤为 $D_{cr}=1$，非高斯随机载荷疲劳寿命可以表示为

$$N_{GMM}=v_cT=\frac{A}{\int_0^\infty S^b f_{GMM}(S)\mathrm{d}S} \qquad (5.65)$$

结构 S-N 曲线参数 $b=3.210$，$A=1.7811\times10^{12}$。基于 GMM-Dirlik 公式得到

147

非高斯随机载荷雨流分布 $f_{GMM}(S)$。这里仅介绍 RMS 应力水平为 52MPa 时，GMM-Dirlik 方法的求解过程，其他情况类似。

基于式（5.43）可以得到如图 5.16（a）所示的非高斯随机载荷的 2 阶中心矩、4 阶中心矩和 6 阶中心矩的估计值，$\hat{m}_2 = 2704$，$\hat{m}_4 = 3.8564 \times 10^7$，$\hat{m}_6 = 1.2044 \times 10^{12}$。将以上结果代入式（5.47），得到 GMM 参数 $\alpha = 0.7560$、$\sigma_1 = 36.9662$ 和 $\sigma_2 = 82.7539$。然后，根据式（5.53）确定非高斯随机载荷的 PPSD 参数为

$$\eta_1 = \frac{\sigma_1^2}{\sigma_X^2} = \left(\frac{36.9662}{52}\right)^2 = 0.5054, \quad \eta_2 = \frac{\sigma_2^2}{\sigma_X^2} = \left(\frac{82.7539}{52}\right)^2 = 2.5326 \quad (5.66)$$

基于式（5.66）和式（5.52），得到非高斯随机载荷的 PPSD，如图 5.17 所示。将 $S_1(f)$ 和 $S_2(f)$ 分别代入 Dirlik 公式[式（5.55）和式（5.56）]得到两个高斯雨流分布 $p_1(S)$ 和 $p_2(S)$。然后根据式（5.58），得到宽带非高斯随机载荷的雨流分布如图 5.18 所示。

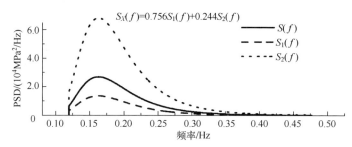

图 5.17　宽带非高斯随机载荷 PPSD（RMS = 52MPa）

另外，在图 5.18 中给出了雨流幅值的经验分布和相同 RMS 的高斯雨流分布。经验分布是通过对时间长度为 $T = 4000s$ 的载荷序列进行雨流计数得到的。从该样本时间序列中计数得到 1425 个雨流循环。图 5.18 给出的对比结果显示了 GMM-Dirlik 方法在描述宽带非高斯雨流分布时具有较高的精度。图 5.18（a）和（b）分别在线性坐标和半对数坐标中给出了 3 条雨流分布曲线的全局对比。GMM-Dirlik 方法能够很好地描述非高斯雨流幅值分布，尤其是在雨流幅值较大的范围。通常，发生次数较少、幅值较大的雨流循环却是结构疲劳损伤的主导因素，所以在图 5.18（c）和（d）中分别在线性和半对数坐标中给出雨流幅值大于 83MPa 的分布情况。可以发现当接近或小于 0.001 时，经验分布 PDF 曲线

起伏严重。这种现象的原因在于估计经验分布的样本数为 1425，该数值不足以在 0.001 数量级给出准确的估计结果。但 GMM-Dirlik 方法可以给出准确和稳定的估计结果，如图 5.18（b）和（d）所示。

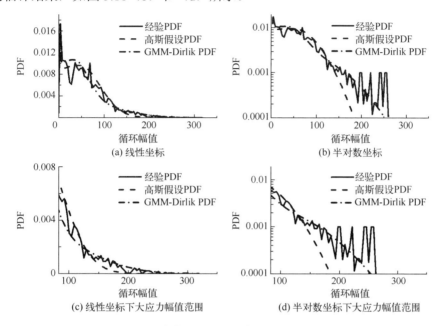

图 5.18 宽带非高斯随机载荷雨流幅值分布对比

将非高斯雨流幅值分布代入式（5.59），估计试验样本的疲劳寿命。表 5.10 中给出了三种应力水平下疲劳试验寿命均值、GMM-Dirlik 方法估计结果、非线性变换模型估计结果[10]和 Dirlik 公式[16]估计结果，其中：$\bar{N}_{\exp}$ 表示疲劳试验结果的均值；N_{GMM} 表示 GMM-Dirlik 方法的估计结果；N_{Kihl} 表示基于 Kihl 模型的估计结果[52]；N_G 表示基于高斯假设，由 Dirlik 公式得到的结果。

通过表 5.10 可以看到对于宽带非高斯随机载荷，基于 GMM-Dirlik 公式的疲劳寿命估计结果与疲劳试验结果均值吻合很好，但 RMS 应力水平为 103MPa 时除外。与试验结果相比，在应力水平分别为 52MPa、69MPa 和 103MPa 时，GMM-Dirlik 方法的相对误差分别为 2.91%、12.97%和 106.88%。Kihl 模型的计算误差分别为 25.32%、35.37%和 165.53%。而基于高斯假设时计算结果的相对误差分别为 82.40%、133.46%和 390.75%。

表 5.10　宽带非高斯疲劳寿命结果对比（$\gamma_4 = 5$）

RMS 应力水平/MPa	疲劳寿命			
	$\bar{N}_{\text{exp}}$	N_{GMM}（相对误差）	N_{Kihl}（相对误差）	N_G（相对误差）
52	866400	891600（2.91%）	1085800（25.32%）	1580338（82.40%）
69	318525	359833（12.97%）	431200（35.37%）	743634（133.46%）
103	44175	91388（106.88%）	117300（165.53%）	216792（390.75%）

可以看到当随机载荷的 RMS 应力水平为 103MPa 时，各种方法的计算结果均与试验结果存在较大偏差。发生这种情况的原因有两个：首先，试验件的 S-N 曲线是由常幅值疲劳试验结果拟合得到的，其中最高应力水平为 310MPa。但是对于峭度为 5、RMS 水平为 103MPa 的宽带非高斯随机载荷，一些极值大于 310MPa，如图 5.16（c）所示。其次，随机载荷的少数应力极值已经接近结构材料的屈服应力 $\sigma_y = 638$MPa，如图 5.16（c）所示。这些较大的极值所引起的损伤占结构总损伤的比重很大，改变了结构的疲劳失效机理，线性累积损伤法则不再适用，需要用应变–疲劳寿命方法或低周疲劳寿命方法进行分析。

参 考 文 献

[1] ENDO T, MITSUNAGA K, TAKAHASHI K, et al. Damage Evaluation of Metals for Random or Varying Loading[C]// Proceedings of Symp on Mechanical Behavior of Materials, Denver, 1974.

[2] BISHOP N W M. The use of frequency domain parameters to predict structural fatigue[D]. Coventry: University of Warwick, 1988.

[3] ANTHES R J. Modified Rainflow Counting Keeping the Load Sequence[J]. International Journal of Fatigue, 1997, 19(7): 529-535.

[4] RYCHLIK I. A New Definition of the Rainflow Cycle Counting Method[J]. International Journal of Fatigue, 1987, 9(2): 119-121.

[5] PALMGREN A. Die Lebensdauer von Kugellargern[J]. Z Vereines Duetsher Ing, 1942, 68(4): 339-341.

[6] SHANNON C E. Communication In The Presence Of Noise[J]. Proceedings of the Ire, 1949, 86(1): 10-21.

[7] LEE Y L, PAN J, HATHAWAY R, et al. Fatigue Testing and Analysis-Theory and Practice[M]. Burlington: Elsevier Butterworth-Heinemann, 2005.

[8] BENDAT B J S. Probability functions for random responses:Predictions of peaks,fatigue damage and catastrophic failures[R]. Houston: NASA, 1964.

[9] WINERSTEIN S R. Nonlinear Vibration Models for Extremes and Fatigue[J]. Journal of Engineering Mechanics, 1988, 114(10): 1772-1790.

[10] KIHL D P, SARKANI S, BEACH J E. Stochastic fatigue damage accumulation under broadband loadings[J]. International Journal of Fatigue, 1995, 17(5): 321-329.

[11] MENDEL J M. Tutorial on higher-order statistics (spectra) in signal processing and system theory:theoretical results and some applications[J]. IEEE Proc, 1991, 49(3): 278-305.

[12] NIKIAS C L, PETROPULU A P. Higher-order spectra analysis[M]. New Jersey: Prentice-Hall, Englewood Cliffs, 1993.

[13] OCHI M K, AHN K. Probability distribution applicable to non-Gaussian random processes[J]. Probabilistic Engineering Mechanics, 1994, 9(4): 255-264.

[14] RYCHLIK I, GUPTA S. Rain-flow fatigue damage for transformed gaussian loads[J]. International Journal of Fatigue, 2007, 29(3): 406-420.

[15] BENASCIUTTI D, TOVO R. Cycle Distribution and Fatigue Damage Assessment in Broad-Band non-Gaussian Random Processes[J]. Probabilistic Engineering Mechanics, 2005, 20(2): 115-127.

[16] DIRLIK, TURAN. Application of computers in fatigue analysis[D]. Coventry: The University of Warwick, 1985.

[17] BLUM R S, ZHANG Y, SADLER B M, et al. On the Approximation of Correlated Non-Gaussian Noise PDFs using Gaussian Mixture Models[C]//Proceedings of the IEEE Signal Processing Workshop on Signal Processing Advances in Wireless Communications, 1997.

[18] KOZICK R J, SADLER B M. Maximum-likelihood array processing in non-Gaussian noise with Gaussian mixtures[J]. IEEE Transactions on Signal Processing, 2000, 48(12): 3520-3535.

[19] BENASCIUTTI D, TOVO R. Comparison of spectral methods for fatigue analysis of broad-band Gaussian random processes[J]. Probabilistic Engineering Mechanics, 2006, 21(4): 287-299.

[20] BENASCIUTTI D, TOVO R. Cycle distribution and fatigue damage assessment in

broad-band non-Gaussian random processes[J]. Probabilistic Engineering Mechanics, 2005, 20(2): 115-127.

[21] BRODTKORB P A, JOHANNESSON P, LINGREN G, et al. WAFO-A Matlab Toolbox for Analysis of Random Waves and Loads[C]//Proceedings of 10th international offshore and polar engineering conference,2000.

[22] RAMBABU D V, RANGANATH V R, Ramamurty U, et al. Variable Stress Ratio in Cumulative Fatigue Damage:Experiments and Comparison of Three Models[J]. Proc I Mech E Part C: Journal of Mechanical Engineering Science, 2010, 224(2): 271-282.

[23] FATEMI A, YANG L. Cumulative fatigue damage and life prediction theories:a survey of the state of the art for homogeneous materials[J]. International Journal of Fatigue, 1998, 20(1): 9-34.

[24] JAN M M, GAENSER H P, EICHLSEDER W. Prediction of the Low Cycle Fatigue Regime of the *S-N* Curve with Application to an Aluminium Alloy[J]. Proc I Mech E Part C:J Mechanical Engineering Science, 2012, 226(5): 1198-1209.

[25] SHINOZUKA M, JAN C M. Digital simulation of random processes and its applications[J]. Journal of Sound & Vibration, 1972, 25(1): 111-128.

第 6 章　非高斯随机振动疲劳可靠性分析

在工程实际中，许多产品结构经受随机载荷[1]。结构在随机载荷作用下的疲劳寿命也是随机的[2]，因此评估结构的疲劳可靠性是非常重要的问题[3-4]。尽管对相关理论有一定的研究，但是随机载荷疲劳可靠性评估问题仍然是一个具有挑战性的问题。Svensson 确定了五种影响疲劳寿命不确定性的因素[5]：①载荷的不确定性；②材料疲劳特性的随机性；③结构参数，如尺寸，表面特征等不确定性；④参数估计误差；⑤模型本身误差。很明显，前三项为疲劳现象本身所具有的随机性，后两项是对研究对象缺乏足够的认识而导致的。目前来看，任何方法对后两项误差都是不可避免的。而前三项则可以根据其性质分为两种：第①项表示外载荷的不确定性（外因）；第②、第③项表示机械单元本身疲劳特性的随机性（内因）。因此，对于理论可靠性分析方法在尽量降低模型误差的前提下应该考虑以上两种因素。

总体而言，外载荷引起的随机载荷疲劳损伤的随机性表现在以下两点：给定时间内的雨流循环次数和雨流循环幅值分布。由于随机载荷是一个随机过程，所以在给定时间段内雨流循环次数是一个随机变量。然而对于高周疲劳，雨流循环次数的随机性可以忽略不计[6]。

通常 S-N 曲线是指中位 S-N 曲线。中位 S-N 曲线常用来表示结构的平均疲劳特性[7-8]，不能表示疲劳特性的随机性。为了研究疲劳特性的随机性，需要引入概率 S-N 曲线，即 P-S-N 曲线[9-12]。一般情况下，P-S-N 曲线由不同应力水平下的常幅疲劳寿命试验数据拟合得到。它可以比较客观地描述结构疲劳特性的随机性。

基于上述疲劳损伤随机性的两种因素，本章将研究随机载荷疲劳可靠性分析方法。由于高斯和非高斯随机载荷疲劳可靠性计算方法是一致的，因此本章以高斯随机载荷为例开展研究，相关理论方法完全适用于非高斯情况。第 5 章已经研究了窄带、宽带非高斯随机载荷的雨流分布，本章采用非参数方法估计随机载荷雨流幅值分布[13]，以进一步完善和补充随机载荷雨流分布估计方法。

本章所提出的方法可以有效综合雨流分布引起的随机性和结构疲劳特性的随机性，能够得到结构疲劳可靠度均值和置信区间的准确估计结果。

6.1 随机载荷引起的疲劳损伤随机性

6.1.1 雨流循环次数的随机性

随机载荷在给定时间长度 t 内包含的雨流循环数是不确定的。这主要是由于单位时间内的雨流循环数 v_c 是随机变量。而在时间区间 t 内，总的雨流循环次数为

$$M_t = \sum_{i=1}^{t} v_c^{(i)} \qquad (6.1)$$

式中：$v_c^{(i)}$ 为第 i 个单位时间区间内的雨流循环次数。目前，未见关于 v_c 的概率分布的解析结果。M_t 的期望可以表示为

$$E[M_t] = \bar{v}_c t \qquad (6.2)$$

式中：$E[\cdot]$ 表示数学期望；$\bar{v}_c$ 表示 v_c 的期望值，可以由随机载荷的 PSD 计算得到[14]。

随机载荷引起的疲劳失效一般为高周疲劳。Johannesson[6]指出对于高周疲劳问题，雨流循环次数 M_t 的随机性可以忽略不计。下面基于大数定理给出该假设的证明过程。

根据 Bishop[15]的研究结论，不同单位时间内的雨流循环次数可以假设为独立同分布的随机变量。对于高周疲劳问题，实际载荷作用时间 t 很长。当 t 趋于无穷大时，样本均值 $\hat{v}_c = \dfrac{1}{t} \sum_{i=1}^{t} v_c^{(i)}$ 可以给出式（6.2）中 $\bar{v}_c$ 的准确估计结果。根据切比雪夫（Chebyshev）定理，对于任意正数 ε 有

$$\lim_{t \to \infty} P(|\hat{v}_c - \bar{v}_c| < \varepsilon) = 1 \qquad (6.3)$$

式中：$P(\cdot)$ 为发生概率，然后有 $\sum_{i=1}^{t} v_c^{(i)} = M_t \approx E[M_t] = \bar{v}_c t$。因此，在求解高周疲劳问题时，时间 t 内随机载荷总的雨流循环次数 M_t 可以认为是一个常数，完全

由随机载荷的 PSD 和持续时间 t 决定。

6.1.2　雨流分布引起的疲劳损伤的随机性

随机载荷的雨流幅值是随机的，它服从雨流幅值分布。雨流幅值分布一般与 PSD、高阶统计量等相关。关于雨流幅值分布的理论表达式或解析表达式有很多研究结论[6, 14-16]。第 5 章专门研究了非高斯窄带和宽带随机载荷雨流幅值分布问题。这里为了进一步拓展雨流幅值分布的计算方法，提出了基于时域数据的非参数雨流分布拟合方法[13]，图 6.1 给出了非参数拟合雨流分布的一个示例。对于平稳随机载荷，雨流计数方法结合线性累积损伤法则，即 Miner 准则，可以给出理想的疲劳损伤估计结果[17]。

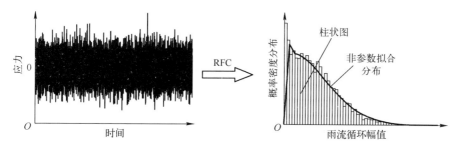

图 6.1　基于随机应力载荷序列的非参数拟合雨流分布

当研究外载荷引起的疲劳特性不确定性时，需要假设结构的疲劳特性是确定的，这里使用中位 S-N 曲线，即对应于失效概率为 50% 的应力-寿命曲线。通常，中位 S-N 曲线表述为

$$NS^b = A \tag{6.4}$$

式中：b 和 A 分别为应力寿命指数和疲劳强度系数；S 为雨流应力幅值；N 为应力幅值 S 下的中位寿命。

基于 Miner 准则，时间 t 内的疲劳累积损伤为

$$D(t) = \sum_{i=1}^{M_t} \frac{S_i^b}{A} \tag{6.5}$$

式中：M_t 为在时间 t 内发生的总的雨流循环次数；S_i 为第 i 个雨流循环的幅值。基于 6.1.1 节的分析，M_t 可以认为是一个常数。这样雨流幅值的 b 次幂 S^b 的统计特征将决定式（6.5）中疲劳损伤 $D(t)$ 的随机性。不同雨流循环的幅值可以假

设为独立同分布的随机变量[15]。因此，雨流疲劳损伤的期望和方差分别可以表示为

$$\mu_D(t) = \frac{M_t}{A} E[S^b] \qquad (6.6)$$

$$\sigma_D^2(t) = \frac{M_t}{A^2} \{ E[S^{2b}] - E^2[S^b] \} \qquad (6.7)$$

假设随机载荷的雨流分布为 $f_{\text{RFC}}(S)$（如第 5 章给出的各种理论方法，或图 6.1 所示的非参数拟合方法），疲劳损伤的均值和方差分别可以表示为

$$\mu_D(t) = \frac{M_t}{A} \int_0^\infty S^b f_{\text{RFC}}(S) \mathrm{d}S \qquad (6.8)$$

$$\sigma_D^2(t) = \frac{M_t}{A^2} \left[\int_0^\infty S^{2b} f_{\text{RFC}}(S) \mathrm{d}S - \left(\int_0^\infty S^b f_{\text{RFC}}(S) \mathrm{d}S \right)^2 \right] \qquad (6.9)$$

从统计角度来看，单个雨流循环引起的疲劳损伤是一个随机变量，且假设不同雨流循环相互独立。对于高周疲劳问题，M_t 将会非常大，则基于中心极限定理，总的疲劳损伤 $D(t) = \sum_1^{M_t} \Delta D$ 将服从高斯分布。因此，由外载荷引起的疲劳损伤的随机性可以由式（6.10）所示的高斯分布进行描述：

$$f_D(D(t)) = \frac{1}{\sqrt{2\pi}\sigma_D(t)} \exp\left\{ -\frac{[D(t) - \mu_D(t)]^2}{2\sigma_D^2(t)} \right\} \qquad (6.10)$$

其中，$\mu_D(t)$ 和 $\sigma_D(t)$ 由式（6.8）和式（6.9）定义，变异系数为 $\varsigma_D = \sigma_D(t) / \mu_D(t)$。式（6.10）所表示的概率分布函数是随时间变化的，它不代表疲劳损伤的全部随机特性，仅反映外载荷所引起的疲劳损伤的不确定性。下面将研究结构或材料内在疲劳特性的随机性。

6.2 *P-S-N* 曲线估计

前面指出随机疲劳损伤的不确定性可以分为外因和内因。6.1 节中给出了外因的描述方法，本节将研究内因不确定性，即 *P-S-N* 曲线。当描述结构疲劳特性的不确定性时，需要将外载荷的随机性排除，所以一般在定常载荷条件下研

究结构的随机疲劳特性。在给定的应力水平下，一般使用对数正态分布描述疲劳特性的随机性[7, 18]，即

$$f_N(N) = \frac{1}{\sqrt{2\pi}\sigma N} \exp\left[-\frac{(\ln N - \ln N_{50\%})^2}{2\sigma^2}\right] \tag{6.11}$$

式中：N 为应力水平 S 下引起疲劳失效的雨流循环次数；$\ln(N_{50\%}) = E[\ln(N)]$ 为中位疲劳寿命的对数；σ 为 $\ln(N)$ 的标准差。其中 $\ln(N)$ 服从均值为 $\ln(N_{50\%})$、标准差为 σ 的高斯分布，有

$$f_{LN}(L_N) = \frac{1}{\sqrt{2\pi}\sigma} \exp\left[-\frac{(L_N - L_N^{50\%})^2}{2\sigma^2}\right] \tag{6.12}$$

式中：L_N 为 $\ln(N)$；$L_N^{50\%}$ 为 $\ln(N_{50})$。变异系数定义为 $\delta = \sigma / L_N^{50\%}$。

通常 P-S-N 曲线可以由 3 个以上常幅应力水平下的疲劳试验数据拟合得到[10]，如图 6.2 所示。该图中每个应力水平下均使用了很多样本；然而在实际问题中，为了节省时间和费用，每个应力水平下用 4～6 个样本。许多研究表明同一结构在不同应力幅值下的疲劳寿命的方差是不同的。另外，Shimizu[11]假设不同应力水平下，疲劳寿命的变异系数是相同的，即为一个常数。这一假设得到了一些材料和结构试验结果的验证[11-12]。

设 k_β 为标准正态分布对应于 β 的$(0 < \beta < 1)$下分位数。基于式（6.12），应力水平 S 下对应 β 的疲劳寿命满足：

$$L_N^\beta = L_N^{50\%}(1 + k_\beta\delta) \tag{6.13}$$

式（6.13）两边取指数运算得到：

$$N_\beta = (N_{50})^{1+k_\beta\delta} \tag{6.14}$$

式中：N_β 为应力幅值 S 下，失效概率为 β 时的疲劳循环次数。根据式（6.4），$N_{50} = A/S^b$，得到：

$$N_\beta S^{b(1+k_\beta\delta)} = A^{1+k_\beta\delta} \tag{6.15}$$

式（6.15）为基于对数正态分布假设的 P-S-N 曲线的数学表达式。很明显，对应不同失效概率的 S-N 曲线具有相似的表达式。图 6.2 给出了基于对数正态分布的 P-S-N 曲线示意图，50%-S-N 对应中位 S-N 曲线。

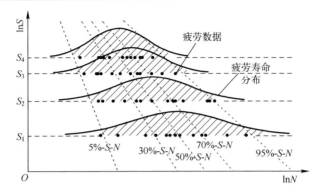

图 6.2　基于对数正态分布的 *P-S-N* 曲线示意图

6.2.1　基于常幅疲劳试验的 *P-S-N* 曲线估计方法

传统上，*P-S-N* 曲线是基于不同应力水平下的常幅疲劳试验数据得到的[19]，在每个应力水平下用 2～6 个试验样本[10]。通常，所施加的载荷为常幅正弦应力载荷。大量的试验数据已经证实对数正态分布能够很好地描述常幅值载荷下结构疲劳寿命分布[11-12, 18]。基于对数正态分布假设，应力水平 *S* 下的疲劳寿命 *N* 的 PDF 为

$$f(N) = \frac{1}{\sqrt{2\pi}\sigma N} \exp\left[-\frac{(\ln N - \mu)^2}{2\sigma^2}\right] \tag{6.16}$$

式中：$\mu = \ln(N_{50})$；N_{50} 为中位寿命；σ 为对数标准差。μ 和 N_{50} 可以由式（6.17）求得：

$$\mu = \frac{1}{M}\sum_{j=1}^{M}\ln N_j ，\quad N_{50} = \exp(\mu) \tag{6.17}$$

式中：M 为应力水平 S 下的样本数；N_j 为第 j 个观测到的疲劳数据。参数 σ 由式（6.18）估计得到：

$$\sigma = \left[\frac{1}{M-1}\sum_{j=1}^{M}(\ln N_j - \mu)^2\right]^{1/2} \tag{6.18}$$

根据 Benasciutti[17]的结论，计算随机载荷引起的疲劳损伤时，可以假设 *S-N* 曲线或 *P-S-N* 曲线不存在疲劳极限。将 *S-N* 曲线两边取对数可以表示为

$$\ln N_{50} = -b \ln S + \ln A \tag{6.19}$$

式中：b 为应力寿命指数；A 为疲劳强度系数。根据式（6.17）可以得到在应力水平 S_i 下的中位疲劳寿命 $N_{50,i}$。然后，可以得到应力水平和中位寿命序列 $\{S_i, N_{50,i}\}$，其中 $i = 1, 2, \cdots, Q$，Q 为应力水平数，通常取 3～5。将序列代入式（6.19），疲劳参数 b 和 A 可以由最小二乘法拟合得到，这样即可以得到中位 S-N 曲线。

对数变异系数 δ 用来表示给定应力水平下疲劳寿命的分散性。其定义为 $\delta = \sigma/\mu$，其中 μ 和 σ 分别由式（6.17）和式（6.18）定义。根据 Shimizu[11, 20] 和 Tosha[12] 的研究，不同应力水平下，参数 δ 可以假设为一个常数。

设 k_n 表示标准正态分布的 $n\%$ 的分位数，然后基于上述假设和分析，在应力水平 S 下对应于失效概率 $n\%$ 的疲劳寿命 N_n 可以表示为

$$N_n = (N_{50})^{1+\delta k_n} = \left(\frac{A}{S^b}\right)^{1+\delta k_n} \tag{6.20}$$

对数变异系数 δ 可以由式（6.21）估计得到：

$$\delta = \frac{1}{Q}\sum_{i=1}^{Q}\frac{\sigma_i}{\mu_i} \tag{6.21}$$

式中：Q 为应力水平数；μ_i 和 σ_i 分别为应力水平 S_i 下疲劳寿命的对数均值和对数标准差。将估计参数 $\{b, A, \delta\}$ 代入式（6.20），则 P-S-N 曲线为

$$N_n S^{b(1+\delta k_n)} = A^{1+\delta k_n} \tag{6.22}$$

则对应于失效概率为 $n\%$ 的 S-N 曲线，即 $n\%$-S-N 曲线，应力寿命指数 b_n 和疲劳强度系数 A_n 为

$$b_n = b(1+\delta k_n), \qquad A_n = A^{1+\delta k_n} \tag{6.23}$$

传统 P-S-N 曲线估计方法所需要的总的样本量为 $M_{\text{Total}} = \sum_{i=1}^{Q} M_i$，其中 M_i 是第 i 个应力水平下的样本数。疲劳试验需要在 3 个以上应力水平下进行，这是非常浪费时间的。下面将提出一种基于随机载荷试验的 P-S-N 曲线估计方法。

6.2.2　基于随机载荷试验的 *P-S-N* 曲线估计方法

1．理论基础
理论上，当疲劳模型确定时，疲劳寿命的随机性由 P-S-N 曲线和外部载荷

决定[18]。反过来，随机载荷作用下的疲劳失效数据将包含 P-S-N 曲线的相关信息。因此，在随机载荷可以准确描述的情况下，通过随机载荷疲劳数据估计 P-S-N 曲线是可行的。这是基于 P-S-N 曲线求来疲劳寿命分布问题的逆问题。下面假设结构在随机载荷下的疲劳寿命服从对数正态分布，提出了基于随机载荷疲劳寿命的 P-S-N 曲线估计方法。

得到随机载荷疲劳试验数据以后，基于对数正态分布假设求疲劳寿命的 $n\%$ 的分位数 N_n。Liu[18]指出对数正态分布或威布尔分布可以用来描述随机载荷引起的疲劳寿命分布，这里采用对数正态分布进行分析。基于 P-S-N 曲线的定义和 Miner 准则，可以得到关于疲劳分位数 N_n 的以下等式：

$$\frac{N_n}{A_n}\int_0^\infty f_{\mathrm{RFC}}(S)S^{b_n}\mathrm{d}S = \frac{N_n}{A^{1+\delta k_n}}\int_0^\infty f_{\mathrm{RFC}}(S)S^{b(1+\delta k_n)}\mathrm{d}S = 1 \tag{6.24}$$

式中：$f_{\mathrm{RFC}}(S)$ 为随机载荷雨流幅值分布，可以通过第 5 章中 $\{b,A,\delta\}$ 的解析方法或非参数方法[13]得到。

2. P-S-N 曲线参数估计

将随机载荷疲劳寿命序列表示为 $j = 1, 2, \cdots, M_R$（M_R 为试验样本量）。对应于 $n\%$ 的疲劳寿命分位数 N_n 可以由估计的对数正态分布得到[20]。雨流幅值分布 $f_{\mathrm{RFC}}(S)$ 可以由经验分布或解析公式计算得到[14, 16, 21-22]。将 N_n 和 $f_{\mathrm{RFC}}(S)$ 代入式（6.24），则有 3 个未知数，有一个三元方程组便可以求解未知参数 $\{b,A,\delta\}$。假设 $n_1\%$、$n_2\%$ 和 $n_3\%$ 代表 3 个不同的失效概率，对应的疲劳寿命分别为 N_{n1}、N_{n2} 和 N_{n3}。进一步地，设在标准正态分布中 $n_1\%$、$n_2\%$ 和 $n_3\%$ 的分位点为 k_{n1}、k_{n2} 和 k_{n3}。将 (N_{n1}, k_{n1})、(N_{n2}, k_{n2}) 和 (N_{n3}, k_{n3}) 分别代入式（6.24）得到：

$$\begin{cases}\dfrac{N_{n1}}{A^{1+\delta k_{n1}}}\int_0^\infty f_{\mathrm{RFC}}(S)S^{b(1+\delta k_{n1})}\mathrm{d}S = 1\\[2mm]\dfrac{N_{n2}}{A^{1+\delta k_{n2}}}\int_0^\infty f_{\mathrm{RFC}}(S)S^{b(1+\delta k_{n2})}\mathrm{d}S = 1\\[2mm]\dfrac{N_{n3}}{A^{1+\delta k_{n3}}}\int_0^\infty f_{\mathrm{RFC}}(S)S^{b(1+\delta k_{n3})}\mathrm{d}S = 1\end{cases} \tag{6.25}$$

式（6.25）为非线性三元积分方程组，不仅难以求解，而且由于只利用了 $n_1\%$、$n_2\%$ 和 $n_3\%$ 三个分位数的失效信息，浪费了大量的失效信息。事实上，疲劳失效概率 $n_i\%$ 可以在区间（0, 1）内任意取值。因此可以建立一个关于参数

$\{b, A, \delta\}$ 的超定方程组。进一步将连续雨流幅值分布函数离散为 $P(S_i) = f_{\mathrm{RFC}}(S_i)\Delta S$，其中 ΔS 是离散化间距。基于式（6.25）和上述分析，关于参数 $\{b, A, \delta\}$ 的超定方程组可以表示为

$$
\begin{cases}
P(S_1)\dfrac{S_1^{b(1+\delta k_{n1})}}{A^{1+\delta k_{n1}}} + P(S_2)\dfrac{S_2^{b(1+\delta k_{n1})}}{A^{1+\delta k_{n1}}} + \cdots + P(S_q)\dfrac{S_q^{b(1+\delta k_{n1})}}{A^{1+\delta k_{n1}}} = \dfrac{1}{N_{n1}} \\[3mm]
P(S_1)\dfrac{S_1^{b(1+\delta k_{n2})}}{A^{1+\delta k_{n2}}} + P(S_2)\dfrac{S_2^{b(1+\delta k_{n2})}}{A^{1+\delta k_{n2}}} + \cdots + P(S_q)\dfrac{S_q^{b(1+\delta k_{n2})}}{A^{1+\delta k_{n2}}} = \dfrac{1}{N_{n2}} \\[2mm]
\qquad\qquad\qquad\qquad\qquad \vdots \\[2mm]
P(S_1)\dfrac{S_1^{b(1+\delta k_{nr})}}{A^{1+\delta k_{nr}}} + P(S_2)\dfrac{S_2^{b(1+\delta k_{nr})}}{A^{1+\delta k_{nr}}} + \cdots + P(S_q)\dfrac{S_q^{b(1+\delta k_{nr})}}{A^{1+\delta k_{nr}}} = \dfrac{1}{N_{nr}}
\end{cases}
\tag{6.26}
$$

式（6.26）可以表示为矩阵的形式：

$$
\boldsymbol{\Phi P} = \boldsymbol{\Theta} \tag{6.27}
$$

式中：$\boldsymbol{\Phi}$ 为 $r \times q$ 的矩阵，$\boldsymbol{\Phi}(i, j) = S_j^{b(1+\delta k_{ni})}\big/A^{1+\delta k_{ni}}$；$\boldsymbol{P} = [p(S_1), p(S_2), \cdots, p(S_q)]^{\mathrm{T}}$；$\boldsymbol{\Theta} = [1/N_{n1}, 1/N_{n2}, \cdots, 1/N_{nr}]^{\mathrm{T}}$，上标"T"表示转置；$r$ 为对应于不同失效概率的分位点数；q 为雨流应力幅值离散化的数量。

理论上，只要 $r \geqslant 3$，$q \geqslant 1$ 就可以由式（6.26）求解得到参数 $\{b, A, \delta\}$。但为了充分利用失效数据，需要根据式（6.26）所定义的超定方程组（$r>3$, $q>1$）建立一个优化模型。参数 $\{b, A, \delta\}$ 的估计精度对 r 和 q 的大小十分敏感，较小的 r 和 q 值会引起较大的估计误差；过大的取值会导致优化模型难以求解。这里建议 r 取值为 9，失效概率序列 $\{n_i \%\}$ 为 $\{10\%, 20\%, 30\%, \cdots, 90\%\}$，$q$ 取值为 10，这样 $\boldsymbol{\Phi}$ 为一个 9×10 的矩阵，式（6.27）为一个超定方程组。使用优化算法来求解该问题。在最小均方误差意义下，优化目标函数可以表示为

$$
G = \sum_{i=1}^{r}\left(\varUpsilon_i(b, A, \delta) - \frac{1}{N_{ni}}\right)^2 \tag{6.28}
$$

其中，$\varUpsilon_i(b, A, \delta) = P(S_1)\dfrac{S_1^{b(1+\delta k_{ni})}}{A^{1+\delta k_{ni}}} + P(S_2)\dfrac{S_2^{b(1+\delta k_{ni})}}{A^{1+\delta k_{ni}}} + \cdots + P(S_q)\dfrac{S_q^{b(1+\delta k_{ni})}}{A^{1+\delta k_{ni}}}$（$i=1$, 2, $\cdots$, q）。由式（6.28）确定的非线性优化模型可以利用数值算法进行求解。对于实际问题，疲劳失效载荷数 N_n 会非常大，其倒数 $1/N_n$ 将接近 0。这对计算机数值求解是非常不利的，因为计算机的精度和数值算法的计算容差是有限的，

而且与 $1/N_n$ 的数量级接近，这样将会容易得到错误的优化结果。因此，提出了与式（6.28）等价的优化目标函数：

$$G_{\mathrm{OP}} = \sum_{i=1}^{r} \left(\frac{1}{Y_i(b, A, \delta)} - N_{ni} \right)^2 \qquad (6.29)$$

式（6.28）和式（6.29）所表示的目标函数在数学上是等价的，但是后者更适用于计算机程序求解。

对于优化问题求解，初始条件是非常重要的。通常，对于金属材料疲劳参数 $b > 1$，$A > 10^5$，$0 < \delta < 1$。基于此，确定优化模型的约束条件为

$$\begin{cases} 1 \leqslant b \\ 10^5 \leqslant A \\ 0 < \delta < 1 \end{cases} \qquad (6.30)$$

式（6.30）所确定的约束条件符合绝大多数金属材料或结构的疲劳特性。在满足约束条件的前提下，求解的参数应该满足：

$$\{b_{\mathrm{OP}}, A_{\mathrm{OP}}, \delta_{\mathrm{OP}}\} = \{b, A, \delta \mid \min(G_{\mathrm{OP}})\} \qquad (6.31)$$

该类优化问题可以通过约束非线性最小化方法进行求解，例如 Nelder-Mead Simplex 方法[23]。Matlab 函数 "fmincon" 和 "fminsearch" 包含了上述优化算法，可以有效地求解由式（6.30）和式（6.31）确定的优化问题。

3．*P-S-N* 曲线估计示例

为了验证基于随机疲劳数据的 *P-S-N* 曲线估计方法的有效性，设计图 6.3 所示的缺口悬臂梁，材料为 Al2024-T3，力学特性见表 6.1。悬臂梁的自由端安装一个质量块，如图 6.4 所示，质量块及其固定螺母的质量为 0.8158N。由于试验是在竖直方向进行的，因此需要考虑由重力引起的平均应力。基于有限元分析，重力引起的悬臂梁固定端平均应力为 79.8MPa，采用 Goodman 公式对平均应力进行修正[19]。首先开展预试验来确定结构疲劳断裂位置，如图 6.4 所示，位于悬臂梁的固定端，在疲劳试验过程中将应变片贴于该位置。横向弯曲疲劳试验在电磁振动台上进行。进行常幅疲劳试验时加载固定幅值和频率的正弦振动，进行随机载荷疲劳试验时，加载给定 PSD 的高斯随机振动。利用动态应变仪记录应变信号。常幅值载荷下的疲劳数据用于传统的 *P-S-N* 曲线估计方法。随机载荷疲劳数据用于新提出的 *P-S-N* 曲线估计方法。

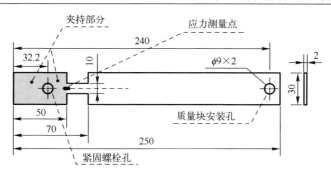

图 6.3　疲劳试验样本（单位：mm）

表 6.1　Al2024-T3 的力学特性

弹性模量/GPa	泊松比	极限应力/MPa	密度/（kg/m³）
68	0.33	438	2770

图 6.4　疲劳试验样本断裂位置

1）常幅疲劳试验及结果

基于文献[10]给出的准则，确定应力水平数 $Q = 3$。Lee 和 Pan 等指出利用传统方法估计 P-S-N 曲线时，需要 12～24 个样本，并规定了函数 P_R（percent replication）来约束疲劳试验样本量[19]。P_R 是应力水平数 Q 和总样本量 $M_{\text{Total}} = \sum_{i=1}^{Q} M_i$ 的函数：

$$P_R = 100(1 - Q / M_{\text{Total}}) \tag{6.32}$$

通常在可靠性工程领域，要求 P_R 的取值范围为 75～80[19]。本示例中取 $Q = 3$，每个应力水平下的样本数为 $M_i = 5$，得 $P_R = 80$，满足要求。常幅疲劳试验通过正弦基础激励施加载荷，通过控制加载频率和幅值来控制应力水平。试验样本在振动台上的布局如图 6.5 所示。

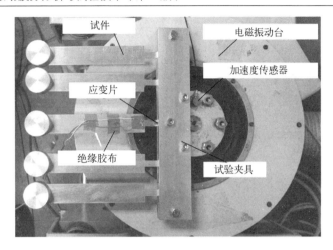

图 6.5　正弦常幅值载荷疲劳试验布局

经 Goodman 公式修正以后，各个应力水平下的疲劳试验数据见表 6.2。从表 6.2 中可以提取应力水平和对数均值序列 $\{(S_i,\mu_i)\}$（$i=1,2,3$）。之后，基于式（6.17），可以得到应力水平和中位疲劳寿命序列 $\{(S_i,N_{50,i})\}$，$\{(181,444942),(263,45093),(395,3165)\}$，然后基于最小二乘拟合，式（6.19）定义的中位 S-N 曲线为

$$N_{50}S^{6.34}=9.4016\times10^{19} \tag{6.33}$$

表 6.2　常幅疲劳试验数据和 P-S-N 曲线参数

应力水平/MPa	疲劳寿命 N	对数均值 μ	对数标准差 σ	对数变异系数 δ
181	336500, 390020, 441240, 485220, 620500	13.006	0.2311	0.0178
263	36500, 40800, 45920, 47200, 57780	10.716	0.1722	0.0161
395	2325, 2880, 3300, 3750, 3835	8.0600	0.2070	0.0257

式（6.33）给出的 Al2024-T3 悬臂梁的 S-N 曲线与式（4.33）中给出的 Al2024-T3 标准试验件的 S-N 曲线存在差别，这种差别是由几何尺寸、加载方式、表面状态和估计误差等因素导致的。进一步地，在表 6.2 的最后一列，可以看到各应力水平下疲劳寿命对数变异系数的差别不大。这说明 Shimizu 提出的假设[11]是合理的。将表 6.2 中的数据代入式（6.21），得到对数变异系数的估计结果为 $\delta=0.02$。将对数变异系数 δ 和式（6.33）代入式（6.22），得到基于常

规方法的 P-S-N 曲线估计结果：

$$N_n S^{6.34(1+0.02k_n)} = (9.4016 \times 10^{19})^{1+0.02k_n}　　　　（6.34）$$

2）随机疲劳试验及结果

随机载荷疲劳试验布局与常幅载荷疲劳试验布局相似，但每次使用两套夹具、8 个样本同时进行试验，如图 6.6 所示。随机载荷疲劳试验通过在振动台施加随机激励来进行。输入激励的样本时间序列和 PSD 分别如图 6.7（a）和（b）所示。

图 6.6　随机载荷疲劳试验布局

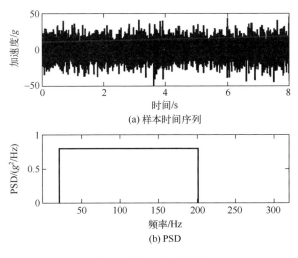

(a) 样本时间序列

(b) PSD

图 6.7　输入基础激励

　　悬臂梁固定端随机应力响应时间序列及其 PSD 分别如图 6.8（a）和（b）所示。

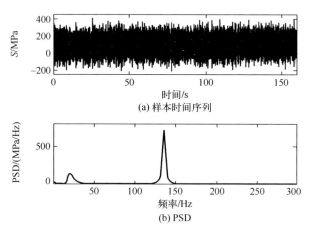

图 6.8　悬臂梁固定端应力响应

　　由于应力均值并不影响雨流计数过程，因此用 WAFO 工具箱[24]对初始应力信号进行雨流计数，得到的雨流计数结果如图 6.9 所示。

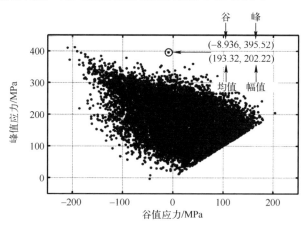

图 6.9　实测 162s 应力序列的雨流计数结果

　　之后，用 Goodman 公式将非零均值的雨流循环转换为零均值的雨流循环。修正后的零均值雨流循环幅值概率分布柱状图如图 6.10 所示。

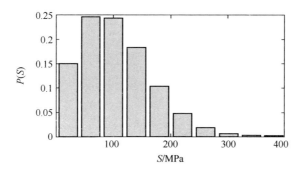

图 6.10　修正后的零均值雨流幅值概率 $P(S)$ 分布柱状图

随机载荷疲劳失效结果见表 6.3。随机载荷疲劳寿命分布参数为 $\mu_R = 12.3944$，$\sigma_R = 0.0683$，则寿命分布函数为

$$f(N) = \frac{1}{0.0683\sqrt{2\pi}N}\exp\left(-\frac{(\ln N - 12.3944)^2}{0.0093}\right) \tag{6.35}$$

基于式（6.35）可以得到对应于失效概率 {10%, 20%, 30%, …, 90%} 的疲劳寿命，见表 6.3。

表 6.3　随机载荷疲劳数据与疲劳寿命分位数

疲劳寿命 N	疲劳寿命分位数 $\{N_{10}, N_{20}, N_{30}, N_{40}, N_{50}, N_{60}, N_{70}, N_{80}, N_{90}\}$
210845, 234454, 235273, 240186, 246873, 248374, 254242, 265195	{221210, 227958, 232951, 237304, 241446，245660，2502502，255731，263531}

将图 6.10 和表 6.3 中的数据代入由式（6.30）和式（6.31）定义的优化模型，用 Matlab 非线性优化函数进行求解，得到参数 $\{b, A, \delta\}$ 的估计结果：

$$\{b_{OP}, A_{OP}, \delta_{OP}\} = \{18.43, 1.345 \times 10^{50}, 0.05\} \tag{6.36}$$

这样基于随机疲劳试验数据的 P-S-N 曲线就可以表示为

$$N_n S^{18.34(1+0.05k_n)} = (1.345 \times 10^{50})^{1+0.05k_n} \tag{6.37}$$

很明显，式（6.37）中的 P-S-N 曲线参数与式（6.34）中的参数不同。下面将深入分析存在这种差异的原因。

3）对比分析

对比式（6.34）和式（6.37），常幅疲劳试验得到的 P-S-N 曲线参数为

$\{b, A, \delta\} = \{6.34, 9.4016 \times 10^{19}, 0.02\}$，而随机疲劳试验得到的估计参数为 $\{b, A, \delta\} = \{18.34, 1.345 \times 10^{50}, 0.05\}$，可以看出，两种结果的差别明显。然而，对于随机疲劳试验结果，较大的应力寿命指数 b 对应于较大的疲劳强度系数 A，这将缩小两种 P-S-N 曲线的差别，比较结果如图 6.11 所示。

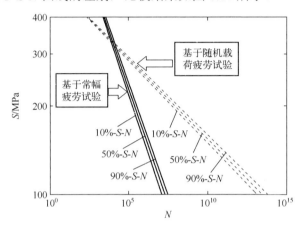

图 6.11　常幅疲劳试验 P-S-N 曲线与随机疲劳试验 P-S-N 曲线

　　总体上，两种结果的差异主要归咎于以下三个因素：①较小的样本量不足以得到稳定的估计值；②机械疲劳问题本身的随机性；③常幅加载方式和随机载荷加载方式的不同。对于第一个因素，在常幅疲劳试验中，每个应力水平下的样本量为 5，总的样本数为 15。对于随机疲劳试验，样本量为 8，样本量相对较小。客观来说，第二个因素是不可避免的，两组完全相同的样本在相同的条件下进行疲劳试验，仍不可能得到完全相同的 P-S-N 曲线估计结果。对于第三个因素，常幅疲劳试验在单一应力水平下进行，而随机疲劳试验在变幅值载荷下进行。在施加变幅载荷时，具有不同幅值和均值的载荷循环相互作用，使结构的失效机理与常幅载荷疲劳机理存在差异。总体上，基于随机载荷疲劳数据的 P-S-N 曲线更适于估计工程领域中随机载荷下结构的疲劳寿命分布和疲劳可靠性。基于随机载荷疲劳失效数据的 P-S-N 曲线估计方法的优势在于其相比传统方法需要更少的试验样本和时间。在本示例中，传统方法使用 15 个样本，而基于随机载荷疲劳数据的方法使用 8 个样本。进一步地，常幅疲劳试验总共花费的试验时间为 9.5175h，而随机载荷疲劳试验的总试验时间为 0.5397h，不到前者的 6%。

6.3　随机载荷作用下结构疲劳可靠性分析

6.1 节和 6.2 节分别研究了外载荷的不确定性（外因）和结构疲劳特性的随机性（内因）的定量描述方法。在此基础上，本节提出了结构在随机载荷作用下的疲劳可靠度期望与置信区间的估计方法。

6.3.1　疲劳可靠度期望

首先基于 Miner 准则，假设临界疲劳损伤 $D_{CR} = 1$。疲劳损伤均值 $\mu_D(t)$ 由中位 S-N 曲线计算得到。根据中位 S-N 曲线的定义，当平均累积损伤 $\mu_D(t) = 1$ 时意味着在时刻 t 的可靠度 $R(t) = 0.5$。但大多数情况下，$\mu_D(t)$ 不等于 1，不能直接找到可靠度对应结果。这个问题可以分为以下三种情况来处理：

情况 1： $\mu_D(t) = 1$，表示 $R(t) = 0.5$。

情况 2： $\mu_D(t) < 1$，表示 $R(t) > 0.5$。参考 P-S-N 曲线的定义，这种情况下在中位 S-N 曲线（图 6.2）的左侧存在一条 β-S-N 曲线（$\beta < 50\%$），满足 $\mu_D^{\beta}(t) = 1$，其中 $\mu_D^{\beta}(t)$ 是基于 β-S-N 曲线的疲劳损伤结果。这时疲劳可靠度为 $R(t) = 1 - \beta$。

情况 3： $\mu_D(t) > 1$，表示 $R(t) < 0.5$，与情况 2 相反，在中位 S-N 曲线的右侧存在一条 β-S-N 曲线（$\beta > 50\%$）满足 $\mu_D^{\beta}(t) = 1$。这时疲劳可靠度为 $R(t) = 1 - \beta$。

对于情况 1，可以直接得到可靠度结果。但是对于情况 2 和情况 3，需要一种方法来确定参数 β。根据式（6.8）和式（6.15），基于中位 S-N 曲线和 β-S-N 曲线的疲劳寿命期望为

$$\begin{cases} \mu_D(t) = \dfrac{M_t}{A} \displaystyle\int_0^{\infty} S^b f_{RFC}(S) \mathrm{d}S \\[3mm] \mu_D^{\beta}(t) = \dfrac{M_t}{A^{1+\delta k_{\beta}}} \displaystyle\int_0^{\infty} S^{b(1+\delta k_{\beta})} f_{RFC}(S) \mathrm{d}S \end{cases} \tag{6.38}$$

由式（6.38）可以发现很难通过直接的数学计算确定参数 β。可以通过搜寻算法找到合适的 β，具体算法流程如图 6.12 所示。

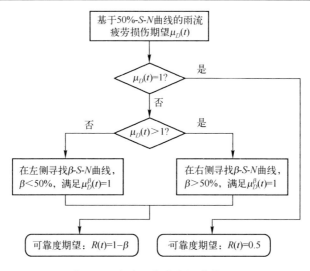

图 6.12　疲劳可靠度期望计算方法

6.3.2　疲劳可靠度置信区间

当中位 $S\text{-}N$ 曲线确定时，由外载荷引起的疲劳损伤的不确定性由式（6.10）确定的正态分布函数表示。因此，疲劳损伤的 $1\text{-}2\alpha$ 的置信区间可以表示为

$$[D_\alpha(t), D_{1-\alpha}(t)] = [\mu_D(t) + k_\alpha\sigma_D(t), \mu_D(t) + k_{1-\alpha}\sigma_D(t)] \tag{6.39}$$

式中：$\mu_D(t)$ 和 $\sigma_D(t)$ 由式（6.8）和式（6.9）定义；k_α 和 $k_{1-\alpha}$ 分别为标准正态分布的 α 和 $1\text{-}\alpha$ 分位数。我们并不能由式（6.39）直接得到疲劳可靠度的 $1\text{-}2\alpha$ 的置信区间。

疲劳累积损伤的置信下限 $D_\alpha(t)$ 和置信上限 $D_{1-\alpha}(t)$ 分别对应于疲劳可靠度的置信上限 $R_{1-\alpha}(t)$ 和置信下限 $R_\alpha(t)$。以疲劳可靠度置信上限 $R_{1-\alpha}(t)$ 为例，不存在 $D_\alpha(t)$ 到 $D_\alpha^\beta(t) = 1$ 的直接转换关系。所以，需要间接地解决这个问题。假设对于 $\beta_1\text{-}S\text{-}N$ 曲线，$D_\alpha^\beta(t) = 1$，则基于 $\beta_1\text{-}S\text{-}N$ 的疲劳损伤期望 $\mu_D^\beta(t)$ 为 $\mu_D^\beta(t) = 1/[1 + k_\alpha\varsigma_D^\beta(t)]$。其中，$\varsigma_D^{\beta_1} = \sigma_D^{\beta_1}/\mu_D^{\beta_1}$ 由式（6.10）定义。因此可以根据以下情况确定 $R_{1-\alpha}(t)$ 的计算方法。

情况 1： $D_\alpha(t) = 1$，表示 $R_{1-\alpha}(t) = 0.5$。

情况 2： $D_\alpha(t) < 1$，在中位 $S\text{-}N$ 曲线的左侧寻找 $\beta_1\text{-}S\text{-}N$ 曲线满足 $\mu_D^\beta(t) = 1/[1 + k_\alpha\varsigma_D^\beta(t)]$，则可靠度上限为 $R_{1-\alpha}(t) = 1 - \beta_1$。

情况 3：$D_\alpha(t) > 1$，在中位 S-N 曲线的右侧寻找 β_1-S-N 曲线满足 $\mu_D^{\beta_1} = 1/[1 + k_\alpha \varsigma_D^{\beta_1}(t)]$，则可靠度上限为 $R_{1-\alpha}(t) = 1 - \beta_1$。

疲劳可靠度置信下限 $R_\alpha(t)$ 计算方法与以上情况类似，这里不再列出。假设其目标失效概率 S-N 曲线为 β_2-S-N，则置信下限表示为 $R_\alpha(t) = 1-\beta_2$。最终疲劳可靠度的 $1-2\alpha$ 置信区间为

$$[R_\alpha(t), R_{1-\alpha}(t)] = [1 - \beta_2, 1 - \beta_1] \tag{6.40}$$

其具体计算流程如图 6.13 所示。

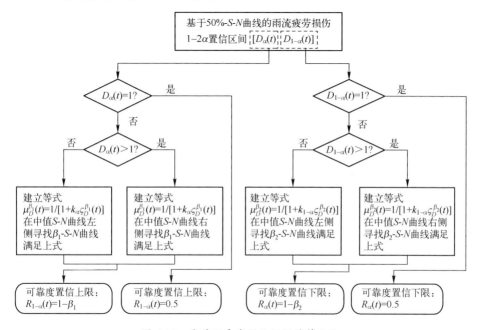

图 6.13 疲劳可靠度置信区间计算方法

6.4 示　例

这里给出了一个数值示例来验证 6.3 节中疲劳可靠度期望和置信区间估计方法的有效性。假设结构 P-S-N 曲线的表达式为

$$N_\beta S^{4(1+0.1k_\beta)} = (2.5 \times 10^{14})^{1+0.1k_\beta} \tag{6.41}$$

可以看到，参数 $b = 4$，$A = 2.5 \times 10^{14}$，$\delta = 0.1$。随机载荷如图 6.14 所示，为 RMS = 120MPa 的零均值高斯过程，样本时间序列和 PSD 分别如图 6.14（a）和（b）所示。PSD 用来计算雨流发生率 $\bar{v}_c$ [式（6.2）]。采用蒙特卡罗仿真方法产生了大量随机载荷样本序列，基于 Bootstrap 方法计算可靠度均值和置信区间，并与图 6.12 和图 6.13 所示搜寻算法的计算结果进行对比分析。

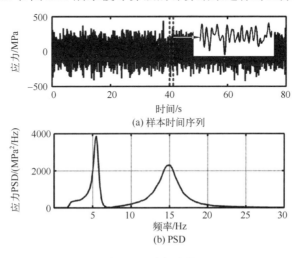

图 6.14　随机载荷

6.4.1　基于蒙特卡罗仿真的疲劳可靠度估计

如图 6.14（b）所示，当 PSD 给定时可以基于标准高斯随机过程生成方法[25]产生大量样本时间序列。这里仿真生成 5000 个样本序列，并采用雨流计数法对每个样本进行雨流计数。对于每个样本序列，从式（6.41）所表示的 P-S-N 曲线中依概率分布特性随机选取一条 β-S-N 曲线来计算随机疲劳损伤。当 $t = 500\text{s}$ 时，对应于 5000 个样本时间序列的疲劳损伤结果如图 6.15 所示。

很明显，不同时间序列对应的疲劳损伤差别很大。假设临界疲劳损伤 $D_{\text{cr}} = 1$，则对于第 i 个观测疲劳损伤如果 $D_i > 1$，则发生失效。假设 t 时刻的失效数为 $l(t)$，则基于蒙特卡罗仿真的疲劳可靠度观测结果为

$$R_{\text{MC}}(t) = 1 - \frac{l(t)}{5000} \qquad (6.42)$$

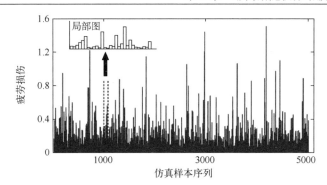

图 6.15　基于蒙特卡罗仿真的疲劳损伤结果（$t = 500\text{s}$）

　　式（6.42）给出的观测结果基于单一疲劳损伤序列，不能反映疲劳可靠度的不确定性。为了提高估计精度并给出疲劳可靠度不确定性的描述，引入 Bootstrap 方法[26]。Boostrap 重复样本量为 10000 个，远远大于最低经验要求值 200 个[26]。基于 Bootstrap 方法的疲劳可靠度期望和 98%的置信区间如图 6.16（a）所示，在可靠度水平较低时，可以分辨对应于 $R_B(t)$和[$R_{B(0.01)}(t)$, $R_{B(0.99)}(t)$]的曲线。然而，对于更高的可靠度范围，这种差别难以分辨，而通常最关注的就是较高的可靠度范围。因此，这里引入失效概率 $F(t) = 1 - R(t)$[图 6.16（b）]来间接地表示较高的可靠度范围的情况。较小的失效概率范围对应于图 6.16（a）中较高的可靠度范围。

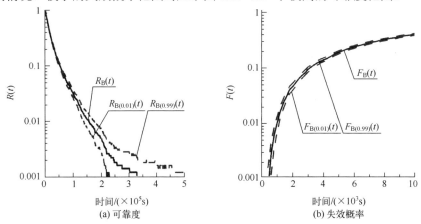

图 6.16　基于 Bootstrap 方法的疲劳可靠度期望和 98%的置信区间与失效概率

6.4.2　基于理论方法的疲劳可靠度估计

首先，基于图 6.14（a）所示的应力时间序列得到了雨流幅值分布函数，如

图 6.17 所示，可以看到非参数拟合分布可以很好地描述雨流幅值分布规律。它能够给出较大雨流幅值分布范围的平滑估计结果，而这些较大的雨流幅值将主导疲劳失效过程。基于图 6.12 和图 6.13 确定的搜寻算法得到的疲劳可靠度期望和置信区间如图 6.18（a）所示，同时给出了与 Bootstrap 方法的对比结果。相比较而言，理论方法能够给出更加稳定的估计结果。通常，关注的可靠度范围为 $0.5 \leqslant R(t) \leqslant 1$，通过图 6.18（a）中的局部放大图可以看出在该范围内，理论结果与 Bootstrap 结果的一致性很好。为了进一步展示在高可靠度范围的一致性，两种方法对应的失效概率函数曲线如图 6.18（b）所示。可以看到理论方法的计算结果在高可靠度范围与 Bootstrap 结果有很好的一致性。

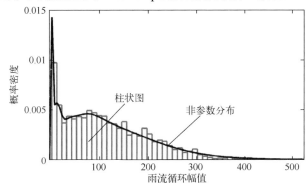

图 6.17　雨流幅值分布柱状图及非参数雨流幅值分布函数

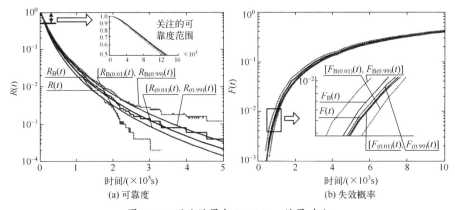

图 6.18　理论结果与 Bootstrap 结果对比

从图 6.18（a）中可以看出 Bootstrap 结果在小于 10^{-3} 的数量级时，其可靠度均值和置信限所对应的函数曲线波动严重。这主要是由于在该数量级，重复样本为 10000 的 Bootstrap 方法不能给出十分稳定的估计结果，但是理论方法可以给出相对稳定的估计结果。

6.4.3　结果分析

6.4.2 节给出了基于蒙特卡罗仿真和理论方法的疲劳可靠度计算结果，图 6.18（a）和（b）中给出了定性对比，本节将进一步对两种计算结果进行定量对比。在示例分析中，无论是蒙特卡罗仿真还是 Bootstrap 重抽样都采样了非常大的样本量，所以将蒙特卡罗仿真 + Bootstrap 方法的计算结果设为参考值，判断理论方法的计算精度。同时，这里定义可靠度置信区间宽度系数 $\vartheta(t)$ 来度量疲劳可靠度的不确定性：

$$\vartheta(t) = \frac{R_{1-\alpha}(t) - R_{\alpha}(t)}{R(t)} \tag{6.43}$$

式中：$R_{\alpha}(t)$ 和 $R_{1-\alpha}(t)$ 分别为疲劳可靠度 $1-2\alpha$ 置信区间的置信下限和置信上限；$R(t)$ 为疲劳可靠度期望。

表 6.4 中给出了一些具有代表性的时间点的疲劳可靠度。第 2 列给出了 Bootstrap 方法的疲劳可靠度期望，第 3 列为基于 Bootstrap 方法置信度为 98% 的疲劳可靠度置信区间，第 4 列给出了式（6.43）定义的置信区间宽度系数，第 5 列为理论方法的疲劳可靠度期望值，括号内的数据为相对 Bootstrap 方法计算结果的偏差，第 6 列为理论方法置信度为 98% 的疲劳可靠度置信区间。

表 6.4　疲劳可靠度期望和 98% 的置信区间

时间/s	蒙特卡罗仿真			理论方法	
	R_B	$[R_{B(0.01)}, R_{B(0.99)}]$	ϑ	R（偏差）	$[R_{0.01}, R_{0.99}]$
500	0.9983	[0.9968, 0.9994]	0.0026	0.9836 (−1.47%)	[0.9826, 0.9846]
3000	0.9049	[0.8950, 0.9146]	0.0217	0.9017 (−0.35%)	[0.8958, 0.9079]
5000	0.8070	[0.7940, 0.8196]	0.0317	0.8361 (3.61%)	[0.8263, 0.8465]
7500	0.6926	[0.6773, 0.7074]	0.0435	0.7542 (8.89%)	[0.7394, 0.7697]
10000	0.5934	[0.5772, 0.6098]	0.0549	0.6723 (13.30%)	[0.6525, 0.6930]
13000	0.5011	[0.4850, 0.5168]	0.0435	0.5740 (14.55%)	[0.5483, 0.6008]
17000	0.4048	[0.3886, 0.4210]	0.0800	0.4429 (9.41%)	[0.4093, 0.4780]
23000	0.3004	[0.2858, 0.3152]	0.0979	0.3146 (4.73%)	[0.2774, 0.3541]
33000	0.2001	[0.1870, 0.2132]	0.1309	0.2146 (7.25%)	[0.1854, 0.2479]
54000	0.0982	[0.0882, 0.1082]	0.2037	0.0948 (−3.46%)	[0.0779, 0.1163]

对于疲劳可靠度期望，理论计算结果与 Bootstrap 结果的最大偏差为 14.55%，发生在 $t = 13000\mathrm{s}$ 时。另外相对于 Bootstrap 结果，理论方法的置信区间估计结果是可以接受的。对于置信度为 98% 的疲劳可靠度的置信上限和置信下限，最大相对偏差分别为 13.05% 和 16.28%。这些计算误差在一定程度上归咎于 Bootstrap 估计结果本身的不稳定性。另外，从表 6.4 的第 4 列中参数 $\vartheta(t)$ 的变化趋势可以看出，疲劳可靠度的不确定性随着可靠度期望的减小而增大。

参 考 文 献

[1] SMITH C L, CHANG J H, ROGERS M H. Fatigue reliability analysis of dynamic components with variable loadings without Monte Carlo simulation[C]//Proceedings of the American Helicopter Society 63rd Annual Forum, 2007.

[2] ANOOP M B, PRABHU G, RAO K B. Probabilistic analysis of shear fatigue life of steel plate girders using a fracture mechanics approach[J]. Proceedings of the Institution of Mechanical Engineers Part O Journal of Risk & Reliability, 2011, 225(4): 389-398.

[3] SZERSZEN M M, NOWAK A S, LAMAN J A. Fatigue reliability of steel bridges[J]. Journal of Constructional Steel Research, 1999, 52(1): 83-92.

[4] THIES P R, JOHANNING L, SMITH G H. Assessing mechanical loading regimes and fatigue life of marine power cables in marine energy applications[J]. Proceedings of the Institution of Mechanical Engineers Part O Journal of Risk & Reliability, 2011, 226(1): 18-32.

[5] SVENSSON T. Prediction uncertainties at variable amplitude fatigue[J]. International Journal of Fatigue, 1997, 19(93): 295-302.

[6] JOHANNESSON P. Rainflow Analysis of Switching Markov Loads[D]. Lund：Lund University,1999.

[7] KIHL D P, SARKANI S, BEACH J E. Stochastic fatigue damage accumulation under broadband loadings[J]. International Journal of Fatigue, 1995, 17(5): 321-329.

[8] RAMBABU D V, RANGANATH V R, RAMAMURTY U, et al. Variable Stress Ratio in Cumulative Fatigue Damage:Experiments and Comparison of Three Models[J]. Proc I Mech E Part C:Journal of Mechanical Engineering Science, 2010, 224: 271-282.

[9] ZHENG X, WEI J. On the Prediction of P-S-N curves of 45 Steel Notched Elements and Probability Distribution of Fatigue Life under Variable Amplitude Loading from Tensile

Properties[J]. International Journal of Fatigue, 2005, 27(2): 601-609.

[10] LING J, PAN J. A Maximum Likelihood Method for Estimating P-S-N Curves[J]. International Journal of Fatigue, 1997, 19(5): 415-419.

[11] SHIMIZU S, TOSHA K, TSUCHIYA K. New Data Analysis of Probabilistic Stress-Life (P-S-N) Curve and Its Application for Structural Materials[J]. International Journal of Fatigue, 2010, 32(3): 565-575.

[12] TOSHA K, UEDA D, SHIMODA H, et al. A Study on P-S-N Curve for Rotating Bending Fatigue Test for Bearing Steel[J]. Tribology Transactions, 2008, 51(2): 166-172.

[13] BOWMAN A W, AZZALINI A. Applied Smoothing Techniques for Data Analysis-the Kernel Approach with S-Plus Illustrations[M]. Oxford:Oxford Science Publications, 1997.

[14] DIRLIK T. Application of Computers in Fatigue Analysis[D]. Coventry:The University of Warwick, 1985.

[15] BISHOP N W M. The Use of Frequency Domain Parameters to Predict Structural Fatigue[D]. Coventry:University of Warwick, 1988.

[16] TOVO R. Cycle distribution and fatigue damage under broad-band random loading[J]. International Journal of Fatigue, 2002, 24(11): 1137-1147.

[17] BENASCIUTTI D. Fatigue Analysis of Random Loadings[D]. Ferrara：University of Ferrara, 2004.

[18] LIU Y. Stochastic Modeling of Multiaxial Fatigue and Fracture[D]. Nashville:Vanderbilt University, 2006.

[19] LEE Y L, PAN J, HATHAWAY R B,et al. Fatigue Testing and Analysis-Theory and Practice[M]. Burlington:Elsevier Butterworth-Heinemann, 2005.

[20] SHIMIZU S. P-S-N Curves Model for Rolling Contact Machine Elements[C]//Proceedings of the International Tribology Conference, Nagasaki, 2000.

[21] BENASCIUTTI D, TOVO R. Comparison of spectral methods for fatigue analysis of broad-band Gaussian random processes[J]. Probabilistic Engineering Mechanics, 2006, 21(4): 287-299.

[22] WANG X, SUN J Q. Multistage regression fatigue analysis of non-Gaussian stress processes[J]. Journal of Sound & Vibration, 2005, 280(1): 455-465.

[23] LAGARIAS, J C, REEDS J A, WRIGHT M H, et al. Convergence Properties of the Nelder-Mead Simplex Method in Low Dimensions[J]. SIAM Journal of Optimization, 1998, 9(1): 112-147.

[24] BRODTKORB P A, JOHANNESSON P, LINDGREN G, et al. WAFO-A Matlab toolbox for analysis of random waves and loads[C]//Proceedings of 10th international offshore and polar engineering conference, 2000.

[25] SHINOZUKA M, JAN C M. Digital simulation of random processes and its applications[J]. Journal of Sound & Vibration, 1972, 25(1): 111-128.

[26] EFRON B, TIBSHIRANI R. An Introduction to the Bootstrap[M]. New York:Chapman & Hall, 1993.

第7章　非高斯随机振动加速试验方法及应用

随着科学技术的快速发展，装备的服役环境条件越来越复杂严酷，为其安全可靠运行带来了新的挑战，例如导弹、卫星、装甲车辆、大型舰船、大型飞机、大型运载火箭、大型空天飞行器、大型风力发电机、大型燃气轮机机组、大型海洋平台、高速轨道交通系统等装备的设计制造都要求高可靠长寿命。上述重大装备在服役期间要承受各种恶劣甚至极端载荷的影响，这些载荷具有明显的随机性，如导弹、卫星、运载器和飞船等在发射和飞行过程中遭受的各种动力学环境作用，飞机在飞行过程中受到的随机扰流作用，路面对车辆的激励作用，轨道对高速列车的作用以及风载荷、海浪载荷等。在这些随机载荷激励作用下结构产生振动，振动引起的疲劳破坏是结构破坏的主要模式之一，而疲劳失效的特点是无明显的塑性变形，常出现突然断裂，会造成严重后果或重大损失。尤其在航空航天领域，各种飞行器的振动疲劳现象尤其突出，导致的后果更加严重。例如，2002 年 5 月台湾中华航空公司一架波音 747 客机就因疲劳失效在台湾海峡上空突然解体，机上乘客连同机组人员共 225 人全部遇难，经调查分析飞机高空解体的原因是机尾一块蒙皮有严重的金属疲劳现象；空客 A380 客机的机翼翼肋与蒙皮连接件近年来也曾暴露出疲劳裂纹隐患。

复杂随机载荷作用下的结构振动疲劳作为工程领域广泛存在的共性问题，严重危及重大装备及结构的可靠性和安全性，近年来成为结构可靠性领域关注的前沿课题之一。如果能够提前准确预测结构在服役环境下的振动疲劳寿命，就能在发生灾难性事故之前及时预知并采取相应的维护措施；对一些不易维修或更换的空天装备如大型空间站、卫星上的关键结构，提前预测其疲劳寿命也非常重要，可为其定寿、延寿提供科学依据，最大限度地发挥装备效益。因此，准确预测重大装备和工程结构在复杂随机动态载荷作用下的振动疲劳寿命是提高其可靠性和安全性的关键技术，也是开展长寿命高可靠结构设计的前提和基础，被国家自然科学基金委员会列入《机械工程学科发展战略报告（2021—2035）》[1]。

在实验室模拟产品和结构的实际服役振动环境，对其进行振动试验是检验其疲劳寿命是否达到设计要求的主要可信手段。但是随着结构可靠性水平的提高，结构的振动疲劳寿命越来越长，为了能够在实验室验证其寿命是否达到要求，振动疲劳加速试验成为必然的选择，由于亚高斯随机振动没有疲劳加速效应，因此本章主要对超高斯随机振动加速试验方法进行探讨，以推动振动疲劳理论的工程应用。

7.1 非高斯随机激励下结构振动疲劳累积损伤影响因素分析

7.1.1 疲劳损伤谱

如图 7.1 所示，建立单自由度系统在基础激励作用下的模型，系统由质量块、弹簧、阻尼比和基座组成，系统的运动方程如式（7.1）所示：

$$m\ddot{y}(t) + c\dot{y}(t) + ky(t) = -m\ddot{x}(t) \tag{7.1}$$

式中：$\ddot{x}(t)$ 为加速度激励；$y(t)$、$\dot{y}(t)$ 分别为系统的相对位移和速度响应；k 为单自由度系统的刚度；c 为单自由度系统的阻尼系数；m 为单自由度系统的质量。

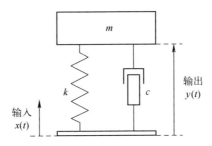

图 7.1 单自由度系统基础激励模型

假设单自由度弹性部分的应力与相对位移成正比[2]：

$$\sigma(f_n) = K \cdot y(f_n) \tag{7.2}$$

式中：σ 和 y 分别为固有频率为 f_n 的单自由度系统应力和相对位移响应；K 为位移与应力相关的材料常数，在本节中 K 取值为 1。

根据标准 S-N 疲劳曲线和线性累积准则：

$$\sigma_i = CN_i^{-\frac{1}{b}} \tag{7.3}$$

$$D = \sum_{i=1} \frac{n_i}{N_i} \tag{7.4}$$

式中：σ_i 为应力幅值；C 为疲劳强度；N_i 为在特定应力振幅下 σ_i 失效循环总数；b 为疲劳指数；D 为疲劳损伤值；n_i 为雨流计数法下应力幅值 σ_i 的循环次数。

结合式（7.2）～式（7.4）疲劳损伤谱计算公式为

$$\mathrm{FDS}(f_n) = \sum_{i=1} \frac{n_i}{N_i} = \frac{K^b}{C^b} \sum_{i=1} n_i \cdot y_i^{\,b}(f_n) \tag{7.5}$$

式中：$\mathrm{FDS}(f_n)$ 为随机信号对固有频率为 f_n 的单自由度系统造成的疲劳损伤值；$y_i(f_n)$ 为单自由度系统相对位移响应的幅值。

7.1.2　激励信号类型对结构振动疲劳损伤的影响

如图 7.2 所示，生成具有相同功率谱密度的平稳高斯信号、平稳非高斯信号和非平稳非高斯信号（信号长度为 20s），信号的功率谱为 10～110Hz 的平直谱，其中平稳非高斯信号与非平稳非高斯信号的峭度都为 9。非平稳非高斯信号 $x_{\mathrm{am}}(t)$ 通过平稳高斯信号 $g(t)$ 与调制信号 $m(t)$ 相乘得到，如式（7.6）所示。平稳非高斯信号 $x(t)$ 通过 Winterstein 模型非高斯变换生成。随后，利用式（7.5）求出上述 3 种不同类型信号在不同疲劳指数 b 下的疲劳损伤谱，并求出不同类型激励信号之间造成系统疲劳损伤的比值，结果如图 7.3 所示。随后对疲劳损伤比值结果进行分析，结果如表 7.1 和表 7.2 所列。

$$x_{\mathrm{am}}(t) = g(t)m(t) \tag{7.6}$$

式中：$x_{\mathrm{am}}(t)$ 为非平稳非高斯信号；$g(t)$ 为高斯信号；$m(t)$ 为调制信号。

从图 7.3 中可以看出，在疲劳指数 b 值较小时，平稳高斯信号与平稳非高斯信号对系统造成的疲劳损伤接近，都小于非平稳非高斯信号对系统造成的疲劳损伤；随着疲劳指数 b 值的增加，非平稳非高斯信号、平稳非高斯信号与平稳高斯信号造成系统疲劳损伤之间的差值也随之增加。

从表 7.1 中可以得到，在疲劳指数 $b=4$ 时，平稳非高斯信号与平稳高斯信号造成系统疲劳损伤的比值最小为 0.98，最大为 1.38，平均值为 1.15，说明在疲劳指数 b 值较小时，平稳非高斯信号与平稳高斯信号对系统造成的疲劳损伤接近；随着 b 值的增加，2 种信号造成系统疲劳损伤比值的最大值与平均值也随之增加，例如当 $b=10$ 时，疲劳损伤比值最大为 12.12，平均值为 3.92，说明只有当疲劳指数 b 值较大时，平稳非高斯信号才会显示出不同于平稳高斯信号对系统的破坏力。

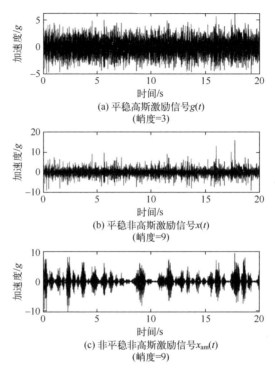

(a) 平稳高斯激励信号 $g(t)$
(峭度=3)

(b) 平稳非高斯激励信号 $x(t)$
(峭度=9)

(c) 非平稳非高斯激励信号 $x_{am}(t)$
(峭度=9)

图 7.2　平稳高斯信号、平稳非高斯信号和非平稳非高斯信号时域图

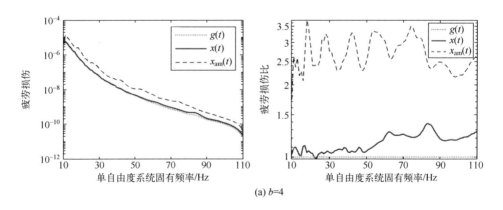

(a) $b=4$

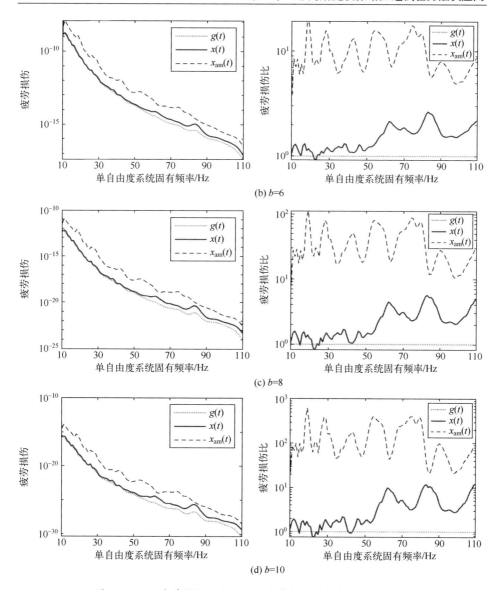

图 7.3　不同疲劳指数 b 值下系统疲劳损伤谱与疲劳损伤比值

从表 7.2 中可以得到，在疲劳指数 b=4 时，非平稳非高斯信号与平稳高斯信号造成系统疲劳损伤比值的平均值为2.70，且随着疲劳指数 b 值的增加，该比值显著增加；在疲劳指数 b=10 时，非平稳非高斯信号与平稳高斯信号造成系统疲劳损伤的比值最大达到了 619.09，平均为 149.95，远大于平稳非高斯信号与平稳高斯信号造成系统疲劳损伤比值的平均值 3.92。该结果表明相较于平稳非高斯信号，非平稳非高斯信号对系统造成的疲劳损伤明显大于平稳高斯信号对系统造成的疲劳损伤，且疲劳损伤差值会随着疲劳指数 b 值的增加而显著增加。

表 7.1　平稳非高斯信号与平稳高斯信号造成系统疲劳损伤的比值

疲劳损伤比值	疲劳指数			
	$b=4$	$b=6$	$b=8$	$b=10$
最小值	0.98	0.92	0.83	0.75
最大值	1.38	2.66	5.66	12.12
平均值	1.15	1.54	2.34	3.92

表 7.2　非平稳非高斯信号与平稳高斯信号造成系统疲劳损伤的比值

疲劳损伤比值	疲劳指数			
	$b=4$	$b=6$	$b=8$	$b=10$
最小值	1.74	3.84	9.12	21.19
最大值	3.71	19.22	112.14	619.09
平均值	2.70	9.67	37.31	146.95

7.1.3　激励信号特性对结构振动疲劳损伤的影响

根据 7.1.2 节分析结果，非平稳非高斯信号造成的疲劳损伤明显大于平稳高斯信号，下面进一步分析随机振动激励信号的非平稳和非高斯特性对疲劳损伤的具体影响。非高斯特性的表征已在前述章节进行了阐述，下面首先研究激励信号非平稳特性的定量表征方法，在此基础上再开展非平稳和非高斯特性对结构振动疲劳损伤的影响分析。

1. 激励信号非平稳特性的表征

如图 7.4 所示，非平稳过程大致可以分为三类，分别是"均值时变"非平稳过程、"均方根值时变"非平稳过程和"频率结构时变"非平稳过程，分别可以表示为[3-4]：

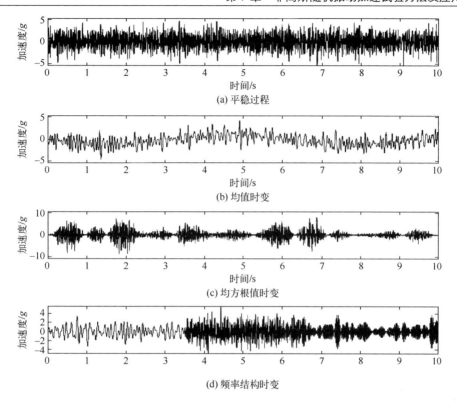

图 7.4　非平稳过程分类

$$x(t) = a(t) + u(t) \tag{7.7}$$

$$x(t) = a(t)u(t) \tag{7.8}$$

$$x(t) = a(t^n) \tag{7.9}$$

式中：$a(t)$为平稳随机过程；$u(t)$为任意的确定性函数。这些基本的非平稳模型可以组合或扩展，以根据需要生成更复杂的模型，适应各种实际情况。

"均方根值时变"非平稳过程具有比其他两种类型的非平稳过程更强的破坏性，所以国内外对非平稳非高斯随机振动疲劳的研究大多是针对"均方根值时变"非平稳过程开展的。在装备实际工况中，车辆行驶时路面的跌宕起伏、飞行器飞行中风速的来回变化以及船舶运行中海浪的波动均能引起"均方根值时变"的非平稳激励。因此，本节考虑的非平稳过程为"均方根值时变"非平稳过程。

峭度和偏斜度均不能表征非平稳非高斯振动过程的非平稳性，目前对非平稳性表征的主流方法都是基于“运行测试”（run-test）的方法。“运行测试”是一种非参数统计检验方法，用于检查只包含两个数值的序列的随机性假设，而不用假定被检验数据服从某一具体的概率分布[5]。它通过检验数字序列是随机的假设，进而识别过程的非平稳性。

在运行测试检验随机信号非平稳性之前，需要先依据相同的时间窗口对待分析信号进行划分，再根据定义的测试条件，得到每个时间窗口对应的观察值，每个观察值归类为两个类别之一，例如以“0”或“1”表示。分别统计“0”的数量 N_1 和“1”的数量 N_2，然后评估整个“运行”数量 r。“运行”数量 r 处在 R 的上下界内，则可以认为该随机信号为平稳随机随机信号；“运行”数量 r 处在 R 的上下界外时，认为该随机信号为非平稳随机信号。

以排队观影为例，对排队的 32 名观众进行 N=32 的性别统计，男性用“1”表示，女性用“0”，统计结果如图 7.5 所示。

1 0 1 1 1 0 1 1 1 1 0 0 1 1 1 0 1 1 1 1 1 1 0 1 1 1 0 1 0 0 0 1

1 2 3 4 5 6 7 8 9 10 11 12 13 14 15

图 7.5　排队序列

首先，计算“0”和“1”的数量 N_1 和 N_2，由图 7.5 可知，N_1=10，N_2=22。

然后，计算“运行”数量 r。1 个运行是指这一段具有连续相同的观察结果，如图 7.5 所示，该例子中“运行”数量 r 为 15。

最后，测试正向和反向运行数量是否在序列上平均分配。“运行”数量 r 小于或等于 R 的概率是

$$p(r \leqslant R) = \frac{1}{\mathrm{C}_N^{N_1}} \sum_{r=2}^{R} f_r \tag{7.10}$$

$$f_r = \begin{cases} 2\mathrm{C}_{N_1-1}^{k-1}\mathrm{C}_{N_2-2}^{k-1}, & r = 2k \\ \mathrm{C}_{N_1-1}^{k-1}\mathrm{C}_{N_2-1}^{k-2} + \mathrm{C}_{N_1-1}^{k-2}\mathrm{C}_{N_2-1}^{k-1}, & r = 2k-1 \end{cases} \tag{7.11}$$

式中：$N_1 \leqslant N_2$。由式（7.10）和式（7.11）可知通过给定的总观察数量 N 和置信区间 α 反推出 R 的上下界。如果“运行”数量 r 处在 R 的上下界内，则可以认为该序列是近似平稳的，且置信度为 $1-\alpha$。

当观察的总数量 N 较大时，“运行”数量 r 是近似正态分布的随机变量，“运行”数量 r 的均值 μ_r 和方差 σ_r^2 表示为

$$\mu_r = \frac{2N_1N_2}{N} + 1 \tag{7.12}$$

$$\sigma_r^2 = \frac{2N_1 N_2 (2N_1 N_2 - N)}{N^2 (N-1)} \tag{7.13}$$

式中：N 为观察的总数量；N_1 为观察值"0"的数量；N_2 为观察值"1"的数量。

如式（7.14）所示，"运行"数量 r 只有落在显著性水平 α 确定的置信区间时，随机过程才是平稳随机过程。

$$\mu_r - Z_{1-\alpha/2} \sigma_r \leqslant r \leqslant \mu_r + Z_{\alpha/2} \sigma_r \tag{7.14}$$

当显著性水平 $\alpha = 5\%$（置信度 $1-\alpha = 95\%$）时，$Z_{1-\alpha/2} = Z_{\alpha/2} \approx 2$。为量化表征随机过程的非平稳性，用非平稳指数 γ 来表征随机过程的非平稳特征[6]：

$$\gamma = \frac{r}{u_r} \times 100\% \tag{7.15}$$

式中：γ 为非平稳指数，代表随机过程的非平稳程度，当 γ 接近 100% 时代表平稳过程。

定义 RUN-TEXT 的测试条件 $V(n)$[6]：

$$V(n) = \begin{cases} 1, & \left| R_{\text{w}}(n) - R_{\text{T}} \right| > \sigma_R \\ 0, & \left| R_{\text{w}}(n) - R_{\text{T}} \right| \leqslant \sigma_R \end{cases} \tag{7.16}$$

$$\sigma_R = \sqrt{\frac{1}{N_W} \sum_{n=1}^{N_W} (R_{\text{w}}(n) - R_{\text{T}})^2} \tag{7.17}$$

式中：$R_{\text{w}}(n)$ 为窗口内信号的均方根值；σ_R 为窗口内信号的标准差；R_{T} 为整个信号的均方根值。图 7.6 展示了以时间窗口 0.125s 为例对随机激励信号开展非平稳性评估。

由以上分析可知，随机过程的平稳性判别与观察值的数量 N_1、N_2 和"运行"数量 r 存在密切关系，故时间窗口长度的选取尤为重要，例如对图 7.6 所示激励信号选取 0.25s 和 0.125s 两种不同的时间窗口会得到不同的非平稳性判定结果。

对于单自由度系统来说，判断随机信号非平稳性的最佳时间窗口 T_{w} 为[7]：

$$T_{\text{w}} = N_{\text{T}} T_d \approx \frac{0.37}{\xi f_n} \tag{7.18}$$

式中：ξ 为单自由度系统的阻尼比；f_n 为单自由度系统固有频率。

2. 非平稳和非高斯特性对结构振动疲劳损伤的影响分析

由 7.1.2 节可知，非平稳非高斯信号相较于平稳非高斯信号和平稳高斯信号对系统具有更强的破坏力，能够显著增加系统的疲劳损伤。为分别探究非平稳非高斯随机激励信号的非平稳特性和非高斯特性对系统振动疲劳损伤的影响，本节通过仿真生成了大量的不同峭度与不同非平稳指数组合的、具有相同功率谱密度和均方根的非平稳非高斯信号，并求出系统在不同峭度与不同非平稳系数的非平稳非高斯信号作用下的疲劳损伤。

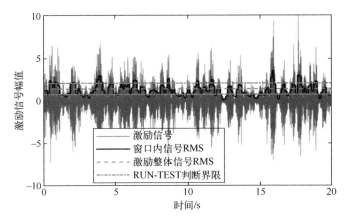

图 7.6　随机激励信号的非平稳性评估

在本节仿真分析中，设定单自由度系统的固有频率为 80Hz，阻尼比为 0.04，根据式（7.18），判定非平稳非高斯信号非平稳特征的最佳时间窗口为 0.12s。图 7.7 展示了取时间窗口长度为 0.12s 时，非平稳指数分别为 25%、50%、75%

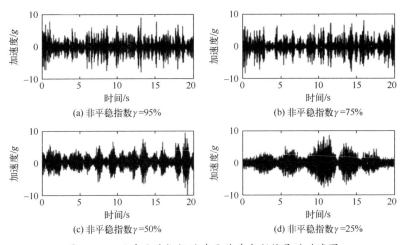

图 7.7　不同非平稳指数的非平稳非高斯信号的时域图

和 95%的峭度为 6 的非平稳非高斯信号，可以看出随着非平稳指数的减少，信号非平稳特征越明显。仿真生成的非平稳非高斯信号的功率谱为 10～110Hz 的平直谱，均方根为 1.41g，峭度分布在 6～10 之间。针对每个目标峭度生成 800 个非平稳非高斯随机信号，其中生成信号的非平稳指数 γ 近似均匀分布在 0～100%。随后将生成的非平稳非高斯激励信号加载在如图 7.1 所示的单自由度系统上，利用式（7.5），计算每个非平稳非高斯激励信号造成单自由度系统的疲劳损伤值，并记录系统的响应峭度，其中 C 和 K 的值取 1。由 7.1.2 节可知，疲劳指数 b 对系统疲劳损伤有较大影响。为使仿真结果更加准确、客观，针对不同的疲劳指数 b（b 分别取 4、6、8 和 10），都重复上述"信号生成-系统疲劳损伤计算"过程，生成的非平稳非高斯随机信号的总数量为 16000 个。系统疲劳损伤结果和系统响应峭度如图 7.8 和图 7.9 所示。

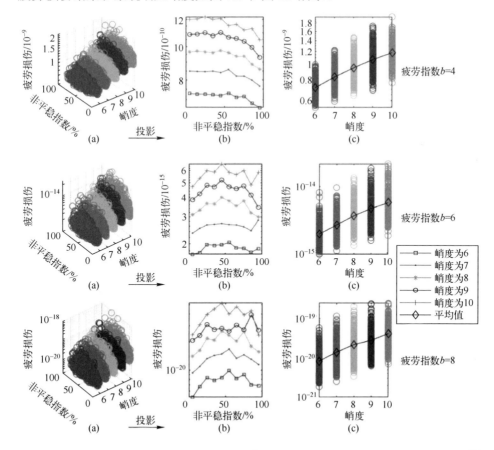

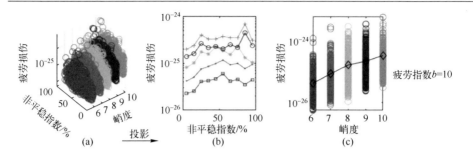

图 7.8　非平稳非高斯信号非平稳指数、峭度与系统疲劳损伤关系

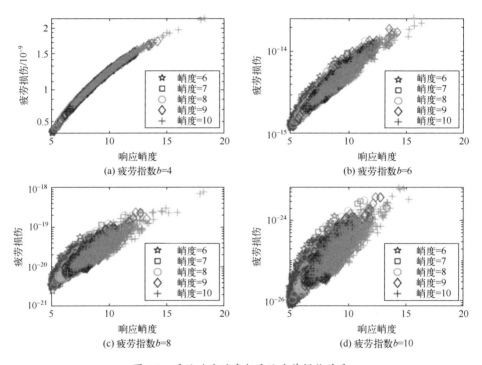

图 7.9　系统响应峭度与系统疲劳损伤关系

　　首先，将图 7.8（a）疲劳损伤值沿峭度坐标轴方向投影到"非平稳指数–疲劳损伤"平面上，为直观展示激励信号非平稳指数与疲劳损伤之间的关系，将非平稳指数 0～100% 均匀分成 10 段，分别求出每个峭度下不同非平稳指数区间内信号造成的疲劳损伤平均值，得到如图 7.8（b）所示激励信号非平稳

指数与系统疲劳损伤关系图，不同的线型代表不同峭度的激励信号。随后，将图 7.8（a）疲劳损伤值沿非平稳指数坐标轴方向投影到"峭度-疲劳损伤"平面上，得到如图 7.8（c）所示激励信号峭度与系统疲劳损伤关系图，并计算出相同激励信号峭度下系统疲劳累积损伤的平均值，如图 7.8（c）中菱形框所示。

从图 7.8（a）可以看出，生成的非平稳非高斯激励信号的非平稳指数近似均匀分布在 0~100%，激励信号的峭度分布在 6~10。综合图 7.8（b）分析可知，随着激励信号非平稳指数的增加，系统疲劳损伤呈无明显规律小幅度波动，表明非平稳非高斯随机激励信号非平稳指数的增加与减少不会造成系统疲劳损伤明显的变化，仅影响激励信号的时域表现。从图 7.8（c）可以得知，激励信号峭度的增加会导致系统疲劳损伤有增加的趋势，但激励信号峭度的增加不会严格导致系统疲劳损伤的增加；例如，大量峭度为 10 的激励信号造成的系统疲劳损伤值小于峭度为 5 的激励信号造成的系统疲劳损伤值。

图 7.9 为系统响应峭度与系统疲劳损伤之间的关系图。从图 7.9 中可以看出，系统疲劳损伤随着系统响应峭度的增加有增加的趋势。系统响应峭度与系统疲劳损伤之间呈明显的正相关关系，说明系统响应峭度对系统疲劳损伤值影响显著。

为了更加准确地探究激励信号峭度、激励信号非平稳指数和响应峭度与系统疲劳损伤之间的关系，分别求在不同疲劳指数 b 下，激励信号峭度、激励信号非平稳指数和系统响应峭度与系统疲劳损伤之间的相关系数，其中相关系数如式（7.19）所示，结果如表 7.3 所列。

$$R(X,Y) = \frac{\text{Cov}(X,Y)}{\sqrt{\text{Var}[X]\text{Var}[Y]}} \tag{7.19}$$

式中：X 代表激励信号的峭度、非平稳指数与系统的响应峭度；Y 代表系统的疲劳损伤值。

表 7.3　激励信号峭度、非平稳指数和系统响应峭度与系统疲劳损伤之间的相关系数

非平稳指数	$b=4$	$b=6$	$b=8$	$b=10$
激励信号峭度与系统疲劳损伤之间的相关系数	0.769	0.592	0.382	0.317
激励信号非平稳指数与系统疲劳损伤之间的相关系数	-0.142	-0.017	0.034	0.057
系统响应峭度与系统疲劳损伤之间的相关系数	0.908	0.885	0.726	0.631

从表 7.3 中可以看出：①在 $b=4$ 时激励信号峭度与系统疲劳损伤之间具有较强的相关性，系统疲劳损伤一般会随着激励信号峭度的增加而增加；但随着疲劳指数 b 值的增加，激励信号峭度与系统疲劳损伤之间的相关系数逐渐降低，当疲劳指数 $b=10$ 时，激励信号峭度与疲劳损伤之间的相关系数仅为 0.317，相关性较弱；②激励信号非平稳指数与系统疲劳损伤之间的相关系数总体接近 0，表明非平稳激励信号的非平稳指数不会影响系统的疲劳损伤；③在 $b=4$ 时，系统响应峭度与系统疲劳损伤之间存在强的相关性，相关系数达到了 0.908，表明系统响应峭度的大小能够直接影响系统的疲劳损伤；随着 b 值的增加，响应峭度与疲劳损伤之间的相关系数逐渐降低，相关系数最低为 0.631，仍表明响应峭度与疲劳损伤之间存在较强的相关性。

7.1.4 试验验证

试件为带缺口的悬臂梁，材料为 AL-6061，试验现场如图 7.10 所示。为了使试验时长在一个可控的时间范围内，在试件的一端加上质量块以加速振动疲劳失效，在此夹持方式下试件的固有频率为 33Hz。

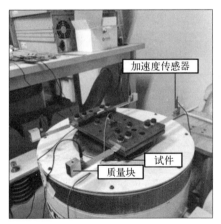

图 7.10 试验现场

试验信号为具有不同峭度和不同非平稳指数的非平稳非高斯信号，其中非平稳非高斯信号的峭度分别为 7、8、9，非平稳指数为 25%、50% 和 75%，功率谱为 10～110Hz 量级为 $0.02g^2/Hz$ 的平直谱，均方根值为 1.41g。为了对比不同激励信号类型对结构振动疲劳寿命的影响，生成具有相同 PSD 的平稳高斯信号与峭度值为 9 的平稳非高斯信号。记录试件在每种激励信号下的振动疲劳寿命，结果如表 7.4 所列。试验激励信号及试件的响应信号如图 7.11～图 7.14 所示（截取 60s）。

表 7.4　激励信号特性、试件响应特性与试件的振动疲劳寿命

激励信号特性	响应峭度	平均值	振动疲劳寿命/min	平均值/min
峭度为 7，非平稳指数 γ =25%	3.9/3.9/4.3/4.7	4.2	55.3/48.7/27.9/31.8	40.9
峭度为 7，非平稳指数 γ =50%	4.8/4.9/5.3/5.5	5.1	27.8/27.9/37.3/39.2	33.1
峭度为 7，非平稳指数 γ =75%	3.7/3.8/4.5/4.6	4.2	40.1/49.8/26.2/43.2	39.8
峭度为 8，非平稳指数 γ =25%	4.0/4.3/4.8/5.3	4.6	38.3/27.9/33.6/35.2	33.8
峭度为 8，非平稳指数 γ =50%	4.1/4.6/5.5/5.6	5.0	27.9/31.8/33.9/44.1	34.4
峭度为 8，非平稳指数 γ =75%	5.3/5.5/5.6/5.7	5.5	28.0/28.1/30.7/35.4	30.6
峭度为 9，非平稳指数 γ =25%	4.9/5.1/5.2/5.2	5.1	40.5/38.3/32.1/31.5	35.6
峭度为 9，非平稳指数 γ =50%	5.3/5.7/6.2/7.3	6.1	31.3/28.5/29.6/26.1	28.9
峭度为 9，非平稳指数 γ =75%	5.0/5.7/6.2/6.4	5.8	33.5/32.6/29.2/24.7	30.0
峭度为 9，平稳信号	3.5/3.8/3.9/4.2	3.9	56.7/39.2/37.9/42.3	44.0
峭度为 3，平稳信号	2.7/2.7/2.9/3.0	2.8	83.9/69.4/61.2/55.8	67.6

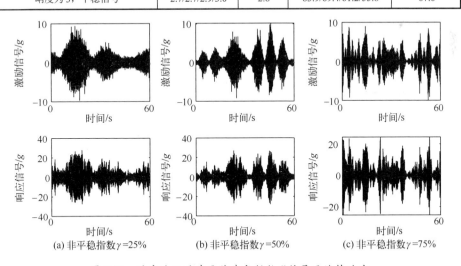

(a) 非平稳指数 γ =25%　　(b) 非平稳指数 γ =50%　　(c) 非平稳指数 γ =75%

图 7.11　峭度为 7 的非平稳非高斯激励信号及试件响应

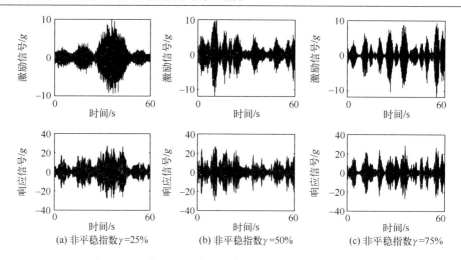

(a) 非平稳指数γ=25%　　　(b) 非平稳指数γ=50%　　　(c) 非平稳指数γ=75%

图 7.12　峭度为 8 的非平稳非高斯激励信号及试件响应

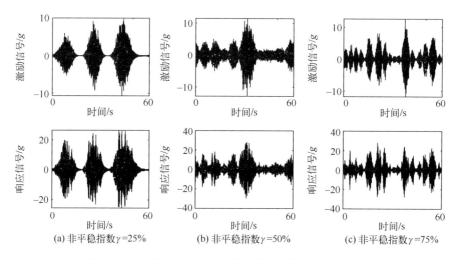

(a) 非平稳指数γ=25%　　　(b) 非平稳指数γ=50%　　　(c) 非平稳指数γ=75%

图 7.13　峭度为 9 的非平稳非高斯激励信号及试件响应

从表 7.4 中可以看出：①在非平稳非高斯激励信号峭度值不变的情况下，激励信号非平稳程度的增加不会导致结果振动疲劳寿命有明显规律的变化，例如试件在峭度值为 7 的不同非平稳系数激励信号作用下的疲劳寿命分别为 40.9min、33.1min 和 39.8min，没有呈现明显规律的变化；②增加非平稳非高斯激励信号的峭度会导致结构振动疲劳寿命有减少的趋势，例如在激励信号峭度为 7 时，试件的振动疲劳寿命平均值为 37.9min；激励信号峭度为 9 时，试件的振动疲劳寿命平均值缩减为 31.5min；③试件在非平稳非高斯激励下的振动疲劳寿命小于在平稳非高斯激励与平稳高斯激励下的振动疲劳寿命；④试件振动疲劳寿命会随着试件响应的峭度的增加有减少的趋势，试件响应峭度与振动疲劳寿命存在一定的相关性。

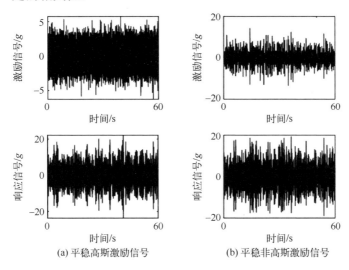

(a) 平稳高斯激励信号　　　　　　　(b) 平稳非高斯激励信号

图 7.14　平稳高斯激励信号、平稳非高斯激励信号及试件响应

本节结合仿真与试验手段，深入分析了具有相同 PSD 谱的非平稳非高斯随机激励信号的非平稳特性和非高斯特性对结构振动疲劳累积损伤的影响，主要结论如下：①相同 PSD 谱、相同峭度的非平稳非高斯激励信号较平稳非高斯激励信号对结构具有更强的破坏性，结构在非平稳非高斯激励信号下的疲劳累积损伤大于结构在平稳非高斯随机激励信号下的疲劳累积损伤，且随着疲劳指数 b 值的增加，两者之间差值显著增大；结构在相同 PSD 谱的平稳非高斯随机激励信号与平稳高斯随机激励信号下疲劳累积损伤的差值较小，但该差值会随着疲劳指数 b 值的增加而增大。②非平稳非高斯随机激励信号非平稳指数的增加并不会影响结构的疲劳累积损伤，目前量化激励信号非平稳性的指标-非平稳指数与结构疲劳累积损伤无明显关系；非平稳指数与激励信号时域特征密切相关，非平稳指数越接近 0，激励信号"成块"现象越明显。③随着非平稳非高斯随机激励信号的峭度增加，激励信号对结构造成的疲劳损伤整体有增加的趋势，

但结构疲劳损伤不会严格随着激励信号峭度的增加而增加。④结构响应峭度大小能直接影响结构的疲劳损伤值，结构响应峭度与结构疲劳损伤之间存在明显的正相关关系。

7.2 超高斯随机振动摸底试验

在研究超高斯振动的一些文献中，给出了超高斯随机振动相较于高斯随机振动对结构的疲劳损伤具有加速效果的研究结论，但鲜有文献指出具体的加速作用规律和机制。本节首先针对超高斯随机振动的特性，以缺口悬臂梁为研究对象，设计不同的试验加载剖面，探究超高斯随机振动的各特性参数对结构振动疲劳寿命的影响和作用规律，为后续推导超高斯振动加速模型奠定基础和提供思路。本节在进行上述超高斯随机振动摸底试验的同时，采集分析不同试验剖面下结构危险点处的应变和应力信号，利用疲劳寿命时域计算方法计算结构的理论疲劳寿命，对超高斯振动疲劳寿命时域计算方法的有效性进行验证，并进一步验证超高斯随机振动的各特性参数对结构振动疲劳寿命的影响和作用规律。

7.2.1 试验设计

1. 试验对象

本章选取的试验对象为缺口悬臂梁，其结构和尺寸如图 7.15 所示。试验过程中，在悬臂端增加一个通孔，用于安装配重质量块，以加速试件疲劳进程。

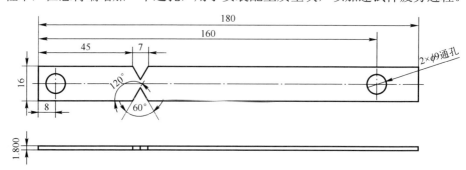

图 7.15 疲劳试件结构与尺寸（单位：mm）

试件的材料为铝合金 6061-T6，由于其优良的机械性能被广泛运用于航空航天、机械制造和交通运输等工程领域，因此具有较好的代表性，其相关力学参数如表 7.5 所示。

表 7.5 铝合金材料 6061-T6 的力学参数

弹性模量/GPa	泊松比	强度极限/MPa	密度/(kg/m³)
69	0.33	275	2700

2. 试验系统

通常情况下，一套完整的振动疲劳试验系统包括振动台、功率放大器、振动控制器以及加速度传感器等。由于本试验需要对结构危险点处的动态应力响应信号进行采集和分析，因此在上述试验系统的基础上增加了一个动态应变采集器，完整的试验系统如图 7.16 所示。

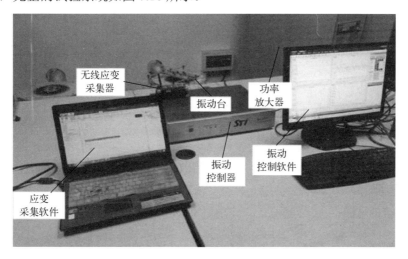

图 7.16 试验系统

本试验采用的振动台为苏州苏试试验仪器有限公司生产的 D-150-2 型电磁振动台，如图 7.17 所示，该电磁振动台频率范围广，但推力较小，适用于质量较小试件的振动试验。

试验采用的振动控制器为国防科技大学可靠性实验室自主研发的非高斯随机振动控制器 NRVCS，该控制器除了可以完成传统的正弦、高斯随机和冲击等试验，还可以准确生成具有指定功率谱密度和峭度值的超高斯随机振动信号，可为开展后续的超高斯振动加速试验研究提供试验平台。

图 7.17　D-150-2 型电磁振动台

　　应变和应力采集设备为东华公司生产的 DH-5908 型无线动态应变采集器，如图 7.18 所示。该应变采集器最大的特点是具有 Wi-Fi 模块，可以实现采集器与笔记本电脑之间的无线数据传输。它可以同时进行 4 个通道的应变采集与分析，并且各个通道的采样频率可以单独设定，最高采样频率可达 20kHz，最大应变测量范围为-30000～30000με，基本可以满足大多情况下的工程需要。该应变采集器体积小、重量轻、便于携带，很好地解决了传统动态应变采集仪体积大、不便携且连线复杂等问题。

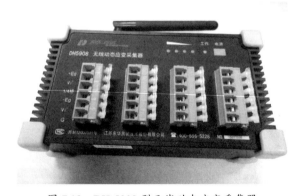

图 7.18　DH-5908 型无线动态应变采集器

　　每种试验剖面下的样本量为 4，用螺栓将试件的一端通过夹具固支在振动
台上，悬臂端通孔内加装一个配重螺栓，试件在振动台上的布局如图 7.19 所示。
在进行振动疲劳试验的过程中，采用电阻应变片对悬臂梁危险点处的应力信号
进行采集，以便分析影响结构应力响应超高斯特性，以及通过采集到的应变信
号计算结构的理论疲劳寿命。应变片的粘贴方式如图 7.20 所示。

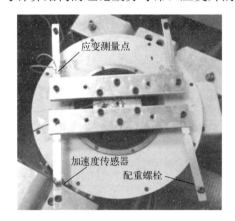

图 7.19　试件在振动台上的布局

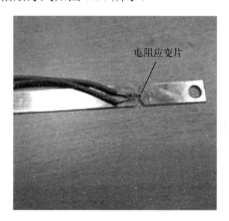

图 7.20　应变片的粘贴方式

3．试验准备

　　为了充分激发试件的模态，随机振动激励的频带范围需要覆盖试件的一阶
模态频率。为了确定试件的一阶模态频率，首先采用 ANSYS 有限元软件对试
件进行模态仿真，得到其一阶模态频率为 22.02Hz。其次对实际试件进行正弦
扫频试验，扫频试验的频带范围是 5～2000Hz，基本可以覆盖结构的前几阶模
态频率。利用安装在振动台面以及试件上的两个加速度传感器分别获得加速度
激励信号和加速度响应信号，得到其频率响应函数曲线，如图 7.21 所示，结果
显示一阶模态频率为 20.9Hz。扫频结果与仿真结果存在细微差别的原因在于扫
频时安装在试件上的加速度传感器对结构的模态频率产生了一定的影响。

4．试验方案设计

　　对于超高斯随机振动，描述其振动特性的参数主要有以下 4 个：峭度、带
宽、功率谱密度和均方根值。为了全面探究超高斯随机振动对结构疲劳寿命的
影响规律，这里采用控制变量法设计了以下 5 组试验：

　　（1）试验 A：探究超高斯随机振动的峭度对结构疲劳寿命的影响，试验剖
面如表 7.6 所列。

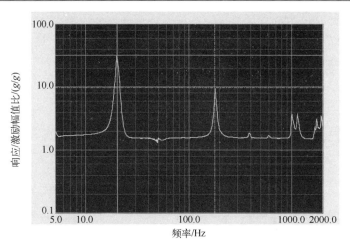

图 7.21　试件的频率响应函数曲线

表 7.6　试验剖面 1

试验条件	序　号		
	A1	A2	A3
频带/Hz	10～60	10～60	10～60
带宽/Hz	50	50	50
功率谱密度/(g^2/Hz)	0.01	0.01	0.01
均方根/g	0.71	0.71	0.71
峭度	3	5	7

（2）试验 B：探究高斯随机振动的带宽对结构疲劳寿命的影响，试验剖面如表 7.7 所列。

表 7.7　试验剖面 2

试验条件	序　号		
	B1	B2（A1）	B3
频带/Hz	10～30	10～60	10～100
带宽/Hz	20	50	90
功率谱密度/(g^2/Hz)	0.01	0.01	0.01
均方根/g	0.45	0.71	0.95
峭度	3	3	3

（3）试验 C：探究超高斯随机振动的带宽对结构疲劳寿命的影响，试验剖面如表 7.8 所列。

表 7.8　试验剖面 3

试验条件	序　号		
	C1	C2（A2）	C3
频带/Hz	10～30	10～60	10～100
带宽/Hz	20	50	90
功率谱密度/（g^2/Hz）	0.01	0.01	0.01
均方根/g	0.45	0.71	0.95
峭度	5	5	5

（4）试验 D：探究高斯随机振动的功率谱密度量级对结构疲劳寿命的影响，试验剖面如表 7.9 所列。

表 7.9　试验剖面 4

试验条件	序　号		
	D1（A1）	D2	D3
频带/Hz	10～60	10～60	10～60
带宽/Hz	50	50	50
功率谱密度/（g^2/Hz）	0.01	0.015	0.02
均方根/g	0.71	0.87	1.00
峭度	3	3	3

（5）试验 E：探究超高斯随机振动的功率谱密度量级对结构疲劳寿命的影响，试验剖面如表 7.10 所列。

表 7.10　试验剖面 5

试验条件	序　号		
	E1（A2）	E2	E3
频带/Hz	10～60	10～60	10～60
带宽/Hz	50	50	50
功率谱密度/（g^2/Hz）	0.01	0.015	0.02
均方根/g	0.71	0.87	1.00
峭度	5	5	5

7.2.2 结果分析

1. 振动疲劳试验结果

根据 7.2.1 节中的试验方案共进行了 11 组振动疲劳试验，图 7.22 为部分失效试件。每组试验剖面选取的样本量为 4，取平均寿命作为该组的试验结果，具体结果在表 7.11 中列出。

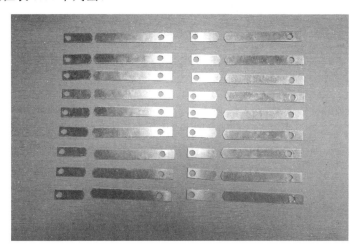

图 7.22　失效试件

表 7.11　振动摸底疲劳试验结果

组别	序号	失效时间/min	平均寿命/min
A	A1	62、62、63、66	63.25
	A2	45、53、54、56	52
	A3	36、40、42、43	40.25
B	B1	63、64、67、68	65.5
	B2（A1）	62、62、63、66	63.25
	B3	62、64、65、70	65.5
C	C1	33、38、39、40	37.5
	C2（A2）	45、53、54、56	52
	C3	49、57、58、59	56

组别	序号	失效时间/min	平均寿命/min
D	D1（A1）	62、64、65、70	65.5
	D2	38、39、39、40	39
	D3	26、27、28、28	27.25
E	E1（A2）	45、53、54、56	52
	E2	36、37、37、39	37.25
	E3	23、24、24、25	24

分析表 7.11 中的试验数据，可以得到以下结论：

（1）A 组试验数据表明，在功率谱密度相同的情况下超高斯随机振动相较于高斯随机振动具有加速结构疲劳损伤的效果，并且随着激励峭度的增加，这种加速效果越明显。

（2）B 组试验数据表明，对于高斯随机振动，当结构的一阶模态频率在激励频带内，并且激励的功率谱密度在一阶频率处的量级保持一致时，激励的带宽以及均方根值对振动疲劳寿命几乎没有影响，因为随机振动响应的大小主要取决于激励在结构共振频率点处的能量分布大小，即功率谱密度量级大小。

（3）C 组试验数据表明，对于超高斯随机振动，激励带宽对结构的疲劳寿命有显著的影响。具体而言，在激励峭度相同且一阶模态频率处的功率谱密度相同的情况下，激励带宽越窄，结构的疲劳寿命越短，这一点与 B 组的高斯随机振动情形是不同的。

（4）对比 B 组、C 组试验数据可以看出，在激励峭度及功率谱密度相同的情况下，不同带宽的超高斯随机振动对结构疲劳损伤的加速效果不同，带宽越窄，超高斯随机振动的加速效果越明显。

（5）对比 D 组、E 组试验数据可以看出，无论是高斯随机振动还是超高斯随机振动，在激励峭度和频带带宽相同的情况下，增大激励在一阶模态频率处的功率谱密度量级，结构的疲劳寿命会显著缩短，在这一点两者是一致的。

2. 应力采集结果

在进行上述振动疲劳试验的同时，对每种试验剖面下结构危险点处的应变信号进行采集和分析，通过实测的方式来验证超高斯振动激励下结构应力响应规律。设置无线动态应变采集器的采样频率为 2000Hz，采样时长为 2min。图 7.23 为 A 组试验剖面三种试验条件下的动态应变响应时间序列。

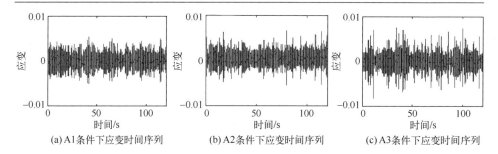

(a) A1条件下应变时间序列　(b) A2条件下应变时间序列　(c) A3条件下应变时间序列

图 7.23　A 组试验剖面的应变响应信号时间序列

从图 7.23 应变响应信号时间序列可以看出，在激励带宽相同的情况下，随着激励峭度的增大，应变响应中偏离平均值的大峰值信号越来越多，这表明应变响应的超高斯特性越明显。

图 7.24 为 C 组试验剖面三种试验条件下的动态应变响应时间序列。从图 7.24 的应变响应时间序列可以看出，在超高斯激励峭度相同的情况下，随着超高斯激励带宽变窄，应变响应中偏离平均值的大峰值信号越来越多，这表明应变响应的超高斯特性越明显。

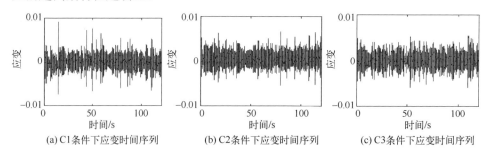

(a) C1条件下应变时间序列　(b) C2条件下应变时间序列　(c) C3条件下应变时间序列

图 7.24　C 组试验剖面的应变响应时间序列

对每种试验条件下采集到的应变响应时间序列的峭度值进行计算，得到的结果如表 7.12 所列。

表 7.12　应力响应峭度统计结果

组别	序号	响应峭度
A	A1	3.0015
	A2	3.3288
	A3	3.7333

组别	序号	响应峭度
B	B1	3.0054
	B2（A1）	3.0015
	B3	3.0612
C	C1	3.6578
	C2（A2）	3.3288
	C3	3.1478
D	D1（A1）	3.0612
	D2	3.1275
	D3	3.1116
E	E1（A2）	3.3288
	E2	3.2589
	E3	3.3161

根据表 7.12 中的响应峭度值统计结果，可以得出以下结论：在结构可以近似看作线性系统的情况下，当随机激励服从高斯分布时，系统响应也服从高斯分布；当随机激励服从超高斯分布时，系统响应也服从超高斯分布，并且响应的超高斯特性与激励的峭度和带宽有关：激励峭度越大、带宽越窄，响应的超高斯特性越明显，这一点与前面得出的结论是一致的。

综合以上分析，可以得到以下结论：

（1）对高斯随机振动激励，影响结构振动疲劳寿命最大的因素是高斯随机振动激励的功率谱密度在其一阶固有频率处的量值；而高斯随机振动激励的均方根值、带宽等因素对结构振动疲劳寿命影响很小。

（2）对非高斯随机振动激励，除了非高斯随机振动激励的功率谱密度在结构一阶固有频率处的量值，非高斯随机振动激励的带宽和峭度值对结构应力响应的非高斯特性均有显著影响，从而对结构振动疲劳寿命也有明显影响，在设计加速试验时要予以考虑。

3．疲劳寿命计算结果

为了计算结构的振动疲劳寿命，需要根据悬臂梁的弹性模量将应变响应信号转化成应力响应信号。根据材料手册可知，铝合金 6061-T6 的弹性模量为 69GPa。以试验条件 A1 为例，图 7.25 为 DH5908 无线动态应变仪的实测应变信号，图 7.26 为根据悬臂梁的材料特性计算得到的应力响应信号。

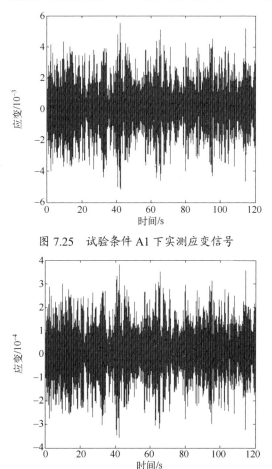

图 7.25　试验条件 A1 下实测应变信号

图 7.26　试验条件 A1 下应力响应信号

　　利用雨流计数法和 Miner 线性疲劳累积损伤准则对上述应力响应信号进行计算，以估算结构的理论疲劳寿命。图 7.27 是对试验条件 A1 下采集到的应力响应信号进行雨流计数的结果。

　　对每种试验条件下得到的应力响应信号采取同样的计算方法得到其理论疲劳寿命，表 7.13 列出了各种试验条件下的试验疲劳寿命和通过雨流计算得到的疲劳寿命的对比。

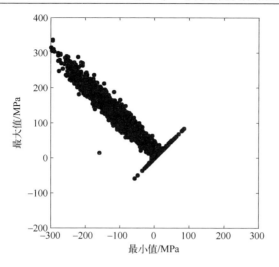

图 7.27　试验条件 A1 下应力响应雨流计数结果

表 7.13　试验疲劳寿命与计算疲劳寿命对比

组别	序号	试验疲劳寿命/min	计算疲劳寿命/min
A	A1	63.25	60.30
A	A2	52.00	48.70
A	A3	40.25	22.10
B	B1	65.50	62.40
B	B2（A1）	63.25	60.30
B	B3	65.50	66.00
C	C1	37.50	42.00
C	C2（A2）	52.00	48.70
C	C3	56.00	55.00
D	D1（A1）	65.50	66.00
D	D2	39.00	43.30
D	D3	27.25	24.00
E	E1（A2）	52.00	48.70
E	E2	37.25	40.50
E	E3	24.00	12.00

对比试验疲劳寿命与计算疲劳寿命可以看出，二者的值较为接近，这说明通过雨流计数法和 Miner 线性疲劳累积损伤准则计算随机载荷疲劳寿命的时域方法无论是对高斯还是对超高斯振动疲劳均是适用的。但是 A3、E3 计算疲劳寿命与试验疲劳寿命之间的差异较大，分析原因主要在于这两种试验条件下存在较多远大于材料屈服极限的应力响应，这将对结构的疲劳失效机理产生显著影响，此时上述时域法将不再适用。

7.3　随机振动加速试验模型

7.2.2 节通过摸底试验探究了超高斯随机激励对结构应力响应及疲劳寿命的影响规律。本节以上述定性分析结论为基础，进一步给出超高斯随机振动加速试验的定量数学模型，并通过试验对给出的加速模型进行验证。

7.3.1　高斯随机振动加速试验模型

在加速试验中，加速应力对各种失效模式的加速机理和加速效果是不同的。加速模型是用来描述失效模式的可靠性特征与加速应力水平之间的关系，常用的加速模型有阿伦尼兹模型、逆幂律模型、艾利模型和多项式加速模型等。

在各种振动试验标准中，随机振动的试验条件通常是通过规定其加速度功率谱密度来描述，包括加速度功率谱密度的谱形和各频率点上的量级大小。由于结构在随机交变应力下的疲劳损伤取决于破坏面的状态，而破坏面与振动频率密切相关。因此在振动加速试验中一般不改变振动激励的频带分布，而是保持其激励加速度功率谱密度的整体谱形不变，通过提高振动量级，即将功率谱密度曲线整体向上平移放大来实现加速，用公式表示如下：

$$G_2(f)=\alpha G_1(f) \tag{7.20}$$

1．窄带高斯随机振动加速因子的推导

金属材料的疲劳数据通常是由等幅疲劳试验获得的，由此建立 S-N 曲线。理想的 S-N 曲线可以表示为

$$NS^b=A \tag{7.21}$$

式中：S 为应力幅值；N 为导致疲劳失效的循环总次数；b 和 A 为材料的疲劳特性参数。

根据 Miner 线性疲劳累积损伤准则[8]，在不同幅值应力的作用下，结构的

疲劳损伤为

$$D = \sum D_i = \sum \frac{n_i}{N_i} \tag{7.22}$$

式中：N_i 为应力水平为 S_i 时的结构疲劳寿命；n_i 为第 i 级应力水平下的应力循环次数，D 为累积疲劳损伤（一般认为当 $D=1$ 时发生疲劳失效）。

对于随机应力连续分布的情况[9]：

$$n_i = v_p T p(S_i) \mathrm{d}S_i \tag{7.23}$$

式中：T 为作用时间；$p(S)$ 为应力幅值的概率密度函数；v_p 为峰值率，即随机应力序列单位时间内出现峰值的平均次数。为了定义峰值率，在此引入谱矩的概念加以说明。

统计矩用来描述幅值概率密度的数字特征，同样可以引入谱矩来描述随机过程功率谱密度的数字特征。平稳随机过程 $X(t)$ 的谱矩 m_i 可以用其单边功率谱密度 $G_X(\omega)$ 定义为

$$m_i = \int_0^\infty \omega^i G_X(\omega) \mathrm{d}\omega \tag{7.24}$$

算出谱矩 m_2、m_4 后，峰值率可以通过式（7.25）获得：

$$v_p = \sqrt{\frac{m_4}{m_2}} \tag{7.25}$$

将式（7.21）和式（7.23）代入式（7.22），得到计算疲劳损伤的积分计算公式为

$$D = \frac{v_p T}{A} \int_0^\infty S^b p(S) \, \mathrm{d}S \tag{7.26}$$

当随机应力服从窄带高斯分布时，根据随机过程理论，其应力幅值近似服从瑞利分布：

$$p(S) = \frac{S}{\sigma^2} \exp\left(-\frac{S^2}{2\sigma^2}\right) \tag{7.27}$$

式中：σ 为应力的均方根值。

将式（7.27）代入式（7.26），得到窄带随机应力作用下的疲劳累积损伤为

$$D = \frac{v_p T}{A} (\sqrt{2}\sigma)^b \, \Gamma\left(\frac{b+2}{2}\right) \tag{7.28}$$

式中的 Γ 表示 γ 函数，其定义为

$$\varGamma(x) = \int_0^\infty t^{x-1}\mathrm{e}^{-t}\mathrm{d}t \tag{7.29}$$

当两种试验条件下的疲劳损伤相同时，满足 $D_1(T_1)=D_2(T_2)$，根据式（7.28）可得窄带高斯随机应力下的加速因子为

$$k = \frac{T_1}{T_2} = \left(\frac{\sigma_2}{\sigma_1}\right)^b \tag{7.30}$$

这就是文献[10]中关于随机振动逆幂律加速模型的一般表达式的由来。

根据文献[11]，当系统的阻尼比较小时，随机振动作用下的应力响应均方根值 σ 可近似由式（7.31）计算：

$$\sigma \approx k\sqrt{\frac{G(f_1)}{\pi f_1 \xi}} \tag{7.31}$$

式中：$G(f_1)$ 为振动激励的加速度功率谱密度在试件结构一阶固有频率 f_1 处的量值；ξ 为等效阻尼比（一般假设 $\xi \le 0.1$）；k 为与试件材料相关的比例常数。工程实践表明，通常结构件的阻尼比远小于1，满足小阻尼条件，此时有 $v_p \approx f_1$。将式（7.31）代入式（7.28）中得

$$D \approx \frac{f_1 Tk^b}{A}\left[\frac{2G(f_1)}{\pi f_1 \xi}\right]^{\frac{b}{2}}\varGamma\left(\frac{b+2}{2}\right) = k_1 T[G(f_1)]^{\frac{b}{2}} f_1^{\frac{2-b}{2}} \Big/ \varepsilon^{\frac{b}{2}} \tag{7.32}$$

式（7.32）中定义了与材料有关的比例常数 $k_1 = \dfrac{k^b}{A}\left[\dfrac{2}{\pi}\right]^{\frac{b}{2}}\varGamma\left(\dfrac{2+b}{2}\right)$。

当结构发生疲劳失效时，令 $D=1$，则由式（7.32）可得对应疲劳寿命的表达式为

$$T = \frac{\xi^{\frac{b}{2}}}{k_1[G(f_1)]^{\frac{b}{2}} f_1^{\frac{2-b}{2}}} \tag{7.33}$$

当两种试验条件下均发生疲劳失效时，有

$$D_1(T_1) = D_2(T_2) = 1 \tag{7.34}$$

根据式（7.33），可以得到随机振动加速因子的另一种表达式为

$$k = \frac{T_1}{T_2} = \left[\frac{G_2(f_1)}{G_1(f_1)}\right]^{\frac{b}{2}} \tag{7.35}$$

210

式（7.35）是随机振动试验逆幂律加速模型的另一种表达形式，美军标 MIL-STD-810G 中采用的就是这种形式。

从式（7.35）中看出，结构疲劳失效时间与振动激励在结构一阶固有频率处的功率谱密度量级的 $b/2$ 阶矩成反比。

2. 宽带高斯随机振动加速因子的推导

与窄带高斯随机应力的雨流幅值分布函数服从瑞利分布不同，宽带高斯随机应力过程的雨流幅值概率密度函数较为复杂。针对宽带随机应力下的疲劳损伤计算问题，国内外学者给出了不同的雨流幅值概率密度函数模型来模拟宽带随机应力过程。其中 Dirlik 模型被认为具有很高的计算精度，且已被广泛集成到各种有限元疲劳分析软件中用于疲劳寿命的计算。

对于宽带随机应力，Dirlik 采用蒙特卡罗方法进行时域模拟，得到了 70 多种不同形状的功率谱密度函数的应力时间序列，对其进行雨流计数，得到雨流循环幅值分布规律，通过归纳，可以用一个指数分布和两个瑞利分布来描述应力幅值的概率密度函数[12]：

$$p(S) = \frac{\dfrac{D_1}{Q} e^{\frac{-Z}{Q}} + \dfrac{D_2 Z}{R^2} e^{\frac{-Z^2}{2R^2}} + D_3 Z e^{\frac{-Z^2}{2}}}{2\sqrt{m_0}} \tag{7.36}$$

其中

$$\begin{cases} D_1 = \dfrac{2(\chi_m - \gamma^2)}{1+\gamma^2}, D_2 = \dfrac{1-\gamma-D_1+D_1^2}{1-R}, D_3 = 1-D_1-D_2, Z = \dfrac{S}{2\sqrt{m_0}} \\[3mm] Q = \dfrac{12.5(\gamma - D_3 - D_2 R)}{D_1}, R = \dfrac{\gamma - \chi_m - D_1^2}{1-\gamma-D_1+D_1^2}, \chi_m = \dfrac{m_1}{m_0}\sqrt{\dfrac{m_2}{m_4}}, \gamma = \dfrac{m_2}{\sqrt{m_0 m_4}} \end{cases} \tag{7.37}$$

式中：m_i 为由式（7.24）定义的谱矩。

Dirlik 模型看似复杂，但其中的基本参数只有谱矩 m_0、m_1、m_2、m_4。将式（7.36）代入式（7.26）中得到由 Dirlik 模型计算的疲劳损伤公式为

$$D = \frac{v_p T}{A} \sigma^b \left[D_1 Q^b \Gamma(1+b) + (\sqrt{2})^b \Gamma\left(1 + \frac{b}{2}\right)\left(D_2 |R|^b + D_3\right) \right] \tag{7.38}$$

根据本章开头的描述，在振动加速试验中，通常是保持谱形不变而仅使功率谱密度等比例放大，因此式（7.38）中关于谱矩的参数 v_p、D_1、D_2、D_3、Q、R 均相同。因此，当两种试验条件下均发生疲劳失效时，其疲劳寿命的比即加速因子为

$$k = \frac{T_1}{T_2} = \left(\frac{\sigma_2}{\sigma_1} \right)^b \tag{7.39}$$

这与式（7.30）的表达式是一致的，说明宽带高斯随机振动和窄带高斯随机振动的加速因子具有内在的一致性。

根据式（7.31）的描述，在小阻尼比的情况下，式（7.39）也可以改写为

$$k = \frac{T_1}{T_2} = \left[\frac{G_2(f_1)}{G_1(f_1)} \right]^{\frac{b}{2}} \tag{7.40}$$

因此，无论是窄带高斯随机激励还是宽带高斯随机激励，其加速因子均可由式（7.39）或式（7.40）给出。

7.3.2　超高斯随机振动加速试验模型

1. 超高斯修正因子的引入

当随机应力响应为平稳窄带超高斯分布时，可以在式（7.32）的基础上增加一个超高斯修正因子 λ 来描述应力响应的超高斯特性对结构疲劳累积损伤的影响，如下式所示：

$$D = \lambda k_1 T \left[\frac{G(f_1)}{\xi} \right]^{\frac{b}{2}} f_1^{\frac{2-b}{2}} \tag{7.41}$$

根据前面的摸底试验，已经知道超高斯修正因子 λ 与应力响应的峭度值密切相关，不妨用下式来描述：

$$\lambda = 1 + \varphi_1(k_y - 3) \tag{7.42}$$

式中：k_y 为应力响应的峭度值；φ_1 为正的比例系数。从式（7.42）中可以看出，当响应的峭度 $k_y = 3$ 即响应为高斯分布时，修正因子 $\lambda = 1$，式（7.41）与式（7.32）相同；当响应的峭度 $k_y > 3$ 即响应为超高斯分布时，修正因子 $\lambda > 1$，表明响应的超高斯特性会加速结构的疲劳累积损伤，并且响应的超高斯特性越明显，这种加速效果越明显。

对于平稳宽带超高斯随机应力，也可通过该方法得到相同的结论，在此不再赘述。下面将通过随机过程理论进一步研究影响应力响应峭度值 k_y 大小的因素。

2. 响应超高斯特性分析

参考 4.2.2 节，根据线性系统及随机过程理论，由式（7.43）～式（7.45）

可知，一般情况下可以将振动试验的试件当作线性系统来处理，并将其 $W_Y=\min\{W_X,W_H\}$ 看作一个通频带宽为 W_H 窄带滤波器。

$$Y(f) = X(f) \cdot |H(f)|^2 \tag{7.43}$$

$$W_Y = \min\{W_X, W_H\} \tag{7.44}$$

$$W_H = 2\xi f \tag{7.45}$$

式中：$X(f)$ 为输入的功率谱密度；$Y(f)$ 为输出的功率谱密度；$H(f)$ 为系统的频响函数；W_Y 为输出的有效带宽；W_X 为输入的有效带宽；W_H 为系统的通频带宽，也称半功率带宽；f 为试件的固有频率；ξ 为阻尼比。

式（7.43）给出了响应的频域表示方法，根据卷积公式，随机过程 $x(t)$ 通过线性系统后的时域表示为

$$y(t) = \int_{-\infty}^{\infty} x(\tau)h(t-\tau)\mathrm{d}\tau \tag{7.46}$$

式中：$h(t)$ 为系统的脉冲响应函数。将式（7.46）中的积分形式改写成极限求和的形式为

$$y(t) = \lim_{\Delta\tau_k \to 0} \sum_{k=1}^{\infty} x(\tau_k)h(t-\tau_k)\Delta\tau_k \tag{7.47}$$

式中：$x(\tau_k)$ 为随机变量；$\Delta\tau_k$ 为采样时间间隔。由独立同分布的中心极限定理可知，如果随机变量 $X_1, X_1, \cdots, X_n, \cdots$ 独立同分布，且具有数学期望和方差：$E(X_k)=\mu, D(X_k)=\sigma^2>0(k=1,2,\cdots)$，则随机变量的和 $\sum_{k=1}^{n} X_k$ 的标准化变量：

$$Y_n = \frac{\sum_{k=1}^{n} X_k - n\mu}{\sqrt{n}\sigma} \tag{7.48}$$

的分布函数 $F_n(x)$ 对于任意 x 满足：

$$\lim_{n\to\infty} F_n(x) = \lim_{n\to\infty} P\left\{ \frac{\sum_{k=1}^{n} X_k - n\mu}{\sqrt{n}\sigma} \leqslant x \right\} \tag{7.49}$$

$$= \int_{-\infty}^{x} \frac{1}{\sqrt{2\pi}} \mathrm{e}^{-t^2/2}\mathrm{d}t = \Phi(x)$$

这就是说，当 n 充分大时，独立同分布的随机变量的和近似服从高斯分布（即正态分布）。

由随机过程理论可知，激励的相关时间 τ_x 与激励的有效带宽 W_X 成反比，即相关时间 τ_x 将会随着激励的有效带宽 W_X 的增大而减小。当 τ_x 远小于采样时间间隔 $\Delta\tau_k$ 时，对任何时刻 t，式（7.47）中的各个 τ_k 对应的随机变量可以看作相互独立的。根据上述论述，可以得出这样的结论：超高斯振动激励作用时，激励的有效带宽将会对响应的超高斯特性产生影响。

对于滤波器频响结构，当宽带随机信号作用于窄带系统时，由于系统存在惰性，对激励信号产生响应需要一定的建立时间 t_s，并且 t_s 与系统的通频带宽 W_H 成反比。W_H 越小，t_s 越大，相应的信号响应时间就越长，因此对随机输入的各个取样的累积时间也越长。于是，当累积时间 t_s 远大于采样时间间隔 $\Delta\tau_k$ 时，式（7.47）趋向于高斯分布；相反，当超高斯随机过程作用于线性系统并且系统的通频带宽较宽时，建立时间 t_s 较小，当 t_s 远小于采样时间间隔 $\Delta\tau_k$ 时，输入随机过程通过系统后的失真较小，因此输出的分布特性将接近输入的分布特性，即保持输入信号的超高斯分布特性。

综合上述分析理论，当满足 $\tau_x \ll \Delta\tau_k \ll t_s$ 时，即输入带宽远大于系统通频带宽时，系统在非高斯随机输入下的输出将表现出较为明显的高斯特性。因此可以将上述结论归纳如下：对于线性系统，当输入随机过程的有效带宽远大于系统通频带宽时，输出随机过程将趋向于高斯分布，而与输入过程的超高斯特性无关；当输入随机过程的有效带宽小于系统通频带宽或与之相当时，超高斯输入随机过程的输出将表现出输入过程的超高斯特性。

根据前述理论分析和试验采集到的应力响应结果，可考虑采用式（7.50）来描述应力响应的峭度值 k_y 与激励峭度 k_x、激励带宽 W_X 和系统通频带宽 W_H 之间的关系：

$$k_y = 3 + \varphi_2 \frac{W_H}{W_X}(k_x - 3) \tag{7.50}$$

式中：φ_2 为比例系数。

综合式（7.42）和式（7.50）可得到超高斯修正因子的完整表达式为

$$\lambda = 1 + \varphi_1\varphi_2 \frac{W_H}{W_X}(k_x - 3) \tag{7.51}$$

根据式（7.51）的表述，可以看出，激励的峭度以及有效带宽是影响超高斯修正因子大小的主要因素，进而影响结构的振动疲劳寿命。定性而言，激励的峭度越大，带宽越窄，结构的振动疲劳寿命越短，这与摸底试验 A 组、C 组中的试验结果是一致的。

将式（7.51）代入式（7.41）中并令 $D=1$ 可以得到超高斯振动激励下的结构疲劳寿命的计算表达式为

$$T_{sg} = \frac{f_1^{\frac{b-2}{2}} \xi^{\frac{b}{2}}}{k_1 \left[1 + \varphi_1 \varphi_2 \dfrac{W_H}{W_X}(k_x - 3) \right] \left[G(f_1) \right]^{\frac{b}{2}}} \qquad (7.52)$$

由于 φ_1 和 φ_2 总是以乘积的形式出现，不妨令 $\eta = \varphi_1 \varphi_2$，式（7.52）可以简化成：

$$T_{sg} = \frac{f_1^{\frac{b-2}{2}} \xi^{\frac{b}{2}}}{k_1 \left[1 + \eta \dfrac{W_H}{W_X}(k_x - 3) \right] \left[G(f_1) \right]^{\frac{b}{2}}} \qquad (7.53)$$

根据上述数学模型，就可以将结构振动疲劳寿命与振动激励的特性、结构固有的动力学特性紧密联系起来，便于定量设计振动加速试验。下面将进一步阐述式（7.52）中未知参数的估计方法。

3．加速模型参数估计方法

由式（7.52）中的模型可以看出，当试件的结构、尺寸以及材料确定后，其中的参数 f_1、ξ、W_H 也相应确定了，并可以由扫频试验获得；当随机振动激励条件确定时，参数 W_X、k_x 以及 $G(f_1)$ 也随之获得，这样式（7.52）中的待求参数就为 b、k_1、η（或 φ_1 和 φ_2）。下面将探讨根据前述 7.2 节中几组振动摸底试验的试验结果对上述未知参数逐一进行估计的方法。

首先根据 D 组的试验结果对参数 b 进行估计。

对式（7.40）两边取对数可得

$$\ln \frac{T_1}{T_2} = \frac{b}{2} \ln \frac{G_2(f_1)}{G_1(f_1)} \qquad (7.54)$$

令 $Y_1 = \ln \dfrac{T_1}{T_2}$，$X_1 = \ln \dfrac{G_2(f_1)}{G_1(f_1)}$，式（7.54）变成：

$$Y_1 = \frac{b}{2} X_1 \qquad (7.55)$$

将 D 组中的试验结果代入式（7.55）中可以得到 3 组 (X_1, Y_1) 的值，用曲线拟合的方式，就可以得到参数 b 的估计值为 $\hat{b} = 2.5453$。

然后根据 D 组的试验结果继续对参数 k_1 进行估计。

由式（7.33）可得

$$k_1 T = \frac{\xi^{\frac{b}{2}}}{[G(f_1)]^{\frac{b}{2}} f_1^{\frac{2-b}{2}}} \tag{7.56}$$

令 $Y_2 = \dfrac{\xi^{\frac{b}{2}}}{[G(f_1)]^{\frac{b}{2}} f_1^{\frac{2-b}{2}}}$，$X_2 = T$，式（7.56）变成：

$$Y_2 = k_1 X_2 \tag{7.57}$$

采取与估计参数 b 同样的方式获得 3 组 (X_2, Y_2) 的值，再通过曲线拟合的方式，可以得到参数 k_1 的估计值为 $\hat{k}_1 = 0.0848$，紧接着根据 A 组、C 组的试验结果对参数 η 进行估计。

对式（7.52）进行变换得

$$\frac{f_1^{\frac{b-2}{2}} \xi^{\frac{b}{2}}}{k_1 T_{sg} [G(f_1)]^{\frac{b}{2}}} - 1 = \eta \frac{W_H}{W_X}(k_x - 3) \tag{7.58}$$

令 $Y_3 = \dfrac{f_1^{\frac{b-2}{2}} \xi^{\frac{b}{2}}}{k_1 T_{sg} [G(f_1)]^{\frac{b}{2}}} - 1$，$X_3 = \dfrac{W_H}{W_X}(k_x - 3)$，式（7.58）变成：

$$Y_3 = \eta X_3 \tag{7.59}$$

采取与估计参数 b 同样的方式获得 5 组 (X_3, Y_3)，用曲线拟合的方式，可以得到参数 η 的估计值为 $\hat{\eta} = 9.0746$。

最后根据应力采集结果对参数 φ_2 进行估计。

对式（7.50）进行变换得

$$k_y - 3 = \varphi_2 \frac{W_H}{W_X}(k_x - 3) \tag{7.60}$$

令 $Y_4 = k_y - 3$，$X_3 = \dfrac{W_H}{W_X}(k_x - 3)$，式（7.60）变成：

$$Y_4 = \varphi_2 X_4 \tag{7.61}$$

根据超高斯激励下的应力采集结果可以获得 4 组 (X_4, Y_4)，通过曲线拟合的方式，可以得到参数 φ_2 的估计值为 $\hat{\varphi}_2 = 5.4843$；进而根据之前 η 的估计值，进一步得到 φ_1 的估计值为 $\hat{\varphi}_1 = 1.6547$。

4.加速模型试验验证

为了对上面推导得到的随机振动加速模型正确性进行验证，本节采用与摸底试验中相同的结构进行超高斯随机振动试验，给出任意两种试验剖面如表 7.14 所示。

表 7.14　加速模型试验验证参数

参数	振动试验剖面 1	振动试验剖面 2
频带/Hz	10～50	10～80
带宽/Hz	40	70
功率谱密度/(g^2/Hz)	0.015	0.008
峭度	5	6

根据上述两种试验剖面开展振动疲劳试验，每组剖面的样本量为 3，可以得到上述两种试验剖面下结构的振动疲劳寿命。

将表 7.14 中的试验剖面参数以及本节中得到的各参数的估计值 $\hat{b} = 2.5453$，$\hat{k}_1 = 0.0848$，$\eta = 9.0746$ 一起带入式（7.53）中，可以得到结构在两种试验条件下的疲劳寿命估计值。表 7.15 列出了实际疲劳试验结果、平均寿命结果、寿命估计值以及误差分析情况。通过表 7.15 中的结果对比发现寿命估计值与真实试验得到的结果存在一定的误差，但是对于分散性较大的振动疲劳寿命估计问题而言，30%左右的预测误差在工程上属于可接受的范围，因此式（7.53）描述的数学模型及参数估计方法的工程有效性得到了验证。

表 7.15　加速模型验证试验结果分析

参数	振动试验剖面 1	振动试验剖面 2
试验结果/min	35、40、42	92、94、108
平均寿命/min	39	98
寿命估计值/min	28.04	65.00
误差/%	28.10	33.67

7.4　基于峭度传递规律的随机振动加速试验技术

根据 4.2 节的研究结论，结构响应峭度值主要取决于振动激励信号在结构固有频率处按 3.2 倍半功率带宽分解得到的信号峭度值。基于该激励分解信号-响应之间的峭度传递规律，可以很自然地提出一种新的高效随机振动加速试验激励信号生成方法，下面对此展开详细分析。

7.4.1　随机激励信号的局部相位调制方法

1. 相位调制基本原理

如式（7.62）所示，指定 PSD 谱的平稳高斯随机信号 $x(t)$ 可由大量的谐波信号组成：

$$x(t) = \sum_{n=1}^{N} A_n \cos(2\pi n\Delta ft + \phi_n) \tag{7.62}$$

式中：A_n 为谐波的幅值；ϕ_n 为谐波的相位。其中，A_n 可由式（7.63）确定，ϕ_n 为随机变量，均匀分布在 $-\pi \sim \pi$ 之间。

$$A_n = \sqrt{2\Delta f S(n\Delta f)} \tag{7.63}$$

式中：$S(n\Delta f)$ 为给定的随机信号 $x(t)$ 的 PSD 谱确定。

平稳随机信号 $x(t)$ 的峭度可由下式表示：

$$K = \frac{M_4}{M_2^2} = \frac{M_4}{\sigma^4} \tag{7.64}$$

$$M_j = \frac{1}{n} \sum_{i=1}^{n} [x(i\Delta t) - u]^j \tag{7.65}$$

式中：u 为随机信号 $x(t)$ 的均值；M_j 为随机信号 $x(t)$ 的 j 阶中心距。其中，与随机信号 $x(t)$ 的峭度相关的中心矩 M_2、M_4 还可由谐波的幅值与相位表示[13-14]：

$$M_2 = \frac{1}{2} \sum_{n=1}^{N} A_n^2 \tag{7.66}$$

$$M_4 = 3(M_2)^2 - 0.375\sum_{n=1}^{N} A_n^4 + 0.5\sum_{j=3k} A_j A_k^3 \cos(\phi_j - 3\phi_k)$$

$$+ 1.5\sum_{\substack{j=k+2n \\ k\neq n}} A_j A_k A_n^2 \cos(\phi_j - \phi_k - 2\phi_n) + 1.5\sum_{\substack{j+k=2n \\ j<k}} A_j A_k A_n^2 \cos(\phi_j + \phi_k - 2\phi_n)$$

$$+ 3\sum_{\substack{j+k=n+m \\ j<k,n<m,j<n}} A_j A_k A_n A_m \cos(\phi_j + \phi_k - \phi_n - \phi_m)$$

$$+ 3\sum_{\substack{j+k+n=m \\ j<k<n}} A_j A_k A_n A_m \cos(\phi_j + \phi_k + \phi_n - \phi_m) \tag{7.67}$$

联立式（7.64）～式（7.67），即可建立随机信号 $x(t)$ 的峭度关于幅值和相位的表达式[15-17]：

$$K = 3 + \left(\sum_{n=1}^{N} A_n^2\right)^{-2}\left[\frac{3}{2}\sum_{n=1}^{N} A_n^4 + 2\sum_{j=3k} A_j A_k^3 \cos(\phi_j - 3\phi_k)\right.$$

$$+ 6\sum_{\substack{j=k+2n \\ k\neq n}} A_j A_k A_n^2 \cos(\phi_j - \phi_k - 2\phi_n) + 6\sum_{\substack{j+k=2n \\ j<k}} A_j A_k A_n^2 \cos(\phi_j + \phi_k - 2\phi_n)$$

$$+ 12\sum_{\substack{j+k=n+m \\ j<k,n<m,j<n}} A_j A_k A_n A_m \cos(\phi_j + \phi_k - \phi_n - \phi_m)$$

$$\left. + 12\sum_{\substack{j+k+n=m \\ j<k<n}} A_j A_k A_n A_m \cos(\phi_j + \phi_k + \phi_n - \phi_m)\right] \tag{7.68}$$

式中：A_n 为频率为 $n\Delta f$ 的谐波的幅值；ϕ_n 为频率为 $n\Delta f$ 的谐波的相位。

式（7.68）中第一项为 3；因为 N 通常是一个很大的数，式中第二项中 $\dfrac{3}{2}\sum_{n=1}^{N} A_n^4 \bigg/ \left\{\sum_{n=1}^{N} A_n^2\right\}^2$ 很小可以忽略。因此随机信号 $x(t)$ 的峭度首先会来源于第一项的值 K=3，也就是高斯分布，然后由于第三项和其他后续项的影响，随机信号 $x(t)$ 的峭度可能会大于 3。

第三项、第四项、第五项、第六项和第七项不仅包含了幅值信息 A_n，同时还包含了相位信息 ϕ_n，幅值下标与相乘谐波的相位的下标一致，且下标需满足规定的等式条件。因此必须关注下标之间规定的等式条件，例如当下标 j、k 满足 $j=3k$ 时，即形成了第三项求和项中的一项，而信号中存在大量的谐波即存

在大量满足 $j=3k$ 的下标，这些所有满足下标规定等式的谐波的幅值和相位经过第三项的相乘求和得出第三项的值。

如果随机信号的相位 ϕ_n 是随机选择的，那么式（7.68）中余弦函数的值将均匀分布在-1～1，而式中每一项都包含了大量的满足下标等式的关于幅值与余弦函数乘积项的求和，这些乘积项因余弦函数的值均匀分布在-1～1，从而使乘积项的和相互补偿，导致每个求和项的结果接近 0。这说明如果随机选择相位，那么随机信号 $x(t)$ 的峭度不会偏离第一项，即峭度为 3。

如果改变某些相位使求和项中余弦函数中相位的和为 0，那么余弦函数的值不再均匀分布在-1～1，而是最大值 1。例如在第三项

$$2\sum_{j=3k} A_j A_k^3 \cos(\phi_j - 3\phi_k) \Bigg/ \left\{\sum_{n=1}^{N} A_n^2\right\}^2$$ 中，令相位组 ϕ_j、ϕ_k（满足下标条件 $j=3k$）

满足 $\phi_j = 3\phi_k$，那么第三项中对应该下标组的幅值与余弦函数乘积将会

等于 $2\sum_{j=3k} A_j A_k^3 \Bigg/ \left\{\sum_{n=1}^{N} A_n^2\right\}^2$，而不是均匀分布在 $-2\sum_{j=3k} A_j A_k^3 \Bigg/ \left\{\sum_{n=1}^{N} A_n^2\right\}^2$ 到

$2\sum_{j=3k} A_j A_k^3 \Bigg/ \left\{\sum_{n=1}^{N} A_n^2\right\}^2$，这会导致峭度有增加的趋势；如果令 $\phi_j = 3\phi_k + \pi$，那

么第三项中对应该下标组的余弦函数乘积项将会等于 $-2\sum_{j=3k} A_j A_k^3 \Bigg/ \left\{\sum_{n=1}^{N} A_n^2\right\}^2$，

导致峭度有减少的趋势。

对于一个随机信号而言，相位满足下标条件 $j=3k$（$0 \leqslant j,k \leqslant N/2-1$）的组合有很多，故可以先对满足下标条件的一组相位 $\{\phi_{j_1},\phi_{k_1}\}$ 进行调制，通过上述分析可以令 $\phi_{j_1} = 3\phi_{k_1}$ 以使余弦函数的值为最大值 1，达到增加随机信号峭度的目的。在调制完一组相位之后，通过傅里叶逆变换计算相位调制后激励信号峭度值 K'，并与设定的随机信号目标峭度 K_r 比较，其中目标峭度 K_r 可以代表一个能接受误差范围内的峭度取值范围，例如设定目标峭度为 7，能接受的误差为 ± 0.1，那么 K_r 的取值范围为 6.9～7.1。如果 $K' < K_r$，则表示 $K' < 6.9$；如果 $K' > K_r$，则表示 $K' > 7.1$；如果 $K' = K_r$，则表示 K' 在 6.9～7.1 之间。在对 K' 与 K_r 比较时，如果 $K' = K_r$，则相位调制过程结束；如果 $K' < K_r$，则继续对第二组相位 $\{\phi_{j_2},\phi_{k_2}\}$ 进行调制，同样地可以令 $\phi_{j_2} = 3\phi_{k_2}$；如果 $K' > K_r$，则同样是对第二组相位 $\{\phi_{j_2},\phi_{k_2}\}$ 进行调制，不过令 $\phi_{j_2} = 3\phi_{k_2} + \pi$。不断重复上述过程，即

可使随机信号的峭度达到目标峭度 K_r。类似地，也可以针对第四项进行相位调制生成目标峭度 K_r 的随机信号 $x(t)$，即令相位组 ϕ_j、ϕ_k、ϕ_n（满足下标条件 $j = k + 2n$）中的 ϕ_j 取新值为 $\phi_j' = \phi_k + 2\phi_n$ 或 $\phi_j' = \phi_k + 2\phi_n + \pi$，同理第五项、第六项和第七项，这里不再赘述。

2. 激励分解信号的局部相位调制

第 4 章揭示了激励信号在结构固有频率处以 3.2 倍半功率带宽分解得到的分解信号的峭度对结构响应峭度的影响起着决定性作用，并且建立了关于激励分解信号峭度 K_1 和结构响应峭度 K_2 的数学模型。故可基于上述研究结果，通过对平稳高斯激励信号处在以结构固有频率为中心的 3.2 倍半功率带宽频带内的局部相位进行调制，使相应频带内分解信号的峭度达到设定峭度 K_1，从而使结构的响应峭度达到目标峭度 K_2。

如图 7.28 所示，对平稳高斯激励信号 $g(t)$ 落在以结构固有频率为中心的 3.2 倍半功率带宽内的相位进行调制，使激励信号在固有频率附近的分解信号呈现非高斯特性。由 4.2.4 节的分析可知，结构响应峭度的变换率随着交换带宽的增加有减少的趋势，故为了达到高效调制的目的，调制的相位点应该首先从结构的固有频率开始，而后对结构固有频率的两侧的相位进行调制。

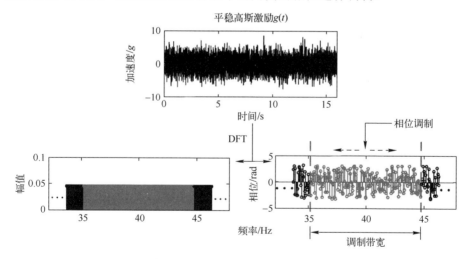

图 7.28 激励信号的局部相位调制

表 7.16 列出了固有频率为 40Hz 的单自由度系统在调制后的激励信号作用

下的响应特性。可以看出，随着平稳高斯激励信号 $g(t)$ 调制相位点数的增加，响应峭度也随之增加，响应峭度与通过激励分解信号-响应信号峭度数学模型预测的峭度之间最大相对误差为 10.13%，最小相对误差为 1.95%，平均相对误差为 7.17%。故可以通过不断调制激励信号 $g(t)$ 的局部相位直到分解信号的峭度到达模型计算峭度 K_1 时停止调制，从而使系统的响应峭度在较小的误差内达到目标峭度 K_2。同时，可以注意到经过相位调制后的激励信号的峭度没有变化，一直保持着高斯特征，这是因为局部相位调制的方法仅仅对一小部分相位进行了调制，所以对原信号的时频域特性几乎不会产生影响。

表 7.16　调制相位后激励信号特性与单自由度系统在调制后
激励信号作用下的响应峭度

调制相位点的数目	调制后激励信号的峭度	结构在调制后激励信号作用下的响应峭度	分解信号峭度	模型预测峭度	相对误差
0	3.00	2.80	2.86	2.85	1.95%
10	3.00	3.21	3.05	3.05	4.93%
20	3.00	3.39	3.10	3.10	8.44%
30	3.00	4.27	3.87	3.90	8.59%
40	3.00	5.58	6.03	6.15	10.13%
49	3.00	6.00	6.41	6.54	8.99%

7.4.2　基于峭度传递规律的超高斯随机振动加速试验剖面生成技术

基于上述的理论与仿真分析，提出了基于峭度传递规律的随机振动加速试验信号生成的完整流程，如图 7.29 所示。

（1）首先测得结构的固有频率 f 及阻尼比 ξ，其中结构的固有频率可以通过模态测试法或扫频法确定，测定结构阻尼比的方法有半点功率法、自由衰减法、共振频率法、放大系数法以及功率谱法。

（2）在获得结构的固有频率 f 和阻尼比 ξ 后，即可通过 $W_H = 2\xi f$ 计算结构的半功率带宽 W_H。

（3）通过加速度传感器采集一段具有代表性的结构所受激励的时域信号，再通过傅里叶变换将时域信号变换为频域信号以获取结构所受激励的 PSD 谱。

（4）在已知结构所受激励 PSD 谱的情况下，通过傅里叶逆变换生成具有相同 PSD 谱的平稳高斯随机激励信号 $g(t)$。

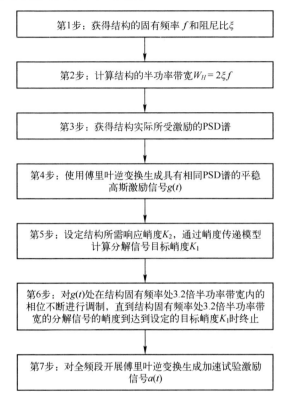

第1步：获得结构的固有频率 f 和阻尼比 ξ

第2步：计算结构的半功率带宽 $W_H = 2ξf$

第3步：获得结构实际所受激励的PSD谱

第4步：使用傅里叶逆变换生成具有相同PSD谱的平稳高斯激励信号 $g(t)$

第5步：设定结构所需响应峭度 K_2，通过峭度传递模型计算分解信号目标峭度 K_1

第6步：对 $g(t)$ 处在结构固有频率处3.2倍半功率带宽内的相位不断进行调制，直到结构固有频率处3.2倍半功率带宽的分解信号的峭度到达设定的目标峭度 K_1 时终止

第7步：对全频段开展傅里叶逆变换生成加速试验激励信号 $a(t)$

图 7.29　基于峭度传递规律的随机振动加速试验信号生成流程

（5）设定加速试验结构所需的响应峭度 K_2，通过模型计算分解信号目标峭度 K_1；在保证试验结构发生疲劳失效而不产生过应力失效的条件下，响应峭度 K_2 越大，结构的振动疲劳寿命越短，加速效果越明显。

（6）对平稳高斯随机激励信号进行离散傅里叶变换得到信号的幅值与相位信息，因已知结构的固有频率及阻尼比，故能找到以结构固有频率为中心的 3.2 倍半功率带宽的频段，对该频段内的局部相位不断进行调制，直到该频段内分解信号的峭度达到设定的目标峭度 K_1 时，停止调制过程，具体调制过程如图 7.30 所示（以结构固有频率为 40Hz，阻尼比为 0.04 为例）。

（7）上述局部相位调制完成后，就获得了新的相位信息，将平稳高斯激励信号 $g(t)$ 全频段的傅里叶变换幅值与经过上述局部调制后得到的新相位进行组合，再进行傅里叶逆变换，从而生成所需的振动加速试验激励信号 $a(t)$。

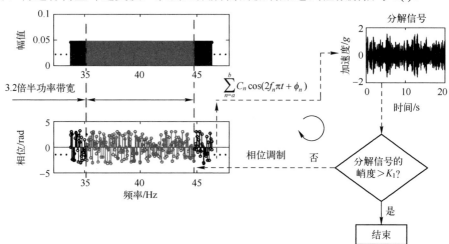

图 7.30　激励信号局部相位调制过程循环示意图

7.4.3　仿真验证

为验证上述振动疲劳加速信号生成算法的准确性，以固有频率为 50Hz、阻尼比分布在 0.01～0.05 的单自由度系统为研究对象，假设系统所受激励的 PSD 为平直谱，能量分布在 0～200Hz，量级为 $0.02g^2/Hz$。由该 PSD 通过逆傅里叶变化得到的平稳高斯激励信号 $g_1(t)$ 如图 7.31 所示。采用图 7.29 所述流程对图 7.31 所示的平稳高斯信号进行相位调制，得到如表 7.17 所列的针对不同阻尼比的单自由度系统的振动疲劳加速信号。

从表 7.17 中可以看出，单自由度系统的阻尼比分布在 0.01～0.05，系统目标响应峭度范围为 7～11，经相位调制后分解信号的峭度与通过峭度传递模型计算所需峭度 K_1 最小相对误差为 1.82%，最大相对误差为 10.39%。最大相对误差达到 10.39% 的原因是在阻尼比为 0.01 时，分解信号所处频段短，分解信号随着调制相位点的增加，分解信号峭度增加的步长较大。系统在加速信号下实际的响应峭度与系统的目标响应峭度相对误差都在12%以内，最小相对误差为1.09%，最大相对误差为 11.33%，平均相对误差为 6.41%，说明该方法具有良好的可行性。同时从描述激励信号非高斯特性的峭度来看，5 种振动疲劳加速信号的峭度与原信号的峭度几乎没有差别，均方根值完全相等，这是因为本节的方法仅仅对一小部分相位进行了调制，所以对原信号的特性几乎不会产生影响，而仅仅对相位的调制不会改变其原本的 PSD，故加速信号会有与原信号相同的均方根值。

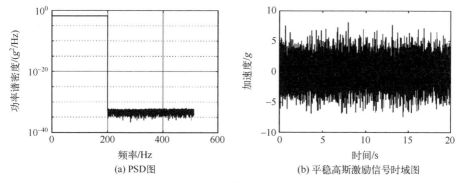

(a) PSD 图　　　　　　　　　(b) 平稳高斯激励信号时域图

图 7.31　PSD 图和平稳高斯激励信号时域图

表 7.17　随机振动加速信号

加速信号	系统特性		目标响应峭度 K_2	分解信号所需峭度 K_1	相位调制后激励信号特性			响应峭度	目标与实际响应峭度的相对误差
	阻尼比	固有频率			峭度	均方根值	分解信号峭度/与 K_1 相对误差		
$a_1(t)$	0.01	50Hz	11	10.71	3.01	2.00	11.82/10.39%	11.12	1.09%
$a_2(t)$	0.02	50Hz	10	9.74	3.03	2.00	10.02/2.84%	10.13	1.30%
$a_3(t)$	0.03	50Hz	9	8.78	3.01	2.00	8.94/1.82%	10.02	11.33%
$a_4(t)$	0.04	50Hz	8	7.82	3.02	2.00	8.02/2.60%	8.78	9.75%
$a_5(t)$	0.05	50Hz	7	6.85	3.01	2.00	7.06/3.01%	6.40	8.57%

图 7.32 展示了不同阻尼比的单自由度系统在原信号与 5 种加速信号作用下的响应峭度，可以得出当单自由度系统固有频率不处在调制频带时，系统在加速信号与原信号作用下的响应峭度几乎一致，而单自由度系统固有频率处在调制频带时，系统响应峭度变化明显，这是因为系统响应峭度与激励分解信号特性存在密切关系，当系统固有频率不处在调制频带时，激励分解信号没有改变，故系统的响应峭度不会变化。图 7.32 的右下角是 5 种加速信号的时域图，同时还展示了加速信号与原信号在时域上的差值，可以看出加速信号与原信号的差值随着阻尼比的增大而呈现增大的趋势，这是因为随着阻尼比的增大，分解信号的频带增加，故需要调制更多的相位以使分解信号达到目标峭度 K_1。但从时域信号总体上看，差值都很小，原信号与加速信号几乎没有区别，都保持着明显的平稳高斯特征。

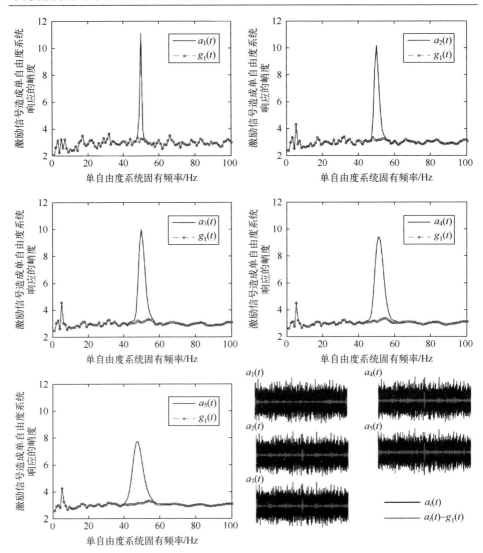

图 7.32　单自由度系统在加速信号下的响应峭度与加速信号的时域图

7.4.4　试验验证

1．试验对象

本节的试验对象为带缺口悬臂梁，试件的材料为 6061-T6，试件和完整的试验系统前文已有详细介绍，这里不再赘述。

2. 试验过程

步骤 1：测量试件的固有频率 f 及阻尼比 ξ。

在开展基于峭度传递规律的随机振动加速试验之前，需要测得试件的固有频率 f 及阻尼比 ξ。本次试验中通过功率谱法测得试件固有频率约为 26.5Hz，阻尼比约为 0.027。

步骤 2：计算试件的半功率带宽。

通过 $W_H = 2\xi f$ 计算得到结构的半功率带宽为 1.43Hz。

步骤 3：获取结构所受典型激励的 PSD 谱。

本次试验中假设试件所受加速度激励的 PSD 谱为如图 7.33 所示的 10～110Hz 的平直谱，功率谱密度的量级为 $0.02g^2/\text{Hz}$。

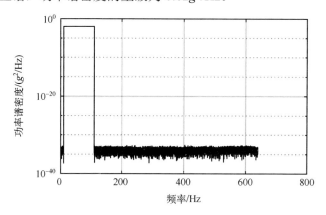

图 7.33 试件所受加速度激励的 PSD 图

步骤 4：获取结构所受典型激励的 PSD 谱后，生成具有相同 PSD 谱的平稳高斯随机激励信号 $g(t)$。

利用傅里叶逆变换生成的平稳高斯随机激励信号 g_{test1} 如图 7.34 所示。

步骤 5：设定加速试验结构所需的响应峭度 K_2，计算分解信号目标峭度 K_1。

本次试验中设定试件响应峭度 K_2 分别为 5 和 7，通过 4.2 节峭度传递的数学模型计算出所需的分解信号峭度 K_1 为 4.93 和 6.85。

步骤 6：对生成的平稳高斯随机激励信号 $g(t)$ 进行局部相位调制。

首先计算得出试件的 3.2 倍半功率带宽为 4.54Hz，故调制相位的频率范围为 21.92～31.08Hz。如图 7.35 所示，随后对平稳高斯随机激励信号 g_{test1} 在 21.92～

31.08Hz 频率范围内的相位不断进行调制，直到分解信号的峭度 K_1 分别大于 4.93（设定的响应峭度为 5）和 6.85（设定的响应峭度为 7）时停止调制，在调制过程中平稳高斯激励信号经过相位调制后分解信号的峭度分别为 5.15 和 7.20，稍大于目标峭度 K_1。最后对全频段的幅值与相位开展傅里叶逆变换得到随机振动加速信号 a_{test1} 和加速信号 a_{test2}，如图 7.36 所示。

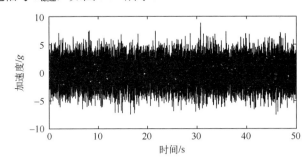

图 7.34　平稳高斯随机激励信号 g_{test1}

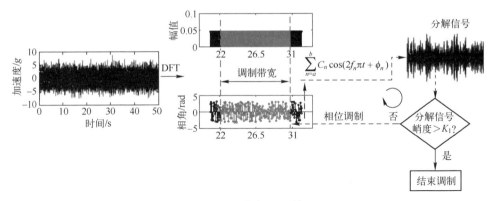

图 7.35　局部相位调制

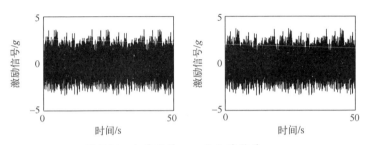

图 7.36　加速信号 a_{test1} 和加速信号 a_{test2}

步骤 7：生成非平稳非高斯信号和平稳非高斯信号以开展对比试验。

为了对比加速信号 a_{test1} 和 a_{test2} 与非平稳非高斯信号和平稳非高斯信号造成试件疲劳损伤的差异，生成了具有相同 PSD 谱的激励信号峭度分别为 5 和 7 的非平稳非高斯信号 $x_{am\,test1}$、$x_{am\,test2}$ 和平稳非高斯信号 x_{test1}、x_{test2}，如图 7.37 所示。

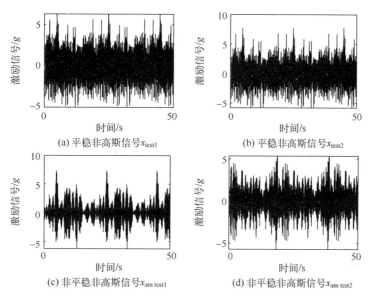

图 7.37　不同类型随机振动激励信号时域图

步骤 8：开展试验。

利用振动控制软件"波形复现"功能将激励信号 g_{test1}、a_{test1}、a_{test2}、$x_{am\,test1}$、$x_{am\,test2}$、x_{test1} 和 x_{test2} 加载到试件上，用加速度传感器分别记录振动台实际激励信号和试件的响应，并记录试件失效的时间。

3. 试验结果

因振动台波形复现功能会对信号进行适当补偿，实际加速激励信号与导入的加速激励信号存在些许差别。平稳高斯信号 g_{test1} 与其试件响应信号如图 7.38 所示；平稳非高斯信号 x_{test1} 和 x_{test2} 及其试件响应信号如图 7.39 所示；非平稳非高斯激励信号 $x_{am\,test1}$ 和 $x_{am\,test2}$ 及其试件响应信号如图 7.40 所示；加速信号 a_{test1} 和 a_{test2} 及其试件响应信号如图 7.41 所示。从图 7.38～图 7.39 中可以看出，在平稳高斯激励信号 g_{test1} 与平稳非高斯激励信号 x_{test1} 和 x_{test2} 下，试件的响应信号呈现一定的高斯特征；从图7.40～图7.41中可以看出，在非平稳非高斯信号 $x_{\text{am test1}}$、$x_{\text{am test2}}$ 和加速信号 a_{test1}、a_{test2} 下，试件的响应信号非高斯特征明显，同时加速信号在时域上还保持着平稳高斯的特征，与平稳高斯信号几乎没有任何区别。具体的试验结果如表7.18所列。从表7.18中可以得出，本节提出方法所生成的加速信号具有良好的加速效果，结构在加速信号 a_{test1}、a_{test2} 下的疲劳寿命明显小于在平稳非高斯信号 x_{test1} 和 x_{test2} 下的疲劳寿命，从疲劳寿命结果也可以看出随着结构响应峭度的增加，结构疲劳寿命明显缩短。

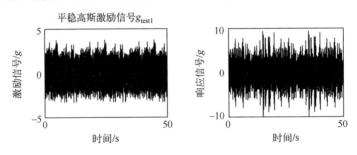

图 7.38　平稳高斯信号 g_{test1} 及其试件响应信号

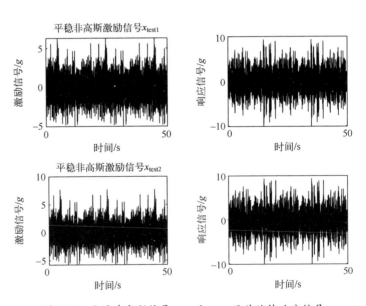

图 7.39　平稳非高斯信号 x_{test1} 和 x_{test2} 及其试件响应信号

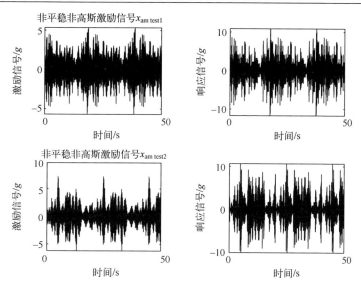

图 7.40　非平稳非高斯激励信号 $x_{am\,test1}$ 和 $x_{am\,test2}$ 及其试件响应信号

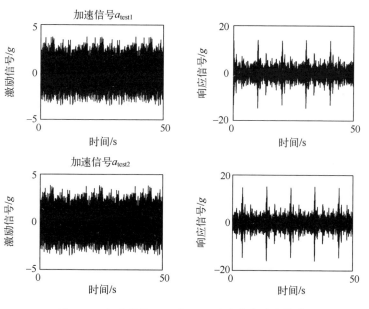

图 7.41　加速信号 a_{test1} 和 a_{test2} 及其试件响应信号

表 7.18　试验结果

激励信号	信号峭度	激励分解信号峭度	响应峭度	疲劳寿命/min
平稳高斯信号 g_{test1}	2.97	2.86	3.14	60.42
平稳非高斯信号 x_{test1}	5.00	2.87	3.15	58.38
平稳非高斯信号 x_{test2}	7.00	6.50	3.32	51.67
非平稳非高斯信号 $x_{am\ test1}$	5.00	3.89	3.91	42.38
非平稳非高斯信号 $x_{am\ test2}$	7.00	4.45	4.32	33.67
加速信号 a_{test1}	2.97	5.20	5.47	30.26
加速信号 a_{test2}	2.97	7.13	6.60	17.68

7.5　超高斯随机振动加速试验策略与支撑工具

7.5.1　超高斯随机振动加速试验策略

1．试验方案优化

根据 7.3.2 节给出的加速模型参数估计流程，为了得到 3 个未知参数 b、k_1 和 η 的估计值，需要根据 7.2.1 节的试验剖面完成 3 组振动疲劳试验，即 A 组改变峭度的超高斯振动试验、C 组改变带宽的超高斯振动试验和 D 组改变功率谱密度的高斯振动试验。去除其中重复的试验剖面，需要完成的试验次数为 7 次。

根据 D 组的高斯振动疲劳试验结果，可以对未知参数 b 和 k_1 进行估计。考虑到 A 组、C 组均为超高斯振动试验，去除重复的试验剖面，可以得到 5 个独立的试验结果，在 7.3.2 节已经给出了根据以上 5 个独立的试验结果得到参数 η 的估计值为 $\hat{\eta}=9.0746$。下面将讨论单独根据 A 组和 C 组试验结果来对参数 η 进行估计。采取类似的估计方法，单独根据 A 组试验结果可以得到参数 η 的估计值为 $\hat{\eta}_1=9.3126$；单独根据 C 组试验结果可以得到参数 η 的估计值为 $\hat{\eta}_2=9.0216$。如果将根据两组试验结果共同得到的估计值作为基准，那么单独根据每组试验结果得到估计值的误差分别为 2.6% 和 0.6%。

可以看出，单独根据某组超高斯振动试验结果得到参数 η 的估计误差均较小，因此可以考虑在 A、C 两组试验中选取一组来完成超高斯振动疲劳试验，与 D 组高斯振动疲劳试验结果配合来完成 3 个未知参数的估计，这样既可以减少试验量又可以保证估计精度。

比如采取 C 组与 D 组结合的方式，需要完成的振动疲劳试验数为 6；而采取 A 组与 D 组结合的方式，需要完成的振动疲劳试验数为 5。虽然 A 组与 D 组结合得到的参数估计误差稍大，但对于振动疲劳寿命预测而言，仍能得到较为满意的估计精度。综合考虑试验量与估计精度，考虑选择 A 组与 D 组试验相结合的方式对原来的摸底试验进行优化，即采用保持激励频带范围不变而改变功率谱密度的高斯振动加速试验和保持激励频带与功率谱密度不变而改变峭度值的超高斯振动加速试验。

2．试验流程

综合以上分析，可以得到一种超高斯随机振动加速试验策略，具体流程如图 7.42 所示。

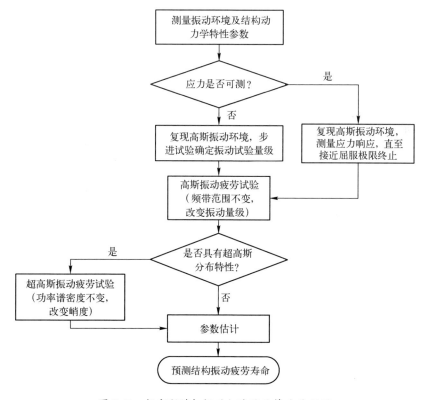

图 7.42　超高斯随机振动加速试验策略流程图

（1）测量工程结构真实使用条件下的随机振动环境特性，分析其时域与频域特征，包括功率谱密度以及峭度等时频域特性，确认其是否具有超高斯分布特性。

（2）通过正弦扫频试验或其他方式测量分析工程结构固有的动力学特性参数，包括一阶模态频率、阻尼比等参数。

（3）采用与实际使用条件下相同的结构安装方式开展预试验，以确保结构的动力学特性参数与实际保持一致。

① 对于危险点处应力容易测量的结构，根据第（1）步采集到的振动环境功率谱密度，在振动台上复现对应的高斯振动环境，逐渐增大激励功率谱密度，同时测量危险点处在不同试验条件下的应力响应，直至应力响应接近材料屈服极限终止；

② 对于危险点处应力不便测量的结构，如电子元器件的管脚或焊点等，根据第（1）步中得到的实际使用环境功率谱密度，在振动台上复现高斯振动环境，采取步进试验的方式开展预试验确定合适的振动试验量级，以确保产品的疲劳失效机理不改变，以及疲劳失效时间长度在合适的范围内。

（4）参照 7.2.1 节 D 组试验剖面的设计思路，保持振动激励的频带范围不变，开展高斯振动疲劳疲劳试验，获得几组试验数据。

① 对于危险点应力容易测量的结构，可根据第（3）步测量的应力响应，采用疲劳寿命时域计算方法对不同加载条件下的振动疲劳寿命进行预测，根据预测的疲劳寿命结果，选择少数疲劳寿命最短的试验剖面开展振动疲劳试验；

② 对于危险点应力不便测量的结构，在第（3）步预试验的基础上选择合适的功率谱密度梯度开展振动疲劳试验。

（5）如果在第（1）步实测的振动环境中包含超高斯分布特性，参照 7.2.1 节 A 组试验剖面的设计思路，保持振动激励的功率谱密度不变，逐渐增大振动激励的峭度值，开展超高斯振动疲劳试验，获取几组试验数据。

（6）根据振动疲劳摸底试验结果，采用7.3.2节中的参数估计方法对式（7.53）中的未知参数进行估计，得到其估计值 $\hat{b}$、$\hat{k}_1$ 和 $\hat{\eta}$。

（7）将第（6）步中得到的估计值代入式（7.53）中，估算产品在实际服役振动环境下的振动疲劳寿命预测值。

7.5.2 支撑工具

1. 设计思路

在 7.5.1 节中已经给出了超高斯随机振动加速试验策略的具体流程，其中主要包含振动疲劳试验设计、参数估计和寿命预测三大部分。为了减少在策略执行过程中的计算量，本节借助 Mtalab 的 GUI 模块设计了一款支撑工具，用户只需将试验结果输入软件中的相应位置并输入试验条件，即可快速预测各种试验条件下的振动疲劳寿命。支撑工具软件界面如图 7.43 所示。

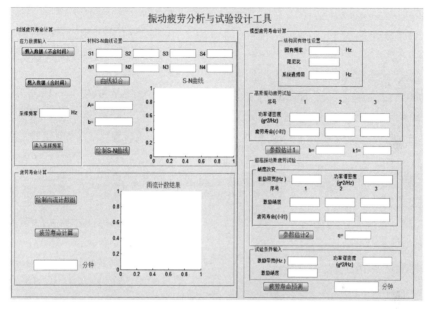

图 7.43　支撑工具软件界面

2．使用说明

根据 7.5.1 节所述的随机振动加速试验策略流程，该支撑工具主要包含两大功能模块：左边为时域疲劳寿命计算模块，右边为疲劳试验设计与寿命预测模块。

当用户在预试验中采集到了不同试验条件下的应力响应序列时，可将其载入左边的计算界面中通过时域计算方法对每种试验条件下的寿命进行初步预测，用于选定寿命时间较短的试验剖面开展振动疲劳试验。时域疲劳寿命计算模块使用流程如图 7.44 所示。

（1）根据用户采集的应力数据格式，选择应力数据含时间或不含时间，对于包含时间的应力序列，软件可根据采样时间间隔自动计算采样频率；对于不含时间的应力序列，用户需手动输入采样频率。

（2）用户输入多组实测 *S-N* 数据，通过曲线拟合的方式获得标准形式 *S-N*

曲线表达式中的两个疲劳特性参数，或者通过手册直接输入两个疲劳特性参数。

图 7.44 时域疲劳寿命计算模块使用流程

（3）绘制雨流计数图，通过雨流计数图直观看到应力响应的幅值情况。

（4）计算疲劳寿命，获得相应试验条件下的振动疲劳寿命预测值。

当在预试验的过程中未采集应力响应序列时，可直接进入右边的疲劳试验设计与寿命预测模块，具体使用流程如下：

（1）输入通过试验或仿真得到的结构一阶固有频率和阻尼比，软件会根据公式 $W_H = 2\xi f_1$ 计算出系统的通频带。

（2）输入高斯振动疲劳试验 3 组试验条件及对应的试验结果，完成参数 b 和 k_1 的估计。

（3）输入超高斯振动疲劳试验 3 组试验条件及对应的试验结果，完成参数 η 的估计。

（4）输入实际使用环境的振动条件参数，根据加速模型预测相应的振动疲劳寿命。

将本章之前的试验结果数据代入工具软件中，运行界面如图 7.45 所示。

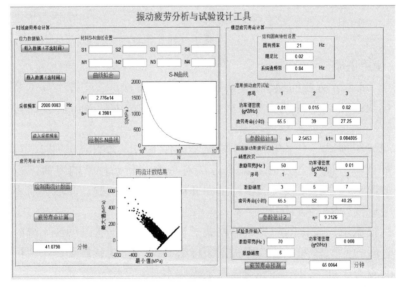

图 7.45 支撑工具软件运行界面

7.6　超高斯随机振动加速试验应用案例

　　针对典型结构和机电装备的振动加速试验与可靠性评估问题，借助以超高斯振动控制器为核心的新型高效振动试验平台，以超高斯振动激励为加速应力，开展基于故障物理的振动加速试验与评估研究，形成超高斯振动加速试验与评估技术应用指南，可以有效减少传统可靠性评估所需的试验样本量和试验时间，适应新研制装备对加速可靠性试验与评估技术的需求，具有重要的研究价值和工程应用前景。

　　超高斯振动加速试验技术的有效性，不仅需要理论基础研究的支撑，还需要通过实际的工程案例应用进一步验证。为此，分别以某操舵控制系统变压器组件和某型航天电子产品 PCB 组件为应用对象，对前面提出的超高斯振动加速试验及评估方法的有效性和实用性进行应用验证，为进一步推广应用奠定基础。

7.6.1　应用案例 1

1. 应用对象

　　某操舵控制系统变压器组件在服役振动环境下，其电容管脚容易出现疲劳断裂，如图 7.46 所示。该型电路板上共有 8 个大电容，如图 7.47 所示。电路板的长宽高为 185mm×150mm×1.6mm，电容的尺寸为 35mm×ϕ18mm。

图 7.46　某操舵控制系统变压器组件电容管脚断裂现象

图 7.47　某操舵控制系统变压器组件电路板

2．试验过程

1）扫频试验

首先对试验对象进行正弦扫频试验，扫频的频带范围为 5～2000Hz，目标谱如图 7.48 所示，扫频试验现场如图 7.49 所示。利用安装在振动台面以及电路板上的两个加速度传感器分别获得激励加速度信号和响应加速度信号，得到其传递函数曲线以确定结构的一阶模态频率，结果如图 7.50 所示，从传递函数曲线可以看出，该电路板结构的一阶模态频率约为 85Hz，根据半功率带宽法计算得到其阻尼比约为 0.02。根据公式 $W_H = 2\xi f_1$ 可以计算得到系统的通频带宽约为 3.4Hz。

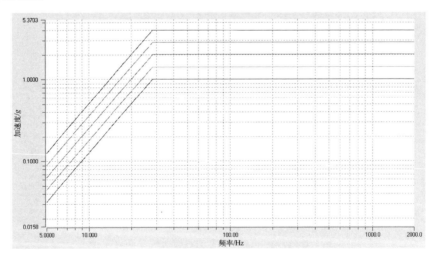

图 7.48　扫频试验目标谱

图 7.49　扫频试验现场

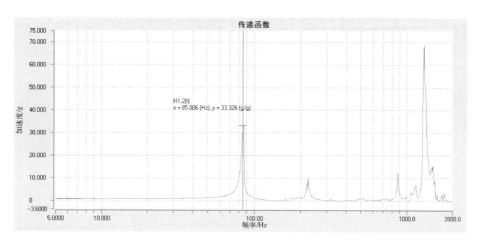

图 7.50　传递函数曲线

2）振动疲劳试验

（1）高斯振动疲劳试验。

由于本案例中采用的试验对象来源于艇类设备，因此在振动疲劳试验中采用的基准谱均为如图 7.51 所示的 GJB 899A—2009 中 B3.3-4 规定的运输振动频谱，其频带范围为 10～200Hz，包含了结构的一阶模态频率 85Hz，因此可以充分激发结构的振动模态，引起结构振动疲劳。

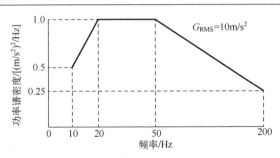

图 7.51　运输振动频谱应力试验剖面

通过计算，该振动频谱的均方根值（RMS）约为 10m/s^2。由于在振动控制中通常采用 g 作为加速度的单位，通过换算得到其均方根值为 $1.05g$。前面的研究结论指出，对于高斯振动激励，影响结构疲劳寿命的主要因素为振动激励在结构一阶模态频率处的功率谱密度量级。对于平直谱，一阶模态频率处的功率谱密度量值容易直接从振动频谱图中获得；而对于图 7.51 所示的梯形谱，一阶模态频率处的功率谱密度量值需要通过式（7.69）进行计算。通过计算，一阶模态频率 85Hz 对应的功率谱密度量级约为 $0.00588g^2/\text{Hz}$。

$$\frac{10\lg\dfrac{A_1}{A_2}}{\log_2\dfrac{f_2}{f_1}}=k \tag{7.69}$$

式中：A_1、A_2 分别为频率 f_1、f_2 对应的功率谱密度值；k 为直线的斜率（单位是 dB/Oct，即分贝/倍频程），例如图 7.51 所示的 50～200Hz 这段直线的斜率，可以通过式（7.69）计算为 -3.01dB/Oct。

由于图 7.51 所示的试验谱在电路板一阶模态频率处的值较小，因此保持振动频谱形状不变，采用整体平移的方法提高振动激励的均方根值来进行加速试验。通过步进摸底试验，发现当加速度的均方根值为 $6g$ 时，电容管脚的断裂时间较为合适，因此将均方根值 $6g$ 的振动频谱作为基准展开高斯振动疲劳试验。通过计算，当均方根值为 $6g$ 时，电路板一阶模态频率对应的功率谱密度值约为 $0.20g^2/\text{Hz}$，如图 7.52 所示。图 7.53 为 RMS=$6g$ 时的振动激励时域信号。

根据图 7.42 所示超高斯随机振动加速试验策略和流程，需要先保持振动激励频带不变，通过增大振动量级进行多组高斯振动疲劳试验。采用整体平移的方式，将激励的均方根值增大到 $6.5g$，此时一阶模态频率对应的功率谱密度值为 $0.23g^2/\text{Hz}$，如图 7.54 所示。图 7.55 为 RMS=$6.5g$ 时的振动激励时域信号。

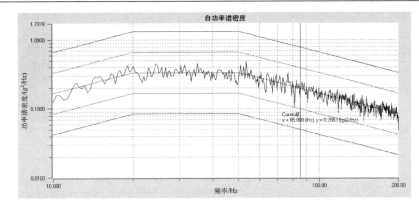

图 7.52　RMS=6g 时的振动频谱

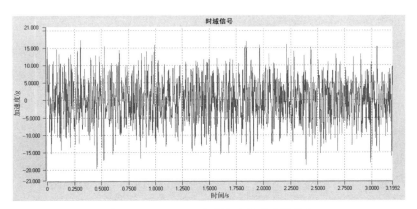

图 7.53　RMS=6g 时的振动激励时域信号

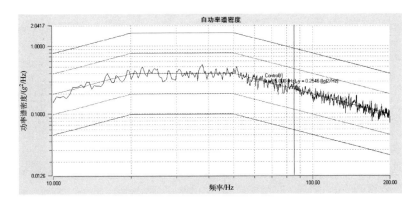

图 7.54　RMS=6.5g 时的振动频谱

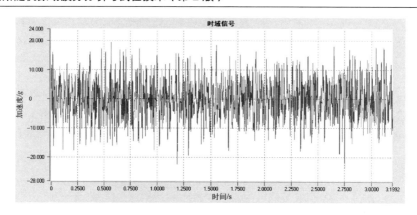

图 7.55　RMS=6.5g 时的振动激励时域信号

采取同样的方式将均方根值增大到 7g，此时一阶模态频率对应的功率谱密度为 0.27g^2/Hz，如图 7.56 所示。图 7.57 为 RMS=7g 时的振动激励时域信号。

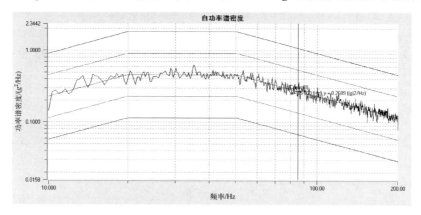

图 7.56　RMS=7g 时的振动频谱

（2）超高斯振动疲劳试验。

根据 7.5 节中的超高斯振动加速试验策略，需完成 3 组超高斯振动疲劳试验，可以选择保持超高斯振动激励频谱不变，改变超高斯振动激励峭度的方式进行；也可选择保持超高斯振动激励峭度不变，改变超高斯振动激励带宽的方式进行。在这里选择保持超高斯激励峭度值不变而改变激励带宽的方式完成 3 组超高斯振动疲劳试验。

在均方根值等于 6.5g 的振动频谱的基础上，将激励峭度值调整到 5 并保持不变。图 7.58 为相应的超高斯激励加速度时域信号，图 7.59 为加速度响应时域信号，通过计算加速度响应信号的峭度值为 3.2，超高斯特性不太明显，主要是由于超高斯激励带宽较宽。

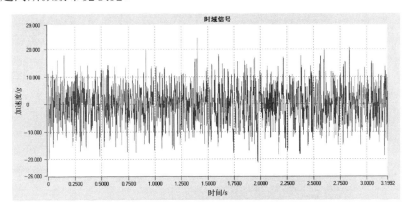

图 7.57　RMS=7g 时的振动激励时域信号

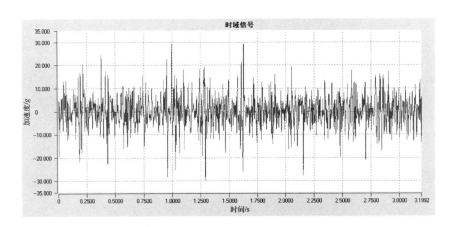

图 7.58　10～200Hz 时超高斯激励加速度时域信号

在上述试验的基础上，保持超高斯激励信号峭度等于 5 不变，采取对梯形谱截断的方式来改变激励的带宽。为了保证激励频带覆盖结构的一阶模态频率，首先在 50Hz 和 100Hz 处对梯形谱进行截断，得到带宽为 50Hz 的振动频谱，如图 7.60 所示。图 7.61 为超高斯激励加速度时域信号，图 7.62 为对应的加速度响应时域信号，可以看出具有明显的超高斯特性，通过计算其响应峭度为 3.6。

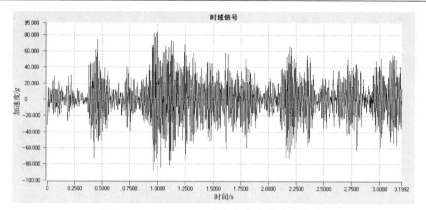

图 7.59   10～200Hz 时加速度响应时域信号

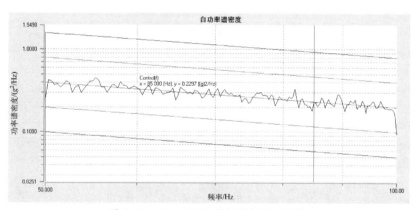

图 7.60   50～100Hz 时超高斯振动频谱

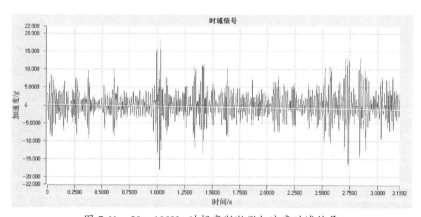

图 7.61   50～100Hz 时超高斯激励加速度时域信号

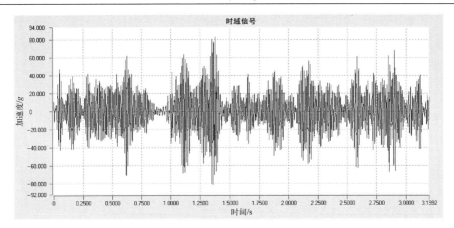

图 7.62 50～100Hz 时加速度响应时域信号

采用同样的方式，在 70Hz 和 100Hz 处对阶梯谱进行截断，得到带宽为 30Hz 的超高斯振动频谱，如图 7.63 所示。图 7.64 为超高斯激励加速度时域信号，图 7.65 为对应的加速度响应时域信号，可以看出具有更加明显的超高斯特性，通过计算其峭度值为 4。

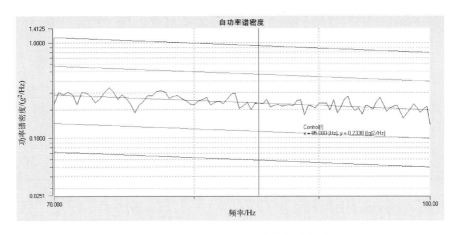

图 7.63 70～100Hz 时超高斯振动频谱

综上所述，高斯和超高斯振动疲劳试验方案分别如表 7.19 和表 7.20 所列。

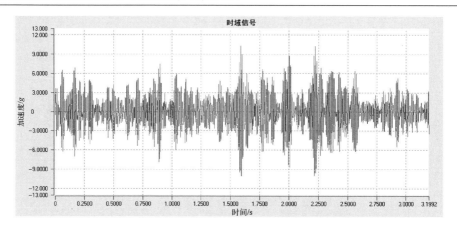

图 7.64　70～100Hz 时超高斯激励加速度时域信号

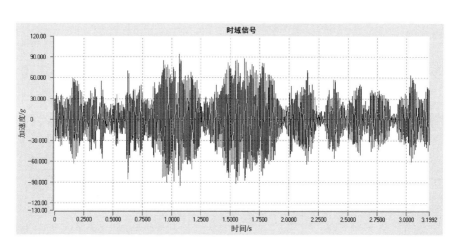

图 7.65　70～100Hz 时加速度响应时域信号

表 7.19　高斯振动疲劳试验方案

组别试验条件	1	2	3
谱形	梯形谱	梯形谱	梯形谱
频带范围/Hz	10～200	10～200	10～200
带宽/Hz	190	190	190
均方根值/g	6.0	6.5	7.0
一阶频率处的功率谱密度/(g^2/Hz)	0.20	0.23	0.27

表 7.20　超高斯振动疲劳试验方案

组别试验条件	1	2	3
谱形	梯形谱	斜线谱	斜线谱
频带范围/Hz	10~200	50~100	70~100
带宽/Hz	190	50	30
均方根值/g	6.5	3.7	2.6
一阶频率处的功率谱密度/(g^2/Hz)	0.23	0.23	0.23
峭度	5	5	5

3. 试验结果与参数估计

1）试验结果

在振动过程中，由于电路板与电容之间的相对运动产生相对位移，进而在电容的管脚处产生弯曲应力，因此电容管脚发生疲劳断裂，如图 7.66 所示。为了方便对失效电容进行描述，对电路板上的 8 个电容进行编号，如图 7.67 所示。

图 7.66　电容管脚疲劳断裂

图 7.67　电路板电容编号

在试验过程中通过统计发现，通常情况下电路板上的 1 号和 8 号电容管脚疲劳断裂时间较短，如图 7.68 所示，这与某操舵控制系统变压器组件振动失效模式调研得到的结论是一致的。在振动过程中，由于 1 号和 8 号电容这两处的电容管脚与电路板之间的相对运动更剧烈，因此 1 号和 8 号位置的电容管脚先发生疲劳断裂。由于 1 号和 8 号电容位置相对于振动中心对称，因此在统计试验结果时将 1 号和 8 号的疲劳寿命当作同一位置来处理。具体结果如表 7.21 和表 7.22 所列。

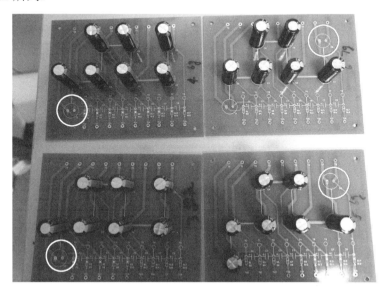

图 7.68　部分失效电容

表 7.21　电路板高斯振动疲劳试验结果

试验条件	组别		
	1	2	3
谱形	梯形谱	梯形谱	梯形谱
频带范围/Hz	10～200	10～200	10～200
带宽/Hz	190	190	190
均方根值/g	6	6.5	7
一阶频率处的功率谱密度/(g^2/Hz)	0.20	0.23	0.27
试验寿命/min	126、140、154、180	66、93、98、114	45、50、57、57
平均寿命/min	150	92	52.25

表 7.22　电路板超高斯振动疲劳试验结果

试验条件	组别		
	1	2	3
谱形	梯形谱	斜线谱	斜线谱
频带范围/Hz	10～200	50～100	70～100
带宽/Hz	190	50	30
均方根值/g	6.5	3.7	2.6
一阶频率处的功率谱密度/（g^2/Hz）	0.23	0.23	0.23
峭度	5	5	5
试验寿命/min	69、78、82、95	57、66、67、70	39、57、63、68
平均寿命/min	81	65	56.75

2）参数估计与验证

根据 7.3.2 节提出的参数估计方法，首先依据高斯振动疲劳试验结果对参数 b 和 k_1 进行估计，得到其估计值分别为 $\hat{b}=7.05$，$\hat{k}_1=0.1494$。再根据超高斯振动疲劳试验结果对参数 η 进行估计，得到其估计值为 $\hat{\eta}=4.1393$。

再选取如表 7.23 所列的振动试验条件对提出的超高斯振动疲劳模型进行验证。

表 7.23　验证试验条件

谱形	频带范围/Hz	均方根值/g	一阶频率处的功率谱密度/（g^2/Hz）	峭度
阶梯谱	10～200	4.27	0.1	6

选取 3 个样本开展验证试验，得到疲劳寿命试验结果分别为 25.3h、26.2h 和 27.6h，算得平均试验寿命为 26.3h。再将上述试验条件参数以及参数估计结果 $\hat{b}=7.05$、$\hat{k}_1=0.1494$ 和 $\hat{\eta}=4.1393$ 一起代入式（7.53）所示的超高斯疲劳寿命预测模型中，得到寿命预测值为 1410min，约为 23.5h。与试验结果 26.3h 比较，寿命预测的误差为 10.7%，表明模型预测精度较好，满足工程应用要求。

7.6.2　应用案例 2

1. 应用对象

如图 7.69 所示，应用对象为某型航天电子产品 PCB 组件，上面附有球栅阵列（BGA）封装，其疲劳失效状态可以通过发光二极管和蜂鸣器来指示。下面采用超高斯随机振动加速试验方法对其BGA焊点的振动疲劳寿命进行评估。

图 7.69 安装在振动台的印制电路板

图 7.70 为随机振动疲劳试验系统。为节省试验时间，安装两个试件同时进行试验。振动疲劳试验系统由振动台、功率放大器、非高斯随机振动控制器 NRVCS 和 2 个加速度传感器（一个用于振动闭环控制，另一个用于记录试件的响应）组成。除了完成传统的正弦和高斯随机振动试验，非高斯随机振动控制器 NRVCS 还能够产生指定功率谱密度和峭度值的非高斯随机振动信号，可用于研究非高斯随机振动疲劳。

图 7.70 随机振动疲劳试验系统

2. 试验过程

在进行随机振动疲劳试验前，通过扫频正弦试验测试了试件的动态传递特性。

由此可确定试件的一阶固有频率为 85Hz，阻尼比为 0.02，通带宽度为 3.4Hz。

根据 7.3.2 节超高斯随机振动加速试验模型参数的求解方法，设计了两组随机振动疲劳试验，对应的振动激励剖面如表 7.24 和表 7.25 所示。

表 7.24　试验剖面 A

序号	试验条件				
	频带/Hz	带宽/Hz	功率谱密度/(g^2/Hz)	均方根值/g	峭度
A1	10～160	150	0.20	5.48	3
A2	10～160	150	0.25	6.12	3
A3	10～160	150	0.30	6.71	3

A 组为高斯随机振动疲劳加速试验，其结果将用于求解式（7.53）中参数 b 和 k_1。

表 7.25　试验剖面 B

序号	试验条件				
	频带/Hz	带宽/Hz	功率谱密度/(g^2/Hz)	均方根值/g	峭度
B1	60～110	50	0.25	3.54	5
B2	60～110	50	0.25	3.54	7

B 组是为非高斯随机振动疲劳加速试验，其结果将用于求解式（7.53）中参数 η。

确定未知参数后，开展 C 组试验对超高斯随机振动加速试验模型进行验证，试验剖面如表 7.26 所示。

表 7.26　试验剖面 C

序号	试验条件				
	频带/Hz	带宽/Hz	功率谱密度/(g^2/Hz)	均方根值/g	峭度
C1	10～160	150	0.15	4.74	3
C2	75～95	20	0.25	2.24	5
C3	75～95	20	0.25	2.24	7

3. 试验结果

具体的试验结果如表 7.27 所列。

表 7.27　试验结果

试验剖面	序号	试件数量/个	试件失效时间/min	试件平均失效时间/min
A	A1	4	166、192、183、199	185
	A2	4	105、96、123、116	110
	A3	4	87、72、65、76	75
B	B1	4	99、79、86、96	90
	B2	4	75、67、79、59	70
C	C1	4	371、377、402、390	385
	C2	4	68、78、85、73	76
	C3	4	62、53、47、58	55

BGA 组件安装在 PCB 电路板最大振动幅值的中心位置。所有失效 BGA 组件焊点处具有相同的振动疲劳失效模式。此外，焊球失效的位置均匀分布在 BGA 组件的 4 个角落，用椭圆标记，如图 7.71 所示。表明 BGA 组件的物理破坏模式及其位置相互对应。

图 7.71　BGA 焊球疲劳裂纹显微图

根据 A 组试验结果，参数 b 的估计值 $\hat{b} = 4.4381$，参数 k_1 的估计值 $\hat{k}_1 = 0.0074$。

根据 B 组试验结果，参数 η 的估计值 $\hat{\eta} = 2.098$。

然后通过式（7.53）建立的超高斯随机振动加速试验模型对 C 组不同试验剖面下的振动疲劳寿命进行预测。试件在 C1、C2 和 C3 试验剖面下的疲劳寿命预测值分别为 348min、67min 和 47min，与表 7.26 中 C 组的相应实验结果进行对比，相对预测误差分别为 9.61%、11.84% 和 14.55%，满足工程应用要求。

参 考 文 献

[1] 国家自然科学基金委员会工程与材料科学部. 机械工程学科发展战略报告 [M]. 北京：科学出版社, 2021.

[2] LALANNE C. Fatigue Damage Spectrum of a Random Vibration [Z]. 2010.

[3] BENDAT J S, PIERSOL A G. Random data: analysis and measurement procedures [M]. New Jersey: John Wiley & Sons, 2011.

[4] BENDAT J S, PIERSOL A G. Random Data Analysis and Measurement Procedures [J]. Measurement Science and Technology, 2000, 11(12): 1825.

[5] ROUILLARD V. Quantifying The Non-Stationarity Of Vehicle Vibrations with The Run Test [J]. Packag Technol Sci, 2014, 27(3): 203-219.

[6] CAPPONI L, ČESNIK M, SLAVI Č J, et al. Non-Stationarity Index in Vibration Fatigue: Theoretical and Experimental Research [J]. International Journal of Fatigue, 2017, 104(1): 221-230.

[7] LI F, WU H, WU P. Vibration fatigue dynamic stress simulation under non-stationary state [J]. Mechanical Systems and Signal Processing, 2021, 146: 107006.

[8] MINER M A. Cumulative damage in fatigue [J]. Journal of Applied Mechanics, 1945, 12(3): 154-159.

[9] CRANDALL S H, MARK WD. Random vibration in mechanical systems [M]. New York: Academic Press, 1963.

[10] ALLEGRI G, ZHANG X. On the inverse power laws for accelerated random fatigue testing [J]. International Journal of Fatigue, 2008, 30(2): 967-977.

[11] ASHWINI POTHULA, ABHIJIT GUPTA, GURU R KATHAWATE. Fatigue failure in random vibration and accelerated testing [J]. Journal of Vibration and Control, 2012, 18(8): 1199-1206.

[12] DIRLIK T. Application of Computers in Fatigue Analysis [D]. Coventry: The University of Warwick, 1985

[13] 蒋瑜, 陶俊勇, 王得志. 一种新的非高斯随机振动数值模拟方法 [J]. 振动与冲击, 2012, 31(19): 169-173.

[14] STEINWOLF, ALEXANDER. Shaker random testing with low kurtosis: Review of the methods and application for sigma limiting [J]. Shock & Vibration, 2010, 17(2): 219-231.

[15] STEINWOLF A. Approximation and simulation of probability distributions with a variable kurtosis value [J]. Computational Statistics & Data Analysis, 1996, 21(2): 163-180.

[16] 蒋瑜. 频谱可控的超高斯随机振动环境模拟技术及其应用研究 [D]. 长沙：国防科学技术大学, 2005.

[17] STEINWOLF A. Random vibration testing with kurtosis control by IFFT phase manipulation [J]. Mechanical Systems and Signal Processing, 2012, 28(1): 561-573.

第8章 总结与展望

8.1 总 结

当前环境与可靠性试验技术的发展有两个基本趋势：一是朝着更真实的方向发展，即要求试验条件尽可能接近装备的真实服役条件；二是朝着更高效的方向发展，即要求能够用最短的试验时间对装备的寿命和可靠性给出可信的评估或预测。非高斯振动试验这一新型试验技术的提出，就是这一发展趋势在振动试验技术领域的具体体现。本书集中了近10年来我们课题组在非高斯振动试验理论与方法方面的探索和研究成果，可为装备或产品在随机载荷作用下的疲劳寿命分析评估提供技术、方法和平台支撑。本书主要内容总结如下。

（1）非高斯随机载荷统计分析。本章基于高斯混合模型（Gaussian mixture model，GMM）建立对称及偏斜非高斯随机载荷幅值PDF的数学模型，给出了计算非高斯PDF解析表达式的求解方法。

（2）非高斯随机振动环境模拟与控制技术。本章首先提出了基于幅值调制和相位重构的平稳非高斯随机振动激励信号生成方法，随后建立了非平稳随机振动信号的数学模型，最后提出了重建非平稳随机振动信号的仿真方法，通过仿真实例证明此方法能够重建与采样信号具有相同时间和频率统计特性的车辆非平稳非高斯随机振动信号。

（3）非高斯随机振动响应分析与峭度传递规律。本章以典型结构为对象，开展非高斯单点激励响应分析和基础激励响应分析，揭示激励特性对结构应力响应特性的影响，进而建立了通用的非高斯响应分析过程，最后建立非高斯随机激励-结构响应信号峭度传递模型。

（4）非高斯随机振动疲劳损伤分析与寿命计算。本章研究了采样频率与疲劳累积损伤计算精度的关系；借鉴高斯窄带随机载荷疲劳寿命计算方法的思路，建立窄带非高斯随机载荷雨流疲劳损伤计算方法；通过将GMM引入频域，并结合Dirlik公式建立非高斯雨流幅值分布函数，进一步给出了宽带非高斯随机载荷疲劳损伤计算公式。

（5）非高斯随机振动疲劳可靠性分析。本章首先将影响随机载荷疲劳损伤不确定性的因素分为外因和内因，其中外因为随机载荷引起的不确定性，内因则为材料或结构自身疲劳特性的随机性；然后综合外因和内因，建立了随机载荷疲劳可靠度期望及置信区间的计算方法。

（6）非高斯随机振动加速试验方法与应用。本章首先开展了非高斯随机激励下结构振动疲劳累积损伤影响因素分析，随后分别针对高斯和非高斯随机振动激励建立了定量的振动疲劳加速试验模型，接着基于峭度传递规律，提出了一种新的随机振动疲劳加速试验激励信号的生成方法，最后提出了工程实用的振动疲劳加速试验方案和策略，并通过典型应用案例验证了有效性。

8.2　展　　望

非高斯随机疲劳分析与试验技术是结构动力学和疲劳可靠性相关领域的热点和前沿问题，具有重要的学术研究意义和工程应用价值，尽管本书在这方面进行了一定的探索，但还有许多理论与技术上的问题亟待进一步研究，后续可以重点关注以下几个方面。

（1）进一步研究非平稳非高斯随机振动加速试验技术。本书主要研究平稳非高斯随机振动加速试验技术，而非平稳非高斯振动环境较平稳非高斯振动环境能更快加速结构振动疲劳累积损伤，且更符合结构实际服役振动环境，下一步可以开展非平稳非高斯随机振动定量加速试验模型、试验方案的优化设计和试验数据的统计分析方法研究。

（2）进一步研究多轴非高斯随机载荷疲劳损伤问题。本书主要研究单轴非高斯随机载荷，而多轴非高斯随机应力载荷在工程结构中广泛存在，下一步可以开展多轴非高斯激励下的应力响应计算、多轴非高斯随机载荷疲劳累积损伤理论、多轴非高斯随机载荷疲劳寿命与可靠性分析及相关试验技术的研究。

（3）制定指南与标准推进工程应用。新型试验技术的深入发展和应用需要借助指南与标准的支持。在深入研究与广泛验证的基础上，尽快编撰制定非高斯振动试验相关技术指南与标准，并通过相关职能部门正式发布实施，为其应用于工程实际提供顶层指导。

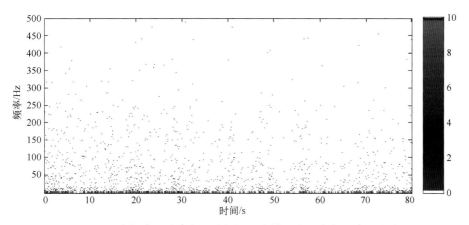

图 3.15　车辆非平稳非高斯随机振动采样信号的希尔伯特幅值谱

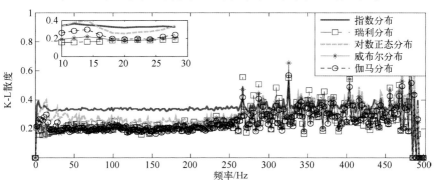

图 3.19　非平稳非高斯振动采样信号时变幅值平均 K-L 散度的比较

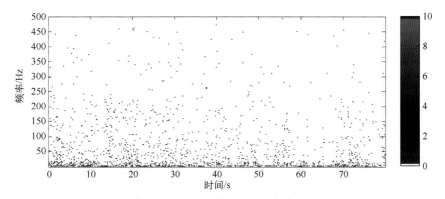

图 3.21　非平稳非高斯重建信号的仿真希尔伯特幅值谱

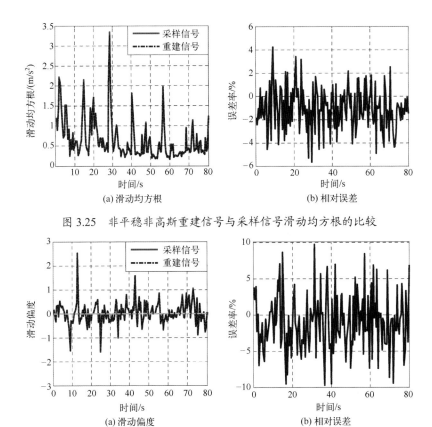

(a) 滑动均方根   (b) 相对误差

图 3.25　非平稳非高斯重建信号与采样信号滑动均方根的比较

(a) 滑动偏度   (b) 相对误差

图 3.26　非平稳非高斯重建信号与采样信号滑动偏度的比较

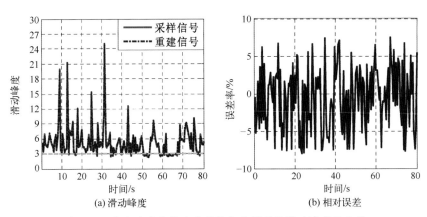

(a) 滑动峰度   (b) 相对误差

图 3.27　非平稳非高斯重建信号与采样信号滑动峰度的比较

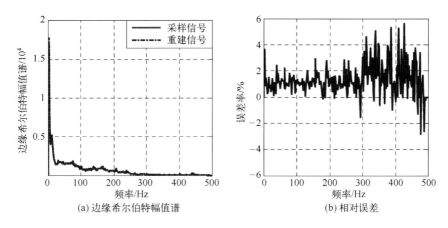

(a) 边缘希尔伯特幅值谱

(b) 相对误差

图 3.28 非平稳非高斯重建信号与采样信号边缘希尔伯特谱的比较

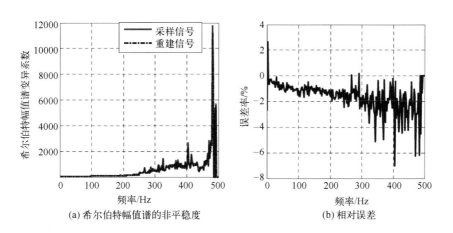

(a) 希尔伯特幅值谱的非平稳度

(b) 相对误差

图 3.29 非平稳非高斯重建信号与采样信号希尔伯特谱的非平稳度的比较

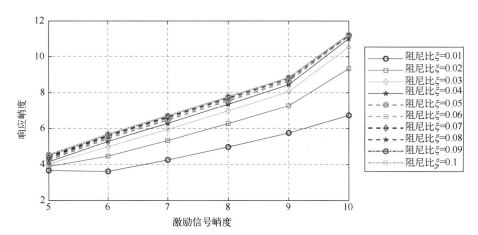

图 4.17 非平稳非高斯随机激励信号作用下不同阻尼比系统的响应峭度趋势图

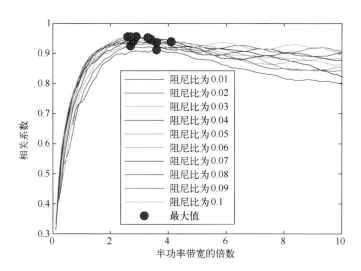

图 4.29 不同分解带宽与不同阻尼比下的最佳分解带宽